广西大藤峡水利枢纽开发有限责任公司
珠江水利委员会珠江水利科学研究院
水利部珠江河口海岸工程技术研究中心

# 大藤峡水利枢纽工程水力学研究进展

王建平　邓森　张金明　陈规划　著

中国水利水电出版社
www.waterpub.com.cn
·北京·

## 内 容 提 要

本书共分为8个章节，内容包括绪论、通航水流条件优化、施工导流方案设计、船闸输水系统优化、消能防冲、围堰拆除、工程调度及结语。书中不仅介绍了大藤峡自然概况及枢纽通航现状，还对大藤峡枢纽一二期导流方案比选、船闸输水系统优化、消能防冲设计、围堰拆除分析中遇到的水力学问题进行详细阐述，全面介绍了工程水力学在该枢纽中的研究应用情况。

本书既可以为工程技术人员在进行水利工程方案设计优化、解决建设过程中的问题时提供参考，也可供高等院校相关专业的研究生学习研究时借鉴使用。

**图书在版编目（CIP）数据**

大藤峡水利枢纽工程水力学研究进展 / 王建平等著. -- 北京 : 中国水利水电出版社, 2024.10
ISBN 978-7-5226-2407-5

Ⅰ. ①大… Ⅱ. ①王… Ⅲ. ①水利枢纽－水利工程－研究－桂平 Ⅳ. ①TV135.1

中国国家版本馆CIP数据核字(2024)第070151号

| | |
|---|---|
| 书　　名 | **大藤峡水利枢纽工程水力学研究进展**<br>DATENG XIA SHUILI SHUNIU GONGCHENG SHUILIXUE YANJIU JINZHAN |
| 作　　者 | 王建平　邓　森　张金明　陈规划　著 |
| 出版发行 | 中国水利水电出版社<br>（北京市海淀区玉渊潭南路1号D座　100038）<br>网址：www.waterpub.com.cn<br>E-mail：sales@mwr.gov.cn<br>电话：(010) 68545888（营销中心） |
| 经　　售 | 北京科水图书销售有限公司<br>电话：(010) 68545874、63202643<br>全国各地新华书店和相关出版物销售网点 |
| 排　　版 | 中国水利水电出版社微机排版中心 |
| 印　　刷 | 北京中献拓方科技发展有限公司 |
| 规　　格 | 184mm×260mm　16开本　11.75印张　286千字 |
| 版　　次 | 2024年10月第1版　2024年10月第1次印刷 |
| 印　　数 | 001—200册 |
| 定　　价 | **88.00**元 |

# 前言

广西大藤峡水利枢纽位于珠江流域西江水系黔江河段大藤峡峡谷出口处，以防洪、发电和水资源分配为主，结合航运、兼顾灌溉等综合利用，大藤峡水利枢纽是珠江流域关键控制性工程。随着粤港澳大湾区、乡村振兴、国家水网等重大国家战略和水利布局的提出，大藤峡工程的国之重器地位进一步凸显。根据水利部党组对推动新阶段水利高质量发展的部署和要求，大藤峡水利枢纽被定位为：流域防洪安全的重要保障、实施国家水网重大工程的重要结点、粤港澳大湾区水安全的重要屏障、建设西江黄金水道的重要中枢、区域电力安全的重要支撑、地方乡村振兴的重要水源。按照大藤峡工程新定位，它既是流域防洪、航运、发电、水资源配置、灌溉的重要枢纽，还关系着粤港澳大湾区人民能否用上幸福水、放心水。因此大藤峡枢纽建设必须以安全为首要原则，确保人民生命和财产安全。在规划、设计、建设和运营过程中，秉持“安全、规范、科学、高效”四原则，必须严格执行安全标准和规范，做到“安全、质量、投资、进度”四控制，采取必要的措施保障水利枢纽的安全运行。同时，倡导水利枢纽的开发和建设要与环境保护相结合，注重生态环境的保护和恢复。在水利枢纽的规划和建设中，必须注意生态环境的保护，遵循可持续发展的原则，减少对生态系统的影响，并采取相应的环境保护措施。

本书围绕大藤峡水利枢纽工程设计和建设过程中的关键水力学问题进行研究，科学地指导大藤峡水利枢纽的开发和建设，确保其在安全、效益、环境等方面达到国家和社会的要求。全书共8章，第1章对广西桂平大藤峡的选址、自然条件及设计概况进行了梳理，结合现有研究手段提出了物理模型、自航船模试验两种研究思路；第2章对大藤峡一期、二期明渠施工导流措施进行了研究，并给出了推荐方案；第3章对导流方案进行探究；第4章通过水槽物理模型试验研究了大藤峡水利枢纽施工期和运行期上下游口门区水流特性；第5章主要论述了消能防冲设施在本工程中的应用；第6章主要论述了围堰拆除在大藤峡工程的应用。第7章对枢纽建设期工程调度问题进行了分析；第8章总结了大藤峡枢纽遇到的问题及解决办法、对建设按时保质保量取得成功的原因进行补充说明。

本书由王建平负责统筹编写，第1章由邓森编写完成；第2章由邓森、陈规划、王建平编写完成；第3章由邓森、王建平编写完成；第4章由张金明、廖智颖编写完成；第5章由邓森、陈规划、王建平编写完成；第6章由邓森、廖智颖、张金明编写完成；第7章由陈规划、廖智颖、刘永安编写完成；第8章由张金明编写完成，马茂原担任了部分统稿工作。

书中的主要研究工作是在广西大藤峡水利枢纽开发有限责任公司和珠江水利委员会珠江水利科学研究院各级领导大力支持下完成的，广西大藤峡水利枢纽开发有限责任公司总工办和珠江水利科学研究院河流海岸研究所的领导、专家给予了大量的技术指导，在此一并感谢。

最后强调的是，大藤峡水利枢纽建设和运行期的水流条件变化非常复杂，诸多问题还有待深入研究，希望本书能够起到抛砖引玉的作用。受作者水平等诸多因素所限，书中不足之处在所难免，恳请读者批评指正。

**作者**

2023年10月

# 目录

# 第1章 绪 论

## 1.1 研 究 意 义

大藤峡水利枢纽工程坐落于珠江流域西江水系的黔江河段，位于大藤峡峡谷出口的弩滩处，距离广西桂平市黔江彩虹桥约 6.6km。该工程涵盖了控制流域面积约 19.86 万 $km^2$，占据了西江流域面积的 56%。作为国务院批准的《珠江流域综合规划》和《珠江流域防洪规划》等重要规划中确定的流域控制性工程，它也是红水河规划中的十大梯级电站之一，同时也是西江黄金水道建设的控制性工程项目。大藤峡水利枢纽工程效果图见图 1.1。

图 1.1 大藤峡水利枢纽工程效果图

大藤峡水利枢纽工程的主要任务包括防洪、航运、发电和水资源配置，并兼顾灌溉和生态保护等综合利用。工程的主要目标是改善大藤峡流域的水资源利用情况，推动当地经济发展和社会进步。

作为一项综合性水利工程，大藤峡水利枢纽工程将通过建设大坝和相关水利设施来实现防洪功能，有效控制水流，降低洪水灾害风险。同时，该工程还将提供航运便利，促进区域内外货物的运输和物流发展。通过建设梯级电站，充分利用水力资源发电，满足电力需求，同时合理配置水资源，以支持农业灌溉和其他用水需求。

此外，大藤峡水利枢纽工程也注重生态保护，力求实现生态与经济的协调发展。在工程规划和实施过程中，将考虑环境影响，并采取相应措施保护和修复生态系统，以维护当地自然环境的可持续性。

广西大藤峡水利枢纽工程的设想最早可以追溯到 1919 年，革命先驱孙中山在《建国方略》中提出建设大藤峡水利枢纽。当时，大藤峡地区的水资源一直十分紧缺，且多年受洪涝灾害的困扰，严重影响了当地经济和民众的生产生活，然而，在当时的政治经济社会条件下，这一宏大构想终究难以实现。新中国成立后，在党的领导下，当地政府和水利部门开始着手寻求解决方案。从 1959 年提出大藤峡水利枢纽的轮廓性规划起至今，不同阶段随着工程任务的不断调整，针对大藤峡工程枢纽布置开展了大量的勘察设计工作。1979 年，一个意在将广东和广西的许多小型水库修建成一个大型的水利枢纽，以便更高效地调节水资源的流动，储存水量，并发电、预防洪水和供给灌溉用水的设想被提出，其中就包括了大藤峡水利枢纽工程。1980 年，广西壮族自治区水利电力规划小组办公室编制的《红水河综合利用规划报告》规划大藤峡设置防洪库容 10 亿 $m^3$，随着经济的不断发展，对能源的需求也逐渐增加，因此 1990 年完成的可研报告，防洪库容调整为 20 亿 $m^3$，同时结合船闸布置对坝址做了进一步调整。2001 年，大藤峡工程项目建议书编制重新启动，枢纽规模进一步扩大，大藤峡水利枢纽不仅能够调节水资源，还能够通过发电的方式为周边地区提供电力。至此，广西大藤峡水利枢纽工程的基本构思得以确立。2007 年，广西内河水运发展规划提出打通西江中线、北线航运通道，打造西江航运黄金水道，将红水河来宾—桂平航段提升至二级航道，因此将大藤峡船闸规模提高至 2000t 级，并相应提高了闸室的有效尺寸。2011 年开展可行性研究，广西航运部门进一步提出大藤峡船闸按照 3000t 级标准建设，闸室有效尺寸进行了最终调整。

2015 年工程开工以来，在水利部及珠江水利委员会的坚强领导下，广西大藤峡枢纽开发有限责任公司全力推动工程建设运行，左岸工程于 2020 年全面投产运行，右岸工程实现 2021 年挡水坝、泄水闸、厂房安装间混凝土浇筑“三个到顶”年度目标。工程现已实现全线挡水，顺利通过水利部组织的 61m 蓄水验收，即将全面发挥综合效益，围堰拆除任务量完成近 90%，右岸首台机组进入总装调试阶段。按照建设计划，工程于 2023 年年底全面完工，为广西、粤港澳大湾区、珠江流域高质量发展贡献力量。

从大藤峡水利枢纽工程的立项开始，大藤峡枢纽建设就存在复杂水文、地质、水生态环境、人文社会等多重因素的互动关系，所以也常常面临着许多技术、环境、社会方面的问题。由于该水利工程建设需要 9 年的建设流程，常常会受到新技术、新材料等因素的影响，需要不断地更新和改进技术，以提高建设工程的质量和效率。如 2017 年，朱卫国等就大藤峡水利枢纽船闸上游口门区布置方案，建立了大藤峡水利枢纽水工整体物理模型[1]。同时，大藤峡水利枢纽拦河筑坝，改变山体地形，对周边环境产生一定的影响。为了科学指导生产建设，防止这些可能会带来生态系统的紊乱和环境污染等问题，2016 年，王丽及其团队针对大藤峡水利枢纽对环境的影响和所在江段的水生生态敏感性，探讨枢纽设计中的水生态优化措施[2]。大藤峡水利枢纽的建设还会涉及大量人口迁移、土地征用、民众抵制等问题，建设期间将面对与当地政府、居民和其他利益相关方的矛盾和争议，需要通过公正、透明、广泛的民主程序来解决。2022 年，袁明明等对大藤峡水利枢纽工程征地问题的典型解决方法进行了梳理。以上列举的种种情况表明，要想解决好这些问题，需要对大藤峡水利枢纽建设进行全面的规划和科学研究，在设计和建设水利工程时应该注重生态环境保护，加强社会调查和公众参与。同时，随着技术的不断发展和创新，科学研究也需要持续进行，以便在大藤峡水利工程建设中能够更好地解决各种技术、环境和社会问题，促进大藤峡水利枢纽的可持续性发展。

## 1.2 自 然 概 况

大藤峡位于黔江中下游，是从武宣的勒马至桂平的弩滩这一段长约 50km、蜿蜒穿过崇山峻岭的江道，山势险峻，江流湍急，是天设之险，有“珠江流域第一峡”之誉。该河段地势起伏，山峦连绵，沿岸岩壁陡峭，几乎垂直于地面。山峰端部经过长时间雨水冲刷形成了陡崖、悬崖、山裂、溶洞等各种地貌特征，是北半球外热带最大的峡谷之一。入峡口左边是大瑶山脉的大藤山，右边是莲花山脉的勒马山，两山对峙，由此往下是一段长达 40 余 km 的峡谷地形，由此往上则属台地平原，地形开阔，河流平缓。

### 1.2.1 气象

大藤峡地区属于亚热带季风气候区，其气候类型为南亚热带季风气候，具有温暖湿润的特点。具体来说，气温年较差小，气温较为稳定，年平均气温在 20～23℃。其中最热的月份为 7 月和 8 月，平均气温分别为 28～29℃。最冷的月份为 1 月和 2 月，平均气温分别为 12～13℃。

降雨量方面，大藤峡地区年降水量比较充沛，年均降雨量在 1300～1800mm，雨量年内分配不均，以 4—8 月为主要降雨期，占总降水量的 70%以上。其中旱季的 2—4 月降水量最少，7 月和 8 月则为多雨季节，降水量最多。由于大藤峡地区地形险峻，降水时呈现出强烈的雨季流洪灾害形式，时常发生洪水、滑坡、泥石流等自然灾害。较大洪水一般每年的 4 月开始，至 10 月结束，5—9 月是暴雨洪水的多发季节，特大暴雨洪水主要发生在 6—7 月。洪水的主要特点是峰高量大历时长，峰型较肥胖，洪峰持续时间长。一次完整的洪水过程约 30d，7d 洪量约占 30d 洪量的 30%～50%。

气候对于大藤峡地区的植被和生态环境有着至关重要的影响。大藤峡地区因气温适宜、雨量充沛，适宜生长一年四季都碧绿的热带乔木、常绿阔叶林、石松林等不同类型的森林植被。同时在该地区也有蕨类、苔藓类、珍稀植物等特有植物资源，使大藤峡地区成为生物多样性极高的地区之一。

### 1.2.2 水文

广西大藤峡是一个水文复杂的地区，地形高峻，河道宽度为 50～300m，流域面积约 $2000km^2$。河段最深处为 81m，平均水深一般为 5～7m，流速快，水深浅，流域面积为 $6636km^2$。由于地势陡峻，河段大多是悬崖峭壁，河床狭窄，河水湍急，冲刷力极大，形态变化较大，且存在多种沟形河床形态，如阶地式、深道型、宽谷型等。河段沿途的水流湍急，交通阻隔，形成了水文上的独特环境。这里是珠江流域内最危险的峡谷之一，也是一个水力资源丰富的地区。广西大藤峡的水系属于珠江流域，主要由蒙江、德江、乐平江、地角江、黑竹江等多条河流组成。其中，最主要的河流是蒙江，发源于湖南省石鼓区的三房坊，流经贵州、广西，最终注入北部湾。蒙江全长约 540km，流域面积 $28190km^2$，其中仅广西境内的流域面积就有 $12500km^2$。在大藤峡河段的上游，蒙江流经高山峡谷区，山峰陡峭，河水湍急，水流速度较快；而在下游，蒙江流出峡谷区，开阔度变大，水流速度逐渐减缓。受降雨情况和季节影响，水位波动范围较大，最高水位可达到 50 多 m，最低水位可见河床，大幅度波动也导致了峡谷形成及其演变规律的复杂性。大藤峡地区雨量充沛，年平均降雨量在1300～1800mm。其中5—9月为主要降雨季节，而2—4月为相对干燥季节，降雨量较少。由于地形高峻，降雨时常常呈现爆发性的短时强降水，极易引发洪涝、滑坡等自然灾害，对区域发展造成一定影响。

大藤峡地区拥有丰富的水力资源，可开发水电、灌溉等多种用途。水库能为当地的农业生产和生活用水提供保障，同时还能发挥重要的水利、电力发电功能。在灌溉工程方面，大藤峡地区建设了一批高效的灌溉工程，主要利用山区的丰沛水源，将水资源高效利用，满足当地的农业生产需求。据相关数据，该地区的水电资源潜力达到1.2亿kW，开发潜力巨大。同时，正是由于流水湍急，水能密度大，也使得能源开发难度较大。大藤峡地区的水利设施建设已经取得了一定的成果，这些水利设施可以为当地的农业生产、用水和电力供应提供必要的支持，同时也发挥了重要的水利防洪等功能。随着全球气候的变化和当地经济社会的发展，大藤峡地区水利设施建设还需要不断完善和升级，以更好地满足人们对水资源的需求。

### 1.2.3 地质

大藤峡地区的地质概况主要包括岩石类型、地形地貌、地层特征等方面。

(1) 大藤峡地区的岩石类型主要包括花岗岩、闪长岩、英安岩等。这些岩石属于中生代的海相和岛弧等构造和沉积作用形成的。岩石的颜色不一，有灰色、红色、绿色等不同的颜色，形成了壮观的山水景观。

(2) 大藤峡地区的地形地貌主要分为山地、峡谷、盆地等几种类型。整个地区地形复杂，山峰起伏，峡谷纵横，盆地宽广，是一个地貌丰富、地形多变的地区。其中最有名的是崇左段的大藤峡峡谷，地质结构奇特，景观绝美。此外，大藤峡地区还有许多地下岩溶地貌，形成了众多石林、溶洞等自然景观。

(3) 大藤峡地区的地层特征主要表现为地层古老、结构复杂、矿产资源丰富等方面。大藤峡地区的地层历经了石炭纪、二叠纪、三叠纪、侏罗纪、白垩纪等多个时期的沉积和构造变形，形成了复杂的地层结构。同时，在地层中还发现了大量的石英脉、金、锰等矿产资源，具有较高的开采价值。

总体讲，大藤峡地区的地质概况非常复杂且丰富多彩，不仅拥有奇特而美丽的山水景观和地质地貌景观，也蕴藏着丰富的矿产资源。但也存在着一些地质灾害风险，如滑坡、泥石流等，需要谨慎加以防范和治理。

## 1.3 设计方案

### 1.3.1 坝址自然条件与枢纽主要指标

枢纽位于西江水系黔江河段大藤峡峡谷出口位置，坝址下距桂平市彩虹桥6.6km。建成后水库正常蓄水位61m，防洪起调水位47.6m，总库容34.79亿$m^3$，防洪库容和调节库容均为15亿$m^3$。大藤峡水利枢纽工程总装机容量160万kW，共安装8台轴流转桨式水轮发电机组，单机容量20万kW，为国内最大的轴流转桨式水轮发电机组。其中，左岸3台机组已于2020年7月全部投产运行；右岸5台机组于2023年底全部投产，年均发电量可达60.55亿kW·h。规划灌溉面积136.7万亩，并改善农村147.6万人的生活用水条件。

### 1.3.2 枢纽建筑物的组成

大藤峡水利枢纽建筑物包括挡水建筑物、泄水闸、船闸、河床式发电厂房、鱼道、生态取水建筑物、灌溉取水口和开关站等。

土石坝校核洪水位 63.25m，相应的枢纽总库容 $32.77\times10^8m^3$，总装机容量 1600MW。根据 GB 50201—2014《防洪标准》及 SL 252—2017《水利水电工程等级划分及洪水标准》的规定，本工程为Ⅰ等工程大（1）型。枢纽主要建筑物挡水坝、泄水闸、河床式厂房和船闸上闸首为 1 级建筑物，泄水闸导墙、护坦及厂区挡墙等次要建筑物为 3 级建筑物。

根据规划近期与远期货运输量要求，大藤峡黔江船闸按 3000t 级设计，根据 JTJ 305—2001《船闸总体设计规范》船闸级别为Ⅰ级；航道等级规划为Ⅱ级，远景规划为Ⅰ级；根据 JTJ 307—2001《船闸水工建筑物设计规范》规定船闸闸首、闸室为 1 级建筑物；导航墙、靠船墩、隔流墙及隔流堤等为 3 级建筑物。

根据 SL 609—2013《水利水电工程鱼道设计导则》规定，与大坝结合的鱼道过坝口建筑物级别为 1 级；其余鱼道出口、进口建筑物级别为 3 级。坝址处郁江口以上至石龙三江口处黔江航段，目前为Ⅴ级（单线）航道，航道尺度 1.5m×30m×200m，可通航 300t 级货船。根据武宣海事处调查成果，黔江武宣航段洪水期受大湾肚水流条件影响，当武宣站水位达到 55m（流量超过 $23500m^3/s$）时黔江武宣航段封航。因此，大藤峡坝址处除汛期需短期封峡停航外，坝址处航道可通航 300t 级货船。根据 SL 386—2007《水利水电工程边坡设计规范》规定，结合枢纽建筑物及边坡破坏对工程的影响程度等综合分析，大坝、厂房及船闸主体段的永久边坡为 1 级；库区上游塌滑体开挖后永久边坡为 1 级；船闸上、下游引航道永久边坡为 3 级，鱼道永久边坡为 3 级。

水工建筑物防洪标准：混凝土坝（泄水闸坝段、混凝土挡水坝段、河床式厂房挡水部分、船闸坝段及其事故门库坝段）及土石坝（黔江副坝及南木江副坝含灌溉取水口坝段和生态泄水坝段）设计洪水均采用 1000 年一遇；混凝土坝校核洪水标准采用 5000 年一遇，土石坝校核洪水采用 10000 年一遇；水电站副厂房、主变压器场地、开关站、出线场及进厂交通设计洪水采用 200 年一遇，校核洪水采用 1000 年一遇；消能防冲建筑物设计洪水采用 100 年一遇；鱼道设计洪水采用 30 年一遇。

货运量预测水平年为 2040 年，其过坝货运量 1785 万 t/年，最大船舶吨级 3000t 级，船闸设计最高通航水位设计洪水频率按 JTJ 305—2001《船闸总体设计规范》规定应为 20～100 年一遇洪水标准，但考虑建库后坝址上游大藤峡峡谷区在超过 10 年一遇洪水时基本无法通航，而坝址下游已建的长洲水利枢纽又是按 5 年一遇洪水标准设计的，本工程船闸实际通航能力应与之相协调并略有提高，本阶段船闸设计最高通航水位设计洪水频率按 10 年一遇洪水标准设计。黔江拦河主坝由右岸混凝土重力坝段、右岸鱼道、河床式厂房坝段、左右岸安装间坝段、泄水闸坝段、碾压混凝土纵向围堰坝段、左岸船闸坝段、船闸检修门库坝段等组成。黔江副坝位于主坝上游左岸，为黏土心墙堆石坝。

1. 主坝

黔江主坝总长 1243.06m，坝顶高程 64.00m，最大坝高 81.01m，主坝坝轴线方向为

NE53°26′22″。主坝从右至左依次为：右岸挡水坝段、右岸鱼道、右岸厂房坝段、泄水闸坝段、左岸厂房坝段、船闸坝段、船闸检修门库坝段、主坝与黔江副坝连接坝段。

2. 泄水闸

主坝泄水闸基本布置在主河床上，泄水闸共设2个高孔和24个低孔，分别布置在碾压混凝土纵向围堰坝段两侧。泄水高孔孔宽14.0m，堰顶高程36.00m；低孔孔口尺寸为9m×18m（宽×高），闸底板顶高程22.00m，采用底流消能。

3. 厂房

河床式厂房分两岸布置，左岸布置3台，右岸布置5台。

右岸厂房坝段桩号为0＋201.6m～0＋482.5m，坝段总长280.9m，其中主机间坝段长207.9m，安装间坝段长73.0m。右岸主厂房尺寸为280.90m×98.85m×86.21m（长×宽×高），安装间布置在右岸厂房的右端。

左岸厂房坝段桩号为0＋943.0m～1＋142.66m，坝段长度199.66m，其中主机间长126.66m，安装间长73.0m。左岸主厂房尺寸为199.66m×98.85m×86.21m（长×宽×高），安装间布置在左岸厂房的左端。副厂房布置在厂房下游侧，对外交通采用坝下公路进厂方式，GIS开关站与左岸船闸下引航道挡墙结合布置，靠近左岸厂房进厂公路。

4. 船闸布置

根据《大藤峡水利枢纽工程初步设计报告》，大藤峡黔江单级船闸布置在左岸，桩号为1＋14266m～1＋283.66m，由上游引航道、上闸首、闸室、下闸首和下游引航道组成，船闸线路总长3418.0m，船闸闸室有效尺度为280m×34m×5.8m（有效长度×有效宽度×门槛水深），上游引航道长1136.0m，下游引航道长1897.0m。上游引航道中心线由上闸首向上游延伸675.0m长的直段，接转弯半径为910.0m、转角29°的弧线，经口门区与库区航线相接。下游引航道中心线从下闸首向下游延伸550.0m长的直线段，接1165.0m长直段，再接182.0m长渐变段经口门区与下游航道相接。

上游、下游引航道底宽75m，口门宽115m。上游、下游引航道底高程分别为38.20m和15.35m。上闸首长60m，门前段挡水宽度108m，其余段顶宽80m，底宽108m，边墩顶高程65.00m，人字门底坎顶高程38.20m。下闸首长60m，顶宽80m，底宽126m，边墩顶高程65.00m，人字门底坎顶高程14.95m。上游主导航墙长182m，辅助导航墙长94m，墙顶高程均为63.50m。下游主导航墙长182m，辅助导航墙长104m，墙顶高程均为43.71m。上游、下游引航道停泊段各设置一排靠船墩，长182m，墩顶高程分别为63.50m和43.71m。

### 1.3.3 船闸总体布置

根据《大藤峡水利枢纽工程可行性研究报告》，大藤峡黔江单级船闸是在左岸布置的，与右侧的鱼道坝段相接。船闸线路总长为3497m，其中船闸主体段长385m，上游引航道长1215m，下游引航道长1897m。船闸闸室的有效尺度为280m×34m×5.8m。具体布置上，上游引航道的中心线由上闸首向上游延伸，包括660m长的直段，接着是转弯半径730m、转角29.2°的弧线，然后再延伸182m的渐变段与库区航线相连。下游引航道的中心线从下闸首向下游延伸，包括640m长的直线段，再接182m长的渐变段与下游航道相接。

上游、下游引航道的底宽为75m，口门宽为115m。上游、下游引航道的底部高程分别为39.20m和14.95m。上闸首长60m，包括门前段挡水宽度为108m，其余段的顶宽为80m，底宽为108m。边墩顶的高程为65.00m，人字门底坎顶的高程为39.20m。下闸首长60m，顶宽 80m，底宽 126m。边墩顶的高程为 65.00m，人字门底坎顶的高程为14.95m。

在船闸周围设置了上游、下游主导航墙和辅助导航墙。上游主导航墙位于船闸或运河的上游入口处。其主要作用是引导船舶正确进入水道，并确保船舶以适当的姿态进入船闸或运河。上游主导航墙通常呈一定角度倾斜，以便将流向水道的水流和波浪引导偏离，并减小对船舶的影响，有助于保证船舶进入水道的安全和稳定。上游主导航墙长182m，辅助导航墙长94m，墙顶高程均为63.50m。下游主导航墙位于船闸或运河的下游出口处。类似于上游主导航墙，下游主导航墙的作用是引导船舶安全离开水道，确保船舶以适当的姿态驶离船闸或运河。下游主导航墙也可以通过其结构和倾斜角度来减小水流和波浪对离港船舶的干扰，保证离港船舶的安全性。下游主导航墙长182m，辅助导航墙长104m，墙顶高程均为43.71m。此外，上游、下游引航道的停泊段各设置了一排靠船墩，长度为182m，其中上游墩顶高程为63.50m，下游墩顶高程为43.71m。这些具体参数和布置的设计旨在确保船闸工程的正常运行和船舶的安全通过，同时考虑航道的导航要求和停泊需求。

### 1.3.4 通航建筑物规模

通航建筑物规模通常是指水运工程中的船闸、船舶过坝设施等通航建筑物的尺寸和规格。通航建筑物规模与代表船型之间存在密切的关系。通航建筑物的规模通常是基于代表船型的尺寸、荷载和其他相关参数进行设计和确定的。

1. 代表船型

设计船型：3000t级货船，船型尺度82m×15.6m×3.5m（长×宽×吃水，下同）；3000t级集装箱船，船型尺度90m×15.8m×3.6m。

设计船队：1+2×2000t级，船队尺度182.0m×16.2m×2.6m。

2. 通航建筑物等级

船闸的尺寸和设计要求通常是基于代表船型的长度、宽度和吃水等参数确定的。船闸需要足够的长度和宽度来容纳代表船型，并使其通过船闸时具备充足的操作空间。而吃水参数关系着代表船型在船闸内部的航行深度。本工程通航建筑物为黔江3000t级船闸，船闸级别为Ⅰ级，船闸闸室有效尺度为280m×34m×5.8m，为单级船闸，船闸最大设计水头为40.25m。

除了尺寸和航行要求外，通航建筑物还需要考虑代表船型的其他特殊要求，如船舶操作和船闸填水排水的时间要求等。这些要求将对通航建筑物的规模和设计产生影响。

### 1.3.5 通航标准

根据JTJ 305—2001《船闸总体设计规范》确定船闸级别为Ⅰ级，根据GB 50139—2014《内河通航标准》确定航道等级为Ⅰ级，口门区纵向流速小于2.00m/s，横向流速小于0.30m/s，回流流速小于0.40m/s；引航道导航和调顺段内宜为静水，制动段和停泊段的水面最大流速纵向不应大于0.50m/s，横向不应大于0.15m/s。船闸引航道、口门区应避免出现影响船舶航行安全的泡漩和乱流，并应避免出现影响船舶、船队航行和停泊安全的风浪、泄水波、涌浪等不良水流条件。

引航道口门区连接段的通航水流条件目前无相关规范和标准，在周华兴编著的《船闸通航水力学研究》(东北林业大学出版社，2007) 中提出，“分析连接段通航水流条件的限值，应介于口门区与内河航道水流限值之间，即 $V_{口}<V_{连}<V_{主}$，连接段流速限值比口门区的水流条件可适当放宽，建议纵向流速 $V_y=2.40\sim2.50$m/s，横向流速 $V_x=0.45$m/s，水面比降 $i=2‰$”。内河主航道自航标准参考西江上其他工程经验，取河道表面允许流速为 3.00m/s，水面比降不超过 4‰。

### 1.3.6 船闸输水系统布置

本工程参照三峡永久船闸，可研阶段采用四区段八分支廊道等惯性加盖板消能的输水型式，故输水阀门处廊道断面采用 5m×6m。输水廊道的进口应布置在水下一定深度，一般进口顶的淹没水深宜大于 0.4 倍的设计水头，以保证廊道进口顶部不产生负压，避免输水时吸入空气使进入闸室的水流掺气而加剧水流的紊乱。考虑充水时非恒定流对引航道水流的影响及进水口附近局部水流的流态，采用侧向垂直多孔分散取水的方式，在引航道靠近上闸首的左右导航墙内侧取水，每侧有 5 个 5m×7.5m (宽×高) 的孔口，进口顶高程 35.00m。为减少水流进口的损失，在廊道进口修圆。

主输水廊道段中心线距闸墙边线均为 9m。主廊道过水断面为 5m×7.5m (宽×高) 的矩形断面。输水阀门段为 5m×6m (宽×高) 的矩形断面。进口与第 1 阀门井间的输水廊道以鹅颈管相连，阀门段廊道为“顶渐扩＋底突扩”体型，即工作门井后廊道顶部以 1∶10 坡度上扩，底部垂直向下突扩 3.1m，形成 18m 长的底扩腔体。船闸阀门段廊道采用下卧方式以满足最小淹没水深要求，输水主廊道设有工作阀门井及其上下游检修阀门井。工作阀门井的断面尺寸为 10m×6.6m (长×宽)，检修阀门井为 1.8m×5.7m (长×宽)。

船闸两侧主廊道在闸室水体中心处分流进入闸室。第 1 分流口为垂直分流，由水平隔板分成上下两个矩形断面，以使进入上、下半闸室的水流分流均匀。每侧主廊道的上下层分流口按相反方向经 90°转弯后进入闸室底板中部，汇入船闸的纵向支廊道。

闸室底板内的纵向支廊道也对称于水体中心布置，并经第 2 分流口向分支廊道对称分流，使闸室内流量分配均匀。纵向支廊道共 2 支，在闸室 1/4、3/4 长度处设第 2 分流口，向上、下半闸室分流。每条纵向支廊道分出 4 分支廊道，2 个向上游方向、2 个向下游方向沿程出水。分支廊道对称于第 2 分流口布置，形成 4 区段均衡出水，2 条分支廊道间净距 12m，距闸墙边净距 6m。每支分支廊道顶部各设出水孔，孔距 4.5m。孔宽为 0.14m，孔长均为 5m。

# 第2章 通航水流条件优化

## 2.1 大藤峡枢纽通航现状

《大藤峡水利洪规划》确定的流域防洪控制性工程；是广西建设西江亿吨黄金水道的关键节点枢纽，是国务院批准的《珠江流域综合利用规划》珠江流域防和打造珠江—西江经济带标志性工程；是国务院批复的《红水河综合利用规划》中提出的是个梯级电站的最末一级，是我国红水河水电基地的重要组成部分；是《珠江流域与红水河水资源综合规划》和《保障澳门珠海供水安全专项规划》提出的流域重要水资源配置工程。工程开发任务以防洪、航运、水资源配置和发电为主，结合灌溉等综合利用。

根据坝址处的地形条件和枢纽建筑物布置情况，考虑施工期通航的要求，整体枢纽工程施工导流方式采用两期导流，一期导流工程先围左岸，利用右岸束窄主河床过流，在一期围堰的保护下，施工河床左侧20个底孔、1个高孔、左岸厂房、左岸船闸、左岸挡水坝等建筑物。二期工程围右岸，利用一期建成的河床左侧20个底孔、1个高孔泄流，船闸通航，在二期围堰的保护下，施工河床4个底孔、1个高孔、右岸厂房、右岸挡水坝、鱼道等建筑物。工程总工期为9年即108个月（不含筹建期），一期工程59个月，二期工程首台机组发电工期37个月，尾工12个月。

一期围堰挡水标准采用大汛20年一遇洪水；二期上游围堰需要挡水发电，建筑物级别由4级提高至3级，上游围堰挡水标准采用50年一遇洪水，下游围堰仍为4级，围堰挡水标准采用20年一遇洪水。黔江大坝施工导流主要特性见表2.1。

**表2.1　　黔江大坝施工导流主要特性表**

| 导流分期 | 施工年 | 导流建筑物 | 导流标准 | 洪水重现期/年 | 流量/$(m^3/s)$ | 泄流条件 | 水位/m |  | 围堰顶高程/m |  | 航运 | 发电 |
|---|---|---|---|---|---|---|---|---|---|---|---|---|
|  |  |  |  |  |  |  | 上游 | 下游 | 上游 | 下游 |  |  |
| 一期 | 第2～5年 | 大坝围堰 | 大汛 | 20 | 39300 | 束窄后的右岸河床过流 | 45.02 | 42.58 | 46.55 | 44.08 | 有 | 无 |
| 二期 | 第6～8年 | 大坝围堰 | 大汛 | 50（上游）<br>20（下游） | 44900、39300 | 泄水低孔、高孔 | 55.26 | 42.58 | 56.76 | 44.08 | 有 | 有 |

大藤峡水利枢纽可行性研究报告指出，枢纽坝址处郁江口以上至石龙三江口处黔江航段，目前为Ⅴ级（单线）航道，航道尺度1.5m×30m×200m，可通航300t级货船。根据武宣海事处调查成果，黔江武宣航段洪水期受大湾肚水流条件影响，当武宣站水位达到55m（流量超过23500$m^3/s$）时黔江武宣航段封航。根据中水珠江规划设计勘测有限公司统计，21000～23500$m^3/s$流量区间每年出现的时长为2d。因此，大藤峡坝址处除汛期需

短期封峡停航外，坝址处航道可通航 300t 级货船。考虑到存在 800t 级货船通航，因此，施工通航标准采用 1000t 的Ⅲ级航道。

根据 GB 50139—2004《内河通航标准》，航道尺度最小弯曲半径为 480m、水深 3.0～3.5m，航道直线段双线宽度 60.0m，转弯半径 480m，根据桂交综合函〔2008〕119 号文，广西黄金水道Ⅲ级航道最小水深为 3.0m。

施工导流期的通航水流条件目前没有相关规范和标准。参考西江上其他工程经验，施工导流期自航情况允许表面流速为 3.0m/s，助航允许表面流速为 5.5m/s。为探究工程二期建设时枢纽水流是否能达到安全通航的流速、流态条件，故建立大藤峡施工导流优化物理模型以供研究。

## 2.2 运行期通航水流条件及自航船模试验

### 2.2.1 上游引航道口门区通航水流条件

#### 2.2.1.1 试验工况

二期导流期间，利用已建成的船闸进行通航，通航标准采用 1000t 的Ⅲ级航道，根据通航标准要求，Ⅲ级航道上游口门区通航标准为 10 年一遇洪水，左岸 20 个底孔和 1 个高孔在敞泄下泄流量 $Q_{10\%}=35200m^3/s$ 时，上游水位为 46.02m。5 年一遇洪水，左岸 20 个底孔和 1 个高孔在敞泄下泄流量 $Q_{20\%}=30600m^3/s$ 时，上游水位为 44.15m。电站发电要求的最小设计水头为 10.07m，在上游限制水位 47.6m 时，经计算，下泄流量 $20000m^3/s$ 能够保证上下游水头大于 10.07m 的要求。设计方案上游横向围堰高程 56.76m，允许的上游最高水位为 55.26m，在非汛期，上游水位均可通过闸门调度，抬高上游水位，来改善上游口门区通航水流条件。综上分析，试验选择 4 组水流条件进行试验，试验工况见表 2.2。

表 2.2　二期施工期上游引航道口门区通航水流条件试验工况

| 试验工况 | 流量/($m^3/s$) | 上游水位/m | 洪水频率/% | 备　注 |
|---|---|---|---|---|
| 1 | 15000 | 55.26 | | 次汛期最大泄流量 |
| 2* | 20000 | 47.60 | | 库区腾空最大泄流量 |
| 3* | 30600 | 44.15 | 20 | 库区最低水位 |
| 4* | 35200 | 46.02 | 10 | 最大通航流量 |

注：* 为自航船模试验工况。

#### 2.2.1.2 设计方案通航水流条件

大藤峡船闸上游引航道口门区长 455.0m、宽 115.0m，原设计方案为改善口门区内的水流流态，在口门区河道侧设一道长 485.0m、顶高程为 47.0m 的隔流堤（隔流堤平均高度在 20.0m 以上）；同时为防止河床质泥沙进入到口门区及引航道内，在口门区上游设置一道拦砂坎与隔流堤相连，拦砂坎顶高程为 38.2m（与上游引航道及口门区底高程相同），拦沙坎上下游坡比均为 1∶2。

JTJ 305—2001《船闸总体设计规范》中关于口门区描述如下：“口门区的宽度应与引航道口门有效宽度相同，其长度应按设计最大船舶、船队确定，顶推船队采用 2.0～2.5

倍船队长，拖带船队采用 1.0～1.5 倍船队长，两种船队并有时，取大值。”

按照上面规范对口门区的定义，原设计方案实体隔流堤设置后，在库区水位低于隔流堤堤顶高程时（47.0m），隔流堤头部实为引航道与河道的分流位置，此时，上游口门区的起始位置应该以隔流堤头部起算，原设计方案口门区的位置其实是引航道制动段的位置，通航标准应参照引航道制动段的纵、横向通航水流标准，见图 2.1。

首先对原设计方案上游引航道及口门区的通航水流条件进行验证，不同试验工况上游引航道及口门区水流流态分述如下：

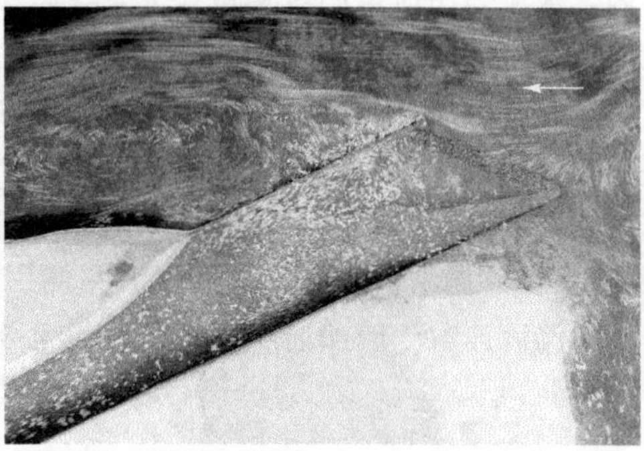

图 2.1 原设计方案上游引航道及口门区水流流态（$Q_{10\%}=35200m^3/s$）

在次汛期，上游库区水位（53.6m）高于隔流堤堤顶（47.0m），在上游峡口弯道水流的作用下，来流掠过上游口门区及引航道，受阻于引航道右侧山体后，在山体前端产生折转，试验测得的水流流线与引航道中心线夹角在 15°～40°。

在汛限水位时（47.6m），上游库区水位略高于隔流堤顶（47.0m），在隔流堤堤头挑流作用下，上游来流在隔流堤堤头迅速折转，试验测得的上游水流与口门区中心线夹角在 10°～25°；部分来流沿着隔流堤左侧进入到引航道内，这部分中的大部分水流漫过隔流堤下泄，小部分水流则在引航道内形成回流；隔流堤堤头附近产生较大范围的绕流区，绕流范围已波及至枢纽附近，隔流堤下游与左岸山体间形成一个长 1000m、宽 250m 的回流区，同时隔流堤将河道左侧水流挑至河道右侧，改变了现有河道的流路，河道内设置的隔流堤将对枢纽泄洪以及船闸旁侧取水产生影响。

在 5 年一遇和 10 年一遇洪水情况下，库区水位低于隔流堤顶（47.0m），隔流堤的设置使上游来流提前折转，试验测得的上游口门区中心线与泄流间夹角在 10°～20°；上游来流在惯性力以及隔流堤导流作用下，部分水流沿着隔流堤进入引航道内，并在引航道前端形成逆时针的回流区，同时在引航道内形成往复流，试验测得的引航道内水面波动幅度可达 1.0m，往复流的存在不利于船舶的正常停泊。

在引航道试验中，流速测点的布置至关重要，可以提供对水流行为的详细了解。以下是流速测点布置需要满足的一些原则。①代表性：流速测点的布置应具有代表性，能够准确反映整个引航道的流态特性。这意味着需要在关键位置和关键断面上布置测点，包括弯道、交汇处、狭窄通道等可能对船舶航行产生重要影响的区域。②均匀分布：流速测点应在引航道中均匀分布，以覆盖整个航道的水流情况。可以确保获得全面的水流数据，避免局部特殊情况对试验结果的偏差影响。③离散程度：流速测点之间的距离应根据需要进行适当的离散。密集的测点布置可以提供更详细的流速分布信息，但也需要考虑实际测量的可行性和成本效益。④测点深度范围：不同船舶在不同水深条件下航行，因此在引航道的各个水深区域都应该设置流速测点。可以获得不同水深区域的流速数据，以更好地了解引航道中的水流变化。⑤测量精度：为了确保测点数据的准确性和可靠性，流速测点的布置应考虑测量设备的精度和灵敏度。合适的设备和技术将有助于获得准确的流速数据，并保证试验的有效性。同时，流速测点布置还要根据具体的引航道特点、试验目的和要求进行综合考虑。在实际操作中，可能需要对布点方案进行预先试验和调整，确保测点布置能够满足试验的需要。

上游引航道试验流速测点布置见图 2.2。次汛期时，上游引航道流速分布见图 2.3。引航道横向与纵向流速值见表 2.3。试验测得的隔流堤左侧引航道上游段流速在 0.95m/s 以内，水流与引航道心线夹角较大，导致多数测点处的横向流速大于 0.15m/s；隔流堤左侧引航道中游段流速值在 0.80m/s 以内，由于水流与引航道中心线夹角较大，部分断面横向流速也大于 0.15m/s；由于隔流堤左侧引航道部分断面横向流速值大于通航水流条件要求的横向流速（0.15m/s），隔流堤左侧引航道的船舶通航水流条件不满足规范要求，需对引航道及口门区（附属结构型式）进行优化研究。汛限水位（47.6m）以及在 5 年一遇和 10 年一遇洪水情况下，隔流堤左侧引航道横向流速较小，回流流速也在 0.4m/s 以内，回流流速大于船舶通航水流条件规范要求。

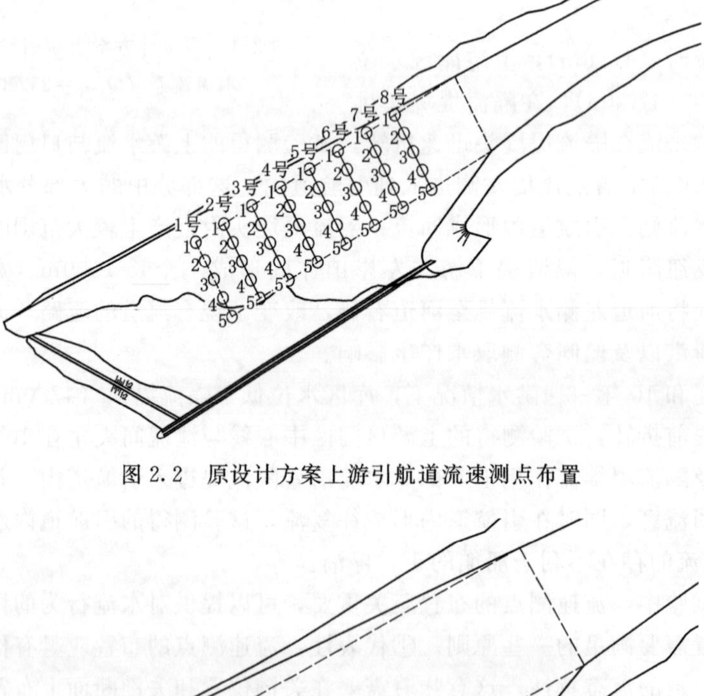


图 2.2　原设计方案上游引航道流速测点布置

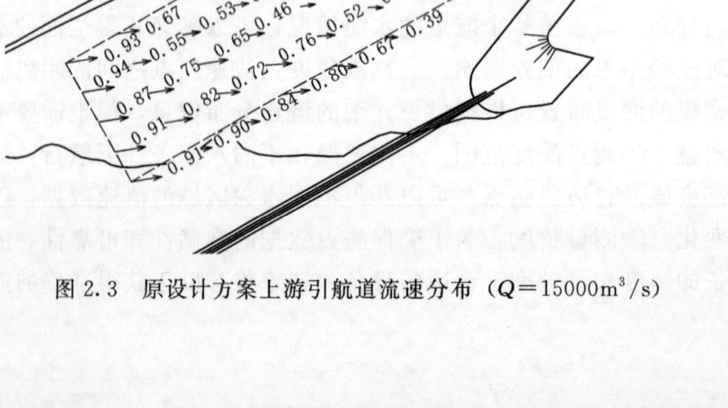


图 2.3　原设计方案上游引航道流速分布（$Q=15000m^3/s$）

表 2.3　　设计方案次汛期上游口门区横向与纵向流速值 ($Q=15000m^3/s$)

| 测点号 | 横向流速 /(m/s) | 纵向流速 /(m/s) | 测点号 | 横向流速 /(m/s) | 纵向流速 (m/s) |
|---|---|---|---|---|---|
| 1-1 | 0.32 | 0.87 | 4-1 | — | — |
| 1-2 | 0.32 | 0.89 | 4-2 | 0.16 | 0.44 |
| 1-3 | 0.30 | 0.82 | 4-3 | 0.16 | 0.44 |
| 1-4 | 0.31 | 0.85 | 4-4 | 0.32 | 0.69 |
| 1-5 | 0.31 | 0.85 | 4-5 | 0.27 | 0.75 |
| 2-1 | 0.23 | 0.63 | 5-1 | 0.14 | 0.38 |
| 2-2 | 0.19 | 0.51 | 5-2 | — | — |
| 2-3 | 0.26 | 0.71 | 5-3 | 0.15 | 0.40 |
| 2-4 | 0.28 | 0.77 | 5-4 | 0.22 | 0.47 |
| 2-5 | 0.31 | 0.84 | 5-5 | 0.33 | 0.58 |
| 3-1 | — | — | 6-1 | 0.21 | 0.37 |
| 3-2 | 0.18 | 0.50 | 6-2 | — | — |
| 3-3 | 0.22 | 0.58 | 6-3 | — | — |
| 3-4 | 0.30 | 0.65 | 6-4 | 0.22 | 0.38 |
| 3-5 | 0.35 | 0.76 | 6-5 | 0.20 | 0.34 |

综上所述，根据试验数据，上游段的流速在 0.95m/s 以内，但水流与引航道心线夹角较大，导致多数测点处的横向流速大于 0.15m/s。而中游段的流速值在 0.80m/s 以内，但部分断面由于水流与引航道中心线夹角较大，横向流速也大于 0.15m/s。由于隔流堤左侧引航道部分断面的横向流速值大于通航水流条件要求的横向流速（0.15m/s），因此当前的设计方案不满足船舶通航水流条件规范要求；其他试验工况下，隔流堤左侧引航道的回流流速大于船舶通航水流条件规定要求；且隔流堤内伸河道较多，将对枢纽泄洪及船闸取水产生影响。需要对引航道进行改良，通过调整引航道的几何形状、修建导流设施或增设隔流墙等措施，以降低水流与引航道的夹角，减小横向流速，确保满足通航水流条件规范要求。或在引航道的适当位置设置导流设施，如导流槽或护坡等，以引导水流沿着引航道的方向流动，减少横向流速的影响；还可通过水流调控措施，如调整相关水利工程的水位管理策略、改变水流分流方向等，来影响水流的流速和流向，以达到满足通航要求的目标。

#### 2.2.1.3 优化方案通航水流条件

在对原设计方案上游口门区布置及口门区附近地形分析基础上，认为原设计方案上游引航道口门区布置于南木江与黔江交汇处的浅滩区域，该浅滩区域宽阔，高程基本处于 42.0～47.0m（引航道口门区底板高程为 38.2m），原设计方案为与上游河道顺直连接，在引航道与口门区之间采用了一个弧度为 29°的弯道进行连接，直接导致上游引航道口门区处于上游弯道主流的影响区域，为改善口门区内的水流流态，原设计方案在口门区河道侧设置了一条 485.0m 长的隔流堤，隔流堤内伸河道，其最大约占河道过流宽度的 1/3，对枢纽泄洪、船闸引水以及隔流堤附近流态产生不利影响，且隔流堤底部大多坐落于 24.0～26.0m 浅滩上，隔流堤高度大部分在 20.0m 以上，隔流堤的工程量巨大。

为避开上游峡口扩散及弯道水流对口门区及连接段的直冲影响，充分利用南木江与黔江交汇处的浅滩作为缓冲区域，试验将上游引航道口门区向岸坡方向内移，同时取消隔流堤的设置，降低隔流堤建设对枢纽泄洪以及船舶通航影响，在保证上游口门区满足通航水流条件的同时，尽可能地不改变山体及浅滩开挖工程量，节省隔流堤建设的工程投资。优化方案上游口门区平面布置见图 2.4。

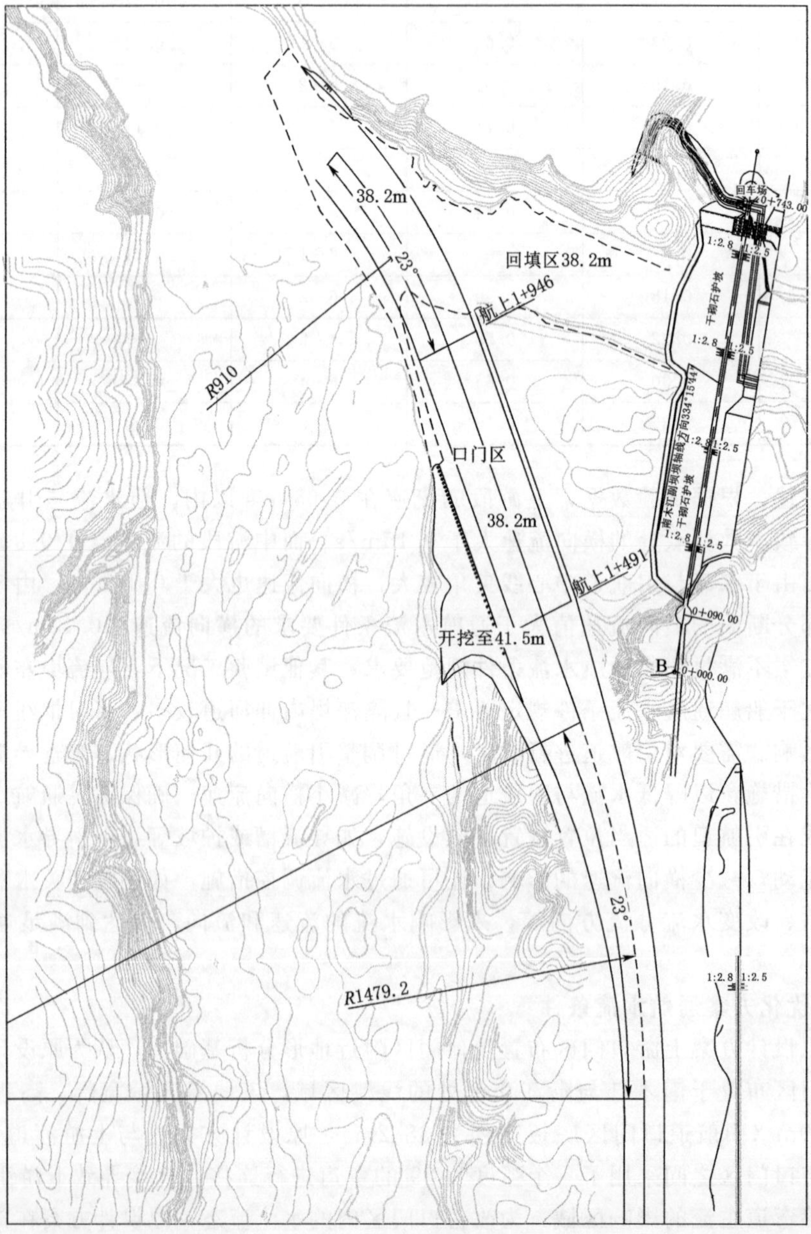


图 2.4　上游口门区平面布置图（优化方案）

其中采取以下措施：

（1）取消上游隔流堤。

（2）引航道中心线制动段弯道弧度由 29°调整至 23°，半径调整为 1479.2m，并以 179m 的直线段与口门区相连；口门区与上游主航道以半径 910m、弧度 23°的弯段连接。

（3）将上游口门区左侧滩地与口门区边线保持 10m 宽度；上游口门区右侧滩地开挖至高程 41.5m，滩地与口门区边线保持 30m 宽度。

（4）在上游口门区右侧开挖滩地上加设导航墩，墩径为 3.3m，墩顶高程为 46.0m，其中，航上 1＋467～航上 1＋595 墩间距为 6.6m，航上 1＋595～航上 1＋780 墩间距为 3.3m。

（5）将上游口门区连接段河道及滩地进行回填，回填范围至航上 2＋592 断面，回填高程至 38.2m。

（6）将上游口门区连接段与南木江副坝之间河床回填至高程 38.2m。通过试验可得，优化方案上游引航道及口门区水流流态如图 2.5 所示。

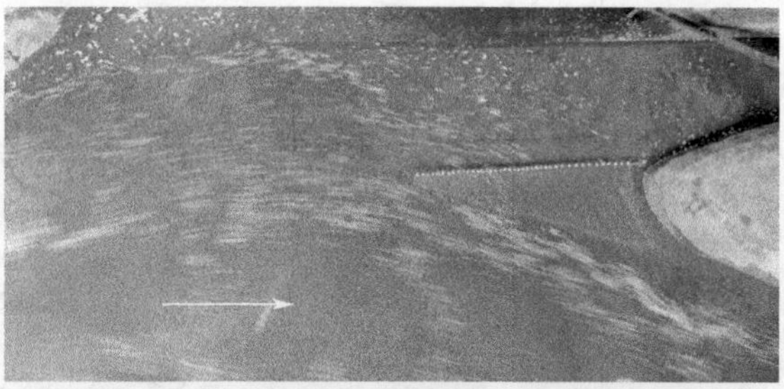

图 2.5 优化方案上游口门区水流流态
（$Q_{10\%}=35200m^3/s$）

在遭遇 5 年一遇和 10 年一遇洪水时，上游库区水位较低，引航道、口门区及连接段水深在 6.0～7.0m，口门区连接段河床回填及口门区外侧局部河势调整后，峡口来流主要位于右岸主槽内，连接段及口门区上游段水流流向基本与给定的航线方向一致，在分流堤阻水作用下，口门区下游段河道侧水流以 5°～20°的夹角偏向主河道，而引航道内水流基本静止，隔流堤开孔后，对进入上游口门区河道侧的水流有一定的引导作用，有效地降低口门区下游段的水流与口门区中心线之间的夹角。

其他试验工况下，工程处于闸门控制情况，此时枢纽泄流量相对小，库区水位相对较高，弯道水流作用减弱，上游来流主流基本位于河道主槽内，部分水流贴口门区及连接段外侧下泄，对口门区的通航水流条件整体影响较小；口门区下游端及口门区右侧滩地上形成强度较弱的回流区。在其他试验工况下，当工程处于闸门控制情况时，枢纽泄流量相对较小，而库区水位相对较高。由于水位差异性较大，弯道水流的作用减弱，上游来流的主流基本位于河道主槽内，而部分水流会贴近口门区及连接段的外侧下泄，但对口门区的通航水流条件整体影响较小。此外，在口门区下游端及口门区右侧的滩地上会形成强度较弱的回流区。

这种情况下，枢纽泄流量相对较小，意味着水流对引航道的影响较为缓和。由于库区水位相对较高，水流在通过口门区时受到一定的限制，导致弯道水流的作用减弱。上游来流的主流往往会保持在河道的主槽内，而并不会对口门区的通航水流条件产生过大的影响。因此，在这种特定的工况下，船舶通航水流条件可以相对较好地满足规范要求。

同时，口门区下游端及口门区右侧的滩地上会形成回流区，其强度相对较弱。这是由于口门区附近水流经过弯曲后，由于惯性和地形的影响，会形成一定程度的回流。尤其是口门区右侧的滩地上，由于岸边的阻挡作用，回流区域的强度会进一步削弱。这种回流区域的存在对口门区的通航水流条件也产生一定的影响，但相对较小，通航安全性不会受到严重威胁。

综上所述，在其他试验工况下，当工程处于闸门控制情况时，枢纽泄流量较小，库区水位较高，弯道水流作用减弱，上游来流主要位于河道主槽内，部分水流贴近口门区及连接段的外侧下泄，对口门区的通航水流条件整体影响较小。同时，口门区下游端及口门区右侧的滩地上形成较弱的回流区。尽管存在一定的影响，但通航安全性并不受到严重威胁。针对这些工况，可以进一步进行水流模拟和工程优化研究，以确保口门区的通航水流条件满足规范要求，并保证船舶航行的安全性。

上游引航道口门区及连接段流速测点布置见图 2.6，各试验工况优化方案上游引航道及口门区流速分布见图 2.7。

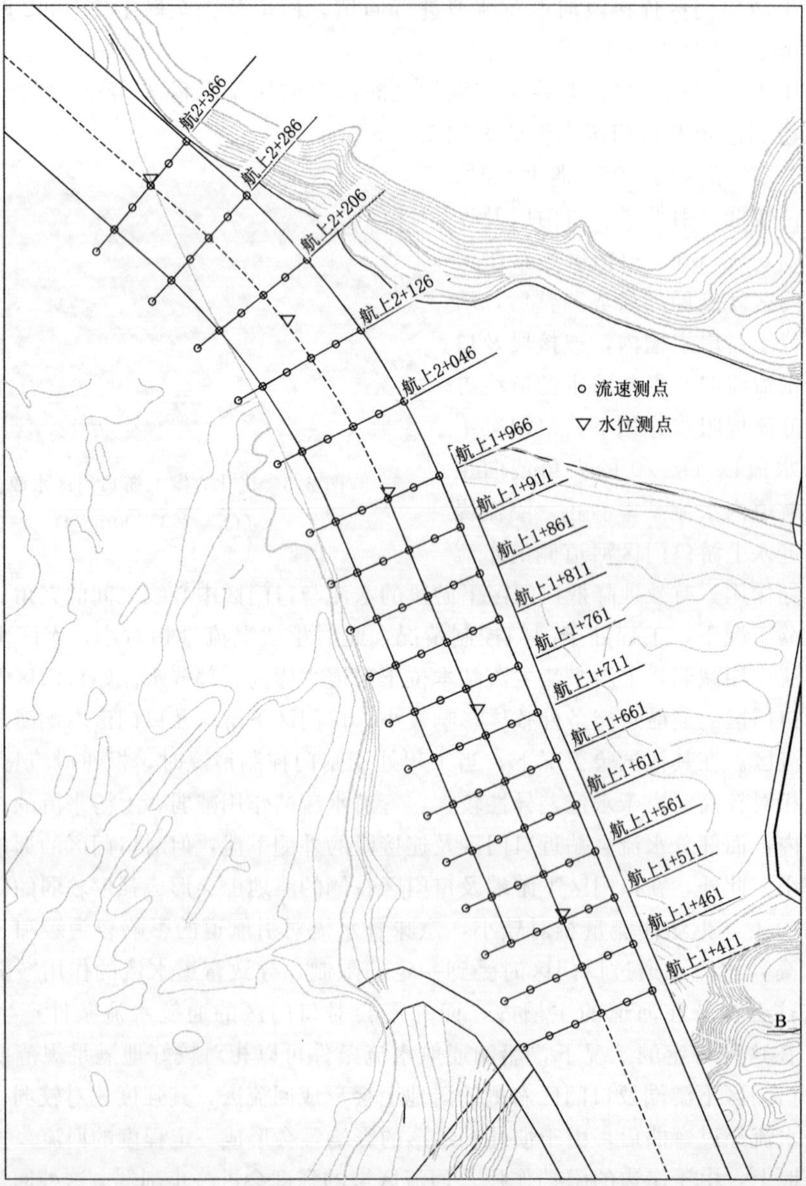


图 2.6 优化方案上游口门区流速与水位测点布置

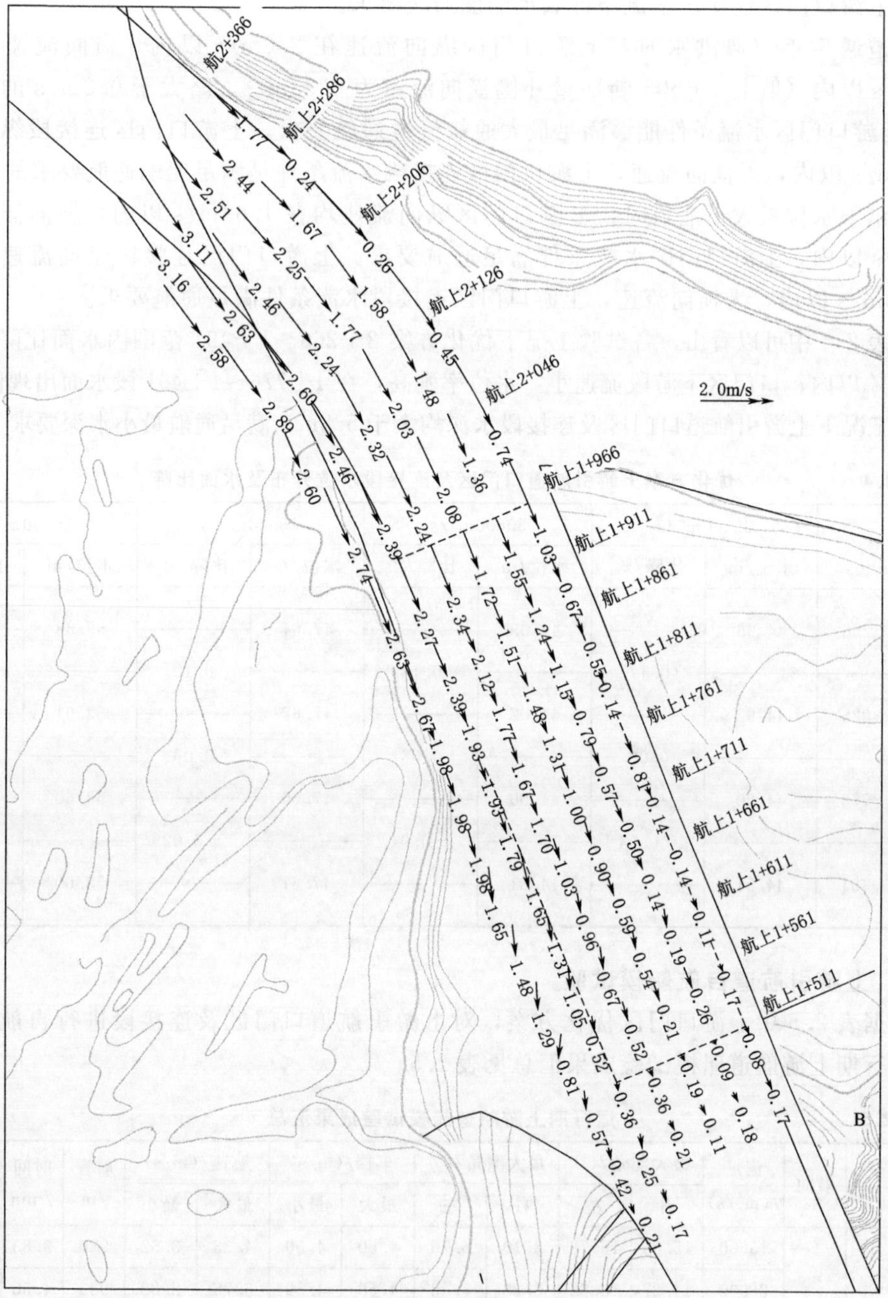


图 2.7 优化方案上游口门区及连接段流速分布图（$Q_{10\%}=35200m^3/s$）

在遭遇 10 年一遇洪水时，上游口门区纵向流速在 2.0m/s 以内，横向流速基本在 0.30m/s 以内（航上 1＋719、航上 1＋605、航上 1＋491 断面最外侧横向流速大于 0.3m/s，最大横向流速为 0.38m/s），口门区内无回流存在，上游口门区水流条件基本满足最大通航流量通航要求。上游口门区连接段纵向流速基本都在 2.5m/s 以内，只有 2＋266 断面连接段外侧边线出现纵向流速超标现象（最大纵向流速为 2.60m/s），无横向流速，上游口门区连接段水流条件满足船舶通航要求。

在遭遇5年一遇洪水时，上游口门区纵向流速在2.0m/s以内，横向流速基本在0.30m/s以内（航上1+605断面最外侧横向流速为0.33m/s，略大于0.3m/s的规范要求），上游口门区水流条件能够满足最大通航流量通航要求。上游口门区连接段纵向流速在2.5m/s以内，无横向流速，上游口门区连接段水流条件是满足船舶通航要求的。

在汛限水位最大下泄量时，上游口门区纵向流速均在1.63m/s以内，横向流速均在0.28m/s以内，上游口门区水流条件满足通航要求。上游口门区连接段纵向流速基本都在2.05m/s以内，无横向流速，上游口门区连接段水流条件满足通航要求。

从表2.4中可以看出，各试验工况下优化方案2+266～1+491范围内水面比降较小均在0.17‰以内；口门区下游段流速小，水位率壅高，在1+776～1+491段水面出现倒比降。各试验工况下上游引航道口门区及连接段水深均大于5.8m，满足通航最小水深要求。

**表2.4　　优化方案上游引航道口门区及连接段水位分布及水面比降**

| 桩　号 | $35200m^3/s$ | | $30600m^3/s$ | | $28000m^3/s$ | | $15000m^3/s$ | |
|---|---|---|---|---|---|---|---|---|
| | 水位/m | 比降/‰ | 水位/m | 比降/‰ | 水位/m | 比降/‰ | 水位/m | 比降/‰ |
| 航上2+266 | 44.96 | | 44.05 | | 47.64 | | 53.63 | |
| | | 0.17 | | 0.13 | | 0.10 | | 0.08 |
| 航上2+026 | 44.92 | | 44.02 | | 47.62 | | 53.61 | |
| | | 0.08 | | 0.06 | | 0.06 | | 0.04 |
| 航上1+776 | 44.90 | | 44.00 | | 47.60 | | 53.60 | |
| | | −0.04 | | −0.04 | | −0.02 | | 0.00 |
| 航上1+491 | 44.91 | | 44.01 | | 47.61 | | 53.60 | |

## 2.2.2 上游引航道自航船模试验

根据表2.5中上游口门区优化方案，对上游引航道口门区及连接段进行自航船模试验。运行期上游航道船模试验成果汇总见表2.5。

**表2.5　　运行期上游航道船模试验成果汇总**

| 船型 | 航向 | 流量/$(m^3/s)$ | 最大舵角/(°) | | 最大漂角/(°) | | 车挡/(m/s) | | 航速/(m/s) | | 航程/m | 时间/min | 平均航速/(m/s) |
|---|---|---|---|---|---|---|---|---|---|---|---|---|---|
| | | | 右 | 左 | 右 | 左 | 最大 | 最小 | 最大 | 最小 | | | |
| 1+2×2000t | 上行 | 15000 | 15.85 | 16.78 | 3.10 | 5.76 | 4.50 | 4.50 | 4.23 | 3.52 | 930 | 3.83 | 4.04 |
| | | 28000 | 14.27 | 18.68 | 6.28 | 7.23 | 4.50 | 4.50 | 3.76 | 2.88 | 933 | 4.50 | 3.46 |
| | | 30600 | 18.47 | 21.91 | 8.69 | 4.55 | 4.50 | 4.50 | 3.49 | 2.08 | 929 | 5.13 | 3.02 |
| | | 35200 | 16.91 | 23.12 | 9.77 | 9.51 | 4.50 | 4.50 | 3.48 | 1.67 | 937 | 5.45 | 2.87 |
| | 下行 | 15000 | 17.68 | 13.83 | 6.46 | 3.84 | 3.50 | 3.50 | 3.59 | 3.05 | 927 | 4.56 | 3.40 |
| | | 28000 | 18.23 | 16.10 | 7.45 | 5.21 | 3.50 | 3.50 | 4.12 | 3.21 | 932 | 3.58 | 4.34 |
| | | 30600 | 20.19 | 18.57 | 8.38 | 5.21 | 3.50 | 3.50 | 4.65 | 3.49 | 944 | 3.64 | 4.33 |
| | | 35200 | 16.72 | 23.28 | 10.85 | 6.16 | 3.50 | 3.50 | 5.01 | 3.76 | 935 | 3.36 | 4.63 |

续表

| 船型 | 航向 | 流量/(m³/s) | 最大舵角/(°) | | 最大漂角/(°) | | 车挡/(m/s) | | 航速/(m/s) | | 航程/m | 时间/min | 平均航速/(m/s) |
|---|---|---|---|---|---|---|---|---|---|---|---|---|---|
| | | | 右 | 左 | 右 | 左 | 最大 | 最小 | 最大 | 最小 | | | |
| 3000t | 上行 | 15000 | 14.48 | 15.63 | 4.74 | 5.34 | 5.00 | 5.00 | 4.60 | 3.94 | 934 | 3.53 | 4.42 |
| | | 28000 | 16.42 | 17.18 | 5.55 | 6.78 | 5.00 | 5.00 | 4.40 | 3.40 | 942 | 3.89 | 4.04 |
| | | 30600 | 19.07 | 19.70 | 7.12 | 8.30 | 5.00 | 5.00 | 4.41 | 2.73 | 944 | 4.11 | 3.87 |
| | | 35200 | 19.27 | 22.16 | 9.05 | 9.14 | 5.00 | 5.00 | 4.13 | 2.55 | 946 | 4.53 | 3.48 |
| | 下行 | 15000 | 16.37 | 13.96 | 5.86 | 2.86 | 3.50 | 3.50 | 4.20 | 3.62 | 941 | 3.86 | 4.07 |
| | | 28000 | 18.01 | 14.82 | 7.03 | 4.83 | 3.50 | 3.50 | 4.56 | 3.51 | 928 | 3.61 | 4.26 |
| | | 30600 | 19.96 | 16.46 | 8.01 | 5.16 | 3.50 | 3.50 | 4.82 | 3.58 | 934 | 3.47 | 4.48 |
| | | 35200 | 18.43 | 22.23 | 10.16 | 8.64 | 3.50 | 3.50 | 5.07 | 3.78 | 955 | 3.42 | 4.66 |

### 2.2.2.1 船舶出闸上行情况

1. 1+2×2000t 船队上行情况

枢纽运行期上游航道 $Q=15000\text{m}^3/\text{s}$、$Q=28000\text{m}^3/\text{s}$、$Q_{20\%}=30600\text{m}^3/\text{s}$ 和 $Q_{10\%}=35200\text{m}^3/\text{s}$ 四组流量工况船模上行平均航程分别为 930m、933m、929m 和 937m，最大舵角分别为 16.78°、18.68°、21.91° 和 23.12°，最大漂角分别为 5.76°、7.23°、8.69° 和 9.77°，随流量增加而加大，说明船舶航行难度随流量的加大而加大，但均未超过船模试验舵角安全限值（25°）。

最小航速分别为 3.52m/s、2.88m/s、2.08m/s 和 1.67m/s（12.67km/h、10.37km/h、7.49km/h 和 6.01km/h），航行时间分别为 3.83min、4.50min、5.13min 和 5.45min；平均航速分别为 4.04m/s、3.46m/s、3.02m/s 和 2.87m/s（14.54km/h、12.46km/h、11.87km/h 和 10.33km/h）；随流量增加而加大，这说明船舶航行难度随流量的加大而加大，但均远高于船模试验最低航速安全限值（0.4m/s）。

船模试验成果表明，枢纽运行期船闸上游航道，在 $Q=15000\text{m}^3/\text{s}$、$Q=28000\text{m}^3/\text{s}$、$Q_{20\%}=30600\text{m}^3/\text{s}$ 和 $Q_{10\%}=35200\text{m}^3/\text{s}$ 四种流量工况时，舵角、航速都未超过船模试验安全限值，只要谨慎操纵，出闸上行的船舶均可以自航通过引航道、口门区和连接段驶向上游，可满足 1+2×2000t 船队的通航要求。

2. 3000t 机动货船上行情况

枢纽运行期上游航道 $Q=15000\text{m}^3/\text{s}$、$Q=28000\text{m}^3/\text{s}$、$Q_{20\%}=30600\text{m}^3/\text{s}$ 和 $Q_{10\%}=35200\text{m}^3/\text{s}$ 四组流量工况船模上行平均航程分别为 934m、942m、944m 和 946m，最大舵角分别为 15.63°、17.18°、19.70° 和 22.16°，最大漂角分别为 5.34°、6.78°、8.30° 和 9.14°，随流量增加而加大，说明船舶航行难度随流量的加大而加大，但均未超过船模试验舵角安全限值（25°）。

最小航速分别为 3.94m/s、3.40m/s、2.73m/s 和 2.55m/s（14.18km/h、12.24km/h、9.83km/h 和 9.18km/h），随流量增加而减小，但均远高于船模试验最低航速安全限值（0.4m/s）。

航行时间分别为 3.53min、3.89min、4.11min 和 4.53min，平均航速分别为 4.42m/s、

4.04m/s、3.87m/s 和 3.48m/s（15.91km/h、14.54km/h、13.93km/h 和 12.53km/h）。

船模试验成果表明，在 $Q=15000m^3/s$、$Q=28000m^3/s$、$Q_{20\%}=30600m^3/s$ 和 $Q_{10\%}=35200m^3/s$ 四种流量工况时，舵角、航速都未超过船模试验安全限值，只要谨慎操纵，出闸上行的船舶均可以自航通过引航道、口门区和连接段驶向上游，可满足 3000t 机动货船的通航要求。

#### 2.2.2.2　船舶下行进闸情况

1. 1+2×2000t 船队下行情况

枢纽运行期上游航道 $Q=15000m^3/s$、$Q=28000m^3/s$、$Q_{20\%}=30600m^3/s$ 和 $Q_{10\%}=35200m^3/s$，下行平均航程分别为 927m、932m、944m 和 935m，最大舵角分别为 17.68°、18.23°、20.19°和 23.28°，最大漂角分别为 6.46°、7.45°、8.38°和 10.85°，随流量增加而加大，说明船舶航行难度随流量的加大而加大，但均未超过船模试验舵角安全限值（25°）。

最大航速分别为 3.59m/s、4.12m/s、4.65m/s 和 5.01m/s（12.92km/h、14.83km/h、16.74km/h 和 18.04km/h），航行时间分别为 4.56min、3.58min、3.64min 和 3.36min，平均航速分别为 3.40m/s、4.34m/s、4.33m/s 和 4.63m/s（12.24km/h、15.62km/h、15.59km/h 和 16.67km/h）。

船模试验成果表明，在 $Q=15000m^3/s$、$Q=28000m^3/s$、$Q_{20\%}=30600m^3/s$ 和 $Q_{10\%}=35200m^3/s$ 四种流量工况时，下行最大舵角都未超过船模试验安全限值，只要谨慎操纵，进闸航行的船舶可自航下行通过连接段和口门区驶入引航道，可满足 1+2×2000t 船队的通航要求。

2. 3000t 机动货船下行情况

枢纽运行期上游航道 $Q=15000m^3/s$、$Q=28000m^3/s$、$Q_{20\%}=30600m^3/s$ 和 $Q_{10\%}=35200m^3/s$ 四组流量工况船模下行平均航程分别为 941m、928m、934m 和 955m，最大舵角分别为 16.37°、18.01°、19.96°和 22.23°，最大漂角分别为 5.86°、7.03°、8.01°和 10.16°，随流量增加而加大，说明船舶航行难度随流量的加大而加大，但均未超过船模试验舵角安全限值（25°）。

最大航速分别为 4.20m/s、4.56m/s、4.82m/s 和 5.07m/s（15.12km/h、16.42km/h、17.35km/h 和 18.25km/h），航行时间分别为 3.86min、3.61min、3.47min 和 3.42min，平均航速分别为 4.07m/s、4.26m/s、4.48m/s 和 4.66m/s（14.65km/h、15.34km/h、16.13km/h 和 16.78km/h）。

船模试验成果表明，试验工况下，下行最大舵角都未超过船模试验安全限值，只要谨慎操纵，进闸航行的船舶可自航下行通过连接段和口门区驶入引航道，均可满足 3000t 机动货船的通航要求。

### 2.2.3　下游引航道口门区通航水流条件

#### 2.2.3.1　试验工况

根据引航道及口门区最小水深的要求，水深不得低于 5.4m。下游最高通航水位 41.24m（对应的最大通航流量为 $Q_{10\%}=35200m^3/s$），最低通航水位 20.75m（对应的最小生态流量为 $Q=700m^3/s$）。

试验选择了7组流条件，进行下游引航道口门区通航水流条件试验研究。试验工况见表2.6，设计方案的验证和优化在最大通航流量条件下进行，得出的推荐方案在各工况条件下施测相关水流参数。

表2.6 下游引航道口门区通航水流条件试验工况

| 试验工况 | 流量/($m^3$/s) | 下游水位/m | 洪水频率/% | 备注 |
|---|---|---|---|---|
| 1 | 700 | 20.75 | | 最低通航水位 |
| 2 | 2000 | 24.25 | | |
| 3 | 4000 | 26.25 | | |
| 4 | 8000 | 28.88 | | |
| 5 | 17000 | 33.20 | | |
| 6 | 25500 | 35.30 | | |
| 7 | 30600 | 38.01 | 20 | |
| 8 | 35200 | 41.24 | 10 | 最大通航流量 |

#### 2.2.3.2 设计方案通航水流条件

大藤峡水利枢纽坝轴线下游为S形弯曲河段，河道先向右弯，然后向左弯，设计方案的下游引航道口门区位于左弯河道的凹岸。过闸水流受河势影响，主流先倾向于贴近右侧凹岸流动，然后受右侧凸岸的挑流作用发生偏转，开始偏向左侧凹岸流动，故下游引航道口门区处于主流顶冲区。设计方案采用“防护＋扩挖”的措施来改善口门区的水流条件：隔流堤末端接长约460m的直立导航墙和长约90m、外挑37°的透水式导墙，直立导航墙可阻挡主流顶冲，外挑透水式导墙一方面可以将主流挑向河中避开口门区，另一方面可以经由底部透水孔向口门区补水消除回流；因部分导墙伸向河中占用河道过流断面，从而压缩主流，因此右侧凸岸进行了较大面积的扩挖，以此增加该河段的过流断面，减少设置导墙带来的不利影响。

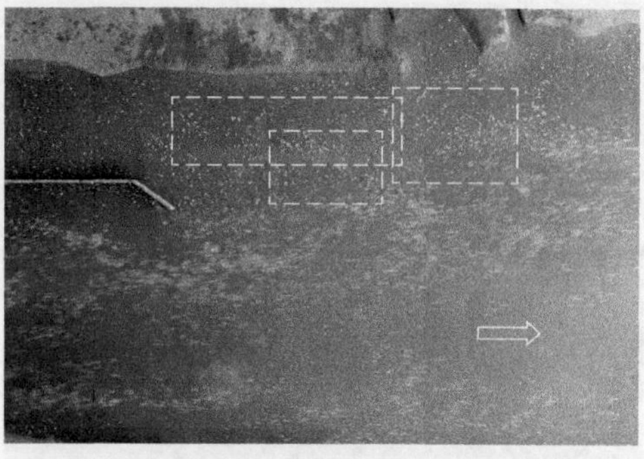

图2.8 原设计方案下游口门区水流流态
($Q_{10\%}=35200m^3/s$)

最大通航流量条件下，原设计方案下游引航道口门区及附近水域的流态见图2.8，由图可见，口门区水域在导航墙的防护下，大部门区域的水流条件较好；近左岸主流在外挑导墙作用下流向偏转幅度较大，下泄过程中主流左右摆动，在其带动下口门区中下段及其下游的航道过渡段形成两个较大范围的回流，横向流速及回流值均超出规范要求，不能满足通航需求。

#### 2.2.3.3 优化方案通航水流条件

下游口门区位于左岸凸岸河段与凹岸河段的过渡位置，航道过渡段位于口门区下游的凹岸河段。弯道水流作用使得左侧凸岸下游沿岸形成较大范围的回流，主流绕过回流区摆动至凹岸流动时又使得航道过渡段纵向流速较大。若采用导航墙优化方案，导墙长度必须超出回流范围，外挑透水导墙对主流产生作用，才能实现透水和外挑主流的双重作用，从而消除口门区内的回流，降低航道过渡段的纵向流速，改善下游航道口门区及过渡段的通航水流条件。如果导墙长度缩短，外挑透水导墙对主流不产生直接作用，则位于回流区的导墙会形同虚设，对口门区及航道过渡段的水流条件起不到改善作用。如果直立导墙末端和外挑透水导墙保持不变，去除直立导墙中段或上段的部分长度，导墙对水流的连续性减弱，主流在外挑透水导墙作用下，一方面会在直立导墙中断的地方形成局部绕流，另一方面外挑导墙的挑流和透水效果也受到影响，口门区和下游航道过渡段的水流条件不能满足规范要求。试验表明，减少工程量不能单纯靠缩减导墙长度来实现。

优化方案先考虑采取两个辅助措施来改善口门区和航道连接段的通航水流条件。其中：口门区对侧岸坡的扩挖属于主动的、较为宏观的措施，以改变河势为手段从而达到改善口门区和航道过渡段水流条件的目的；设置导墙属于被动的、具体的措施，即口门区处于大范围回流区、航道过渡段处于凹岸主流区的客观条件下，通过设置导墙来解决口门区存在的问题。

故优化措施如下。一是调整左厂房尾水渠出口左侧岸坡开挖线，使左厂房尾水和靠近左侧的闸孔出流能够平顺汇入主河槽，减少主流摆动，改善弯道水流带来的不利影响。河道流态在中小流量条件下对该措施带来的变化较为明显，$8000m^3/s$ 流量条件调整岸坡开挖前后流态见图 2.9 和图 2.10。由图 2.9 可见，左厂房尾水渠出口左侧岸坡未扩挖时，左厂房尾水及左侧闸孔出流在凸岸作用下与左岸脱离，河道主流偏河床右侧流动，左侧凸岸下游沿岸为大范围的回流区。由图 2.10 可见，左厂房尾水渠出口左侧岸坡扩挖后，左岸水流边界变化趋于连续，河道主流居于河床中部流动，左侧凸岸下游沿岸回流范围和强度都有明显的改善。二是将口门区下游航道过渡段的航槽向左岸扩宽 20～30m，扩宽后靠近左岸的航槽作为通航区域，在大流量时船舶可利用近左岸的低流速区顺利上行，靠近河床的部分航槽宽度作为水流过渡区，中大流量航槽起始段水流斜向汇入航槽造成的局部横向流速过大以及中小流量航槽右侧局部露滩形成的“滑梁水”，都能在过渡区内进行调整。航道过渡段各工况下的水流条件均得到明显改善。

图 2.9 左厂房尾水渠出口段流态（左侧岸坡不扩挖，$8000m^3/s$）

图 2.10 左厂房尾水渠出口段流态（左侧岸坡扩挖，$8000m^3/s$）

上游河段河势优化之后，航道中心线与河道主流的夹角减小，口门区的通航水流条件随之得到改善，在此基础上对口门区的导航建筑进行优化。取消原设计的长导墙，沿隔流堤末端至原外挑导墙位置沿程布置排桩。排桩间隙可分算水流并沿程透水，以消除口门区内的回流，根据消除回流的效果确定排桩的排间距和桩间距；每一排排桩又形同一个挑流丁坝，可将主流挑离口门区，降低下游航道过渡段的纵向流速值，试验中根据下游航道过渡段的水流条件确定排桩的排数。经过反复试验和调整，确定优化方案导航建筑物布置方案为：8 排桩，每排 10 个桩，桩径 2.0m，桩间距 2.0m，桩顶高程 42m。优化方案布置图 2.11。

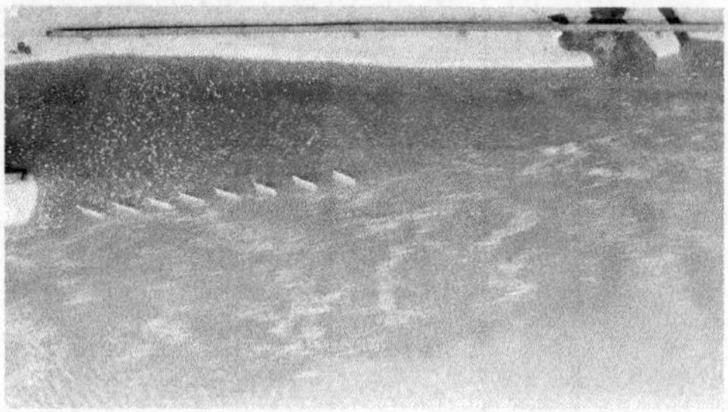

图 2.11 优化方案下游口门区水流流态（$Q_{10\%}=35200m^3/s$）

10 年一遇最大通航流量条件下，口门区大部分为为静水区，航道过渡段的上游段为低流速区，河道主流扩散汇入下游段航道过渡段的角度较小，流线较为顺直。$30600m^3/s$、$25500m^3/s$ 和 $17000m^3/s$ 的大水工况与 $35200m^3/s$ 工况相近。

$8000m^3/s$ 和 $4000m^3/s$ 的中水工况，河床水深变浅，河道主流沿深槽流动，部分排桩位于回流区内，口门区大部分为为静水区，航槽过渡区范围主流斜向汇入航道的角度增大，航槽内流线较为顺直。

$2000m^3/s$ 和 $700m^3/s$ 的小水工况，航道右侧浅滩露出水面，主槽水流在口门区河段沿程向河道左侧扩散流动，至出露浅滩位置，部分水流经主槽下泄，部分绕过浅滩进入航道过渡区时由于偏转角度过大，表层水流在离心力作用下脱离右侧边界，航槽内流线较为顺直。

### 2.2.4 下游引航道自航船模试验

根据 4.3.2 小节得出下游引航道口门区布置优化方案，运行期下游航道船模试验成果汇总见表 2.7。

表 2.7 大藤峡水利枢纽（运行期）下游航道船模试验成果汇总

| 船型 | 航向 | 流量/($m^3$/s) | 最大舵角/(°) | | 最大漂角/(°) | | 车挡/(m/s) | | 航速/(m/s) | | 航程/m | 航行时间/min | 平均航速/(m/s) |
|---|---|---|---|---|---|---|---|---|---|---|---|---|---|
| | | | 右 | 左 | 右 | 左 | 最大 | 最小 | 最大 | 最小 | | | |
| 1+2×2000t | 上行 | 2000 | 17.89 | 22.58 | 6.46 | 9.58 | 4.50 | 4.50 | 3.72 | 1.83 | 1168 | 7.25 | 2.68 |
| | | 8000 | 14.76 | 18.78 | 7.22 | 12.10 | 4.50 | 4.50 | 4.10 | 2.08 | 1265 | 6.90 | 3.06 |
| | | 17000 | 17.12 | 20.47 | 7.89 | 14.55 | 4.50 | 4.50 | 3.92 | 1.26 | 1151 | 8.19 | 2.35 |
| | | 25500 | 20.64 | 24.25 | 21.04 | 35.01 | 4.50 | 4.50 | 3.83 | 0.52 | 1125 | 10.24 | 1.83 |
| | 下行 | 2000 | 19.28 | 21.08 | 6.38 | 8.56 | 3.50 | 3.50 | 4.76 | 2.76 | 1206 | 5.04 | 3.99 |
| | | 8000 | 16.61 | 17.04 | 13.05 | 9.45 | 3.50 | 3.50 | 5.09 | 2.89 | 1161 | 4.66 | 4.16 |
| | | 17000 | 17.33 | 18.72 | 17.87 | 11.40 | 3.50 | 3.50 | 5.68 | 3.10 | 1157 | 4.22 | 4.58 |
| | | 25500 | 17.57 | 22.65 | 20.83 | 12.05 | 3.50 | 3.50 | 6.16 | 3.22 | 1161 | 3.97 | 4.87 |

续表

| 船型 | 航向 | 流量/($m^3$/s) | 最大舵角/(°) | | 最大漂角/(°) | | 车挡/(m/s) | | 航速/(m/s) | | 航程/m | 航行时间/min | 平均航速/(m/s) |
|---|---|---|---|---|---|---|---|---|---|---|---|---|---|
| | | | 右 | 左 | 右 | 左 | 最大 | 最小 | 最大 | 最小 | | | |
| 3000t | 上行 | 2000 | 19.09 | 21.79 | 5.24 | 8.79 | 5.00 | 5.00 | 4.53 | 2.39 | 1192 | 6.06 | 3.28 |
| | | 8000 | 14.36 | 16.43 | 7.06 | 11.12 | 5.00 | 5.00 | 4.61 | 2.46 | 1168 | 5.89 | 3.32 |
| | | 17000 | 15.99 | 18.11 | 7.68 | 13.56 | 5.00 | 5.00 | 4.38 | 1.68 | 1161 | 6.89 | 2.82 |
| | | 25500 | 19.86 | 20.99 | 17.66 | 33.12 | 5.00 | 5.00 | 4.20 | 0.95 | 1183 | 7.98 | 2.48 |
| | | 30600 | 21.76 | 22.17 | 18.27 | 42.97 | 5.00 | 5.00 | 3.80 | 0.76 | 1153 | 9.09 | 2.11 |
| | | 35200 | 22.97 | 23.74 | 19.52 | 49.14 | 5.00 | 5.00 | 3.71 | 0.49 | 1220 | 10.11 | 2.02 |
| | 下行 | 2000 | 18.11 | 20.68 | 4.62 | 7.34 | 3.50 | 3.50 | 5.34 | 3.24 | 1162 | 4.34 | 4.46 |
| | | 8000 | 14.07 | 16.08 | 6.28 | 10.33 | 3.50 | 3.50 | 5.71 | 3.36 | 1149 | 4.14 | 4.63 |
| | | 17000 | 15.17 | 17.54 | 7.26 | 12.89 | 3.50 | 3.50 | 5.97 | 3.49 | 1150 | 4.03 | 4.77 |
| | | 25500 | 18.84 | 19.93 | 16.82 | 31.32 | 3.50 | 3.50 | 6.19 | 3.54 | 1149 | 4.00 | 4.80 |
| | | 30600 | 20.42 | 21.93 | 17.73 | 40.26 | 3.50 | 3.50 | 6.37 | 3.62 | 1174 | 4.01 | 4.89 |
| | | 35200 | 21.71 | 22.66 | 18.36 | 44.69 | 3.50 | 3.50 | 6.45 | 3.67 | 1111 | 3.71 | 4.99 |

#### 2.2.4.1 船舶出闸上行情况

1. 1+2×2000t 船队上行情况

在 $Q=2000m^3/s$ 流量时，上行平均航程为 1168m，最大舵角为 22.58°，最大漂角为 9.58°，最小航速为 1.83m/s（6.59km/h），航行时间为 7.25 分，平均航速为 2.68m/s（9.65km/h），由于枢纽下泄水量少，下游航道水位偏低，船舶航行由于浅底效应的影响，上行阻力有所增大，操作性能变差，船舶上行航速偏低，但最小航速高于船模试验最低航速安全限值（0.4m/s）。

在 $Q=8000m^3/s$、$Q=17000m^3/s$ 和 $Q=25500m^3/s$ 流量时，上行平均航程分别为 1265m、1151m 和 1125m，最大舵角分别为 18.78°、20.47°和 24.25°，最大漂角分别为 12.10°、14.55°和 35.01°，随流量增加而加大，但均未超过船模试验舵角安全限值（25°）；最小航速分别为 2.08m/s、1.26m/s 和 0.52m/s（7.49km/h、4.54km/h 和 1.87km/h），航行时间分别为 6.90min、8.19min 和 10.24min，平均航速分别为 3.06m/s、2.35m/s 和 1.83m/s（9.65km/h、11.02km/h、8.46km/h 和 6.59km/h），随流量增加而减小，但最小航速均高于船模试验最低航速安全限值（0.4m/s），说明船舶航行难度在 $Q=8000\sim25500m^3/s$ 时随流量的加大而加大。

船模试验成果表明，枢纽（运行期）下游航道，在 $Q=2000m^3/s$、$Q=8000m^3/s$、$Q=17000m^3/s$ 时，舵角、航速未超过船模试验安全限值，只要操纵得当，上行进闸船舶均可自航通过下游连接段、口门区和引航道驶入船闸，满足 1+2×2000t 船队通航要求。在 $Q=25500m^3/s$ 时，1+2×2000t 船队上行进闸的最大舵角为 24.25°，上行进闸的最小航速为 0.52m/s，上行舵角和航速均接近船模试验安全限值，需谨慎驾驶方可保航行安全。

2. 3000t 机动货船上行情况

在 $Q=2000m^3/s$ 流量时，上行平均航程 1192m，最大舵角 21.79°，未超过船模试验舵角安全限值（25°），最大漂角 8.79°，最小航速 2.39m/s（8.60km/h），航行时间 6.06 分，平均航速 3.28m/s（11.81km/h），枢纽下泄量少，航道水位偏低，存在船舶航行浅底效应，上行阻力增大，操作性能变差，上行航速偏低，但高于船模试验最低航速安全限值（0.4m/s）。

在 $Q=8000\mathrm{m}^3/\mathrm{s}$、$Q=17000\mathrm{m}^3/\mathrm{s}$、$Q=25500\mathrm{m}^3/\mathrm{s}$、$Q_{20\%}=30600\mathrm{m}^3/\mathrm{s}$、$Q_{10\%}=35200\mathrm{m}^3/\mathrm{s}$ 流量时，上行平均航程分别为 1168m、1161m、1183m、1153m 和 1220m，最大舵角分别为 16.43°、18.11°、20.99°、22.17°和 23.74°，均未超过船模试验舵角安全限值（25°），最大漂角分别为 11.12°、13.56°、33.12°、42.97°和 49.14°，随流量增加而加大，说明船舶航行难度随流量的加大而加大。最小航速分别为 2.46m/s、1.68m/s、0.95m/s、0.76m/s 和 0.49m/s（8.86km/h、6.05km/h、3.42km/h、2.74km/h 和 1.76km/h），航行时间分别为 5.89min、6.89min、7.98min、9.09min 和 10.11min，平均航速分别为 3.32m/s、2.82m/s、2.48m/s、2.11m/s 和 2.02m/s（11.95km/h、10.15km/h、8.93km/h、7.60km/h 和 7.27km/h），随流量增加而减小，高于船模试验最低航速安全限值（0.4m/s），船舶航行难度随流量加大而加大。

试验流量船模成果表明，枢纽运行期下游航道船舶舵角、航速未超过船模试验安全限值，只要操纵得当，上行进闸船舶均可以自航通过下游连接段、口门区和引航道驶入船闸，满足 3000t 机动货船通航要求。$Q=35200\mathrm{m}^3/\mathrm{s}$ 时，3000t 机动货船上行进闸的最大舵角和最小航速均接近船模试验安全限值，需谨慎驾驶方可保航行安全。

#### 2.2.4.2 船舶出闸下行情况

1. 1+2×2000t 船队下行情况

在 $Q=2000\mathrm{m}^3/\mathrm{s}$ 流量时，下行平均航程为 1206m，最大舵角为 21.08°，最大漂角为 8.56°，最大航速为 4.76m/s（17.14km/h），航行时间为 5.04min，平均航速为 3.99m/s（14.36km/h），由于枢纽下泄水量少，下游航道水位偏低，船舶航行由于浅底效应的影响，上行阻力有所增大，操作性能变差，船舶上行航速偏低，但最小航速高于船模试验最低航速安全限值（0.4m/s）。

在 $Q=8000\mathrm{m}^3/\mathrm{s}$、$Q=17000\mathrm{m}^3/\mathrm{s}$ 和 $Q=25500\mathrm{m}^3/\mathrm{s}$ 流量时，下行平均航程分别为 1161m、1157m 和 1161m，最大舵角分别为 17.04°、18.72°和 22.65°，最大漂角分别为 13.05°、18.72°和 22.65°，随流量增加而加大，但均未超过船模试验舵角安全限值（25°）；最大航速分别为 5.09m/s、5.68m/s 和 6.16m/s（18.32km/h、20.45km/h 和 22.18km/h），航行时间分别为 4.66min、4.22min 和 3.97min，平均航速分别为 4.16m/s、4.58m/s 和 4.87m/s（14.98km/h、16.49km/h 和 17.53km/h），随流量增加而减小，但最小航速均高于船模试验最低航速安全限值（0.4m/s），说明船舶航行难度在 $Q=8000\sim25500\mathrm{m}^3/\mathrm{s}$ 时随流量的加大而加大。

船模试验成果表明，枢纽（运行期）下游航道，在 $Q=2000\mathrm{m}^3/\mathrm{s}$、$Q=8000\mathrm{m}^3/\mathrm{s}$、$Q=17000\mathrm{m}^3/\mathrm{s}$ 和 $Q=25500\mathrm{m}^3/\mathrm{s}$ 时，下行最大舵角都未超过船模试验安全限值，只要操纵得当，出闸航行的船舶可自航下行通过引航道和口门区、连接段驶向下游，均满足 1+2×2000t 船队的通航要求。但在 $Q=25500\mathrm{m}^3/\mathrm{s}$（泄水闸控泄、电站发电）流量工况时，1+2×2000t 船队出闸下行的最大舵角为 22.65°，较接近船模试验安全限值，需谨慎驾驶方可保航行安全。

2. 3000t 机动货船下行情况

在 $Q$=2000m³/s 流量时，下行平均航程为 1162m，最大舵角为 20.68°，未超过船模试验舵角安全限值（25°），最大漂角为 7.34°，最大航速为 5.34m/s（19.22km/h），航行时间为 4.34 分，平均航速为 4.46m/s（16.06km/h），枢纽下泄量少，航道水位偏低，存在船舶航行浅底效应，上行阻力增大，操作性能变差。

在 $Q=8000m^3/s$、$Q=17000m^3/s$、$Q=25500m^3/s$、$Q_{20\%}=30600m^3/s$ 和 $Q_{10\%}=35200m^3/s$ 流量时，下行平均航程分别为 1149m、1150m、1149m、1174m 和 1111m，最大舵角分别为 16.08°、17.54°、19.93°、21.93°和 22.66°，均未超过船模试验舵角安全限值（25°），最大漂角分别为 10.33°、12.89°、31.32°、40.26°和 44.69°，随流量增加而加大，说明船舶航行难度随流量的加大而加大。最大航速分别为 5.71m/s、5.97m/s、6.19m/s、6.37m/s 和 6.45m/s（20.56km/h、21.49km/h、22.28km/h、22.93km/h 和 23.22km/h），航行时间分别为 4.14min、4.03min、4.00min、4.01min 和 3.71min，平均航速分别为 4.63m/s、4.77m/s、4.80m/s、4.89m/s 和 4.99m/s（16.67km/h、17.17km/h、17.28km/h、17.60km/h 和 17.96km/h），随流量增加而减小，高于船模试验最低航速安全限值（0.4m/s），船舶航行难度随流量加大而加大。

船模试验成果表明，在试验流量工况下，枢纽（运行期）下游航道下行最大舵角都未超过船模试验安全限值，只要操纵得当，出闸航行的船舶可自航下行通过引航道和口门区、连接段驶向下游。均可满足 3000t 机动货船的通航要求。但在 $Q=35200m^3/s$（10 年一遇洪水、泄水闸敞泄、电站停机）流量工况时，3000t 机动货船出闸下行的最大舵角为 22.66°，较接近船模试验安全限值，需谨慎驾驶方可保航行安全。

## 2.3 施工期通航水流条件及自航船模试验

受河道左滩右槽的地形影响，主流基本位于导流明渠的中央，流线顺直；左岸上、下游横向围堰附近均产生回流区，且上游横向围堰附近回流区的强度略大于下游；受纵向围堰上游头部挑流影响，通过左侧下泄的水流被挑至明渠中央，纵向围堰附近形成缓流区，缓流区的宽度越向下游越大，最大可达 75.0m。根据河道内流量守恒的原则，缓流区的存在使得导流明渠中央水流汇聚，局部流态变差、流速加大、通航水流条件恶化。根据陈稚聪团队对丁坝回流区水流紊动强度试验的研究表明，回流区的存在同样增大了水流的紊动情况[18]，导致船舶行进方向难以控制。根据上下游引航道口门区的布置特点及通航建筑物安全运行所需的水流条件，开展大藤峡水利枢纽工程船闸上、下游引航道口门区的通航水流条件及自航船模试验研究，对存在的问题进行优化，为设计提供科学依据和技术支撑。

### 2.3.1 一期导流明渠通航水流条件探究

#### 2.3.1.1 试验工况

一期导流明渠最小通航流量为 700m³/s，最大通航流量为 23500m³/s，试验选择 7 组来流条件，对洪、中、枯不同时期一期导流明渠的通航水流条件和船舶航行情况进行试验研究，通航水流条件工况见表 2.8，表中带 * 的工况为本书中自航船模试验工况。

表 2.8　　一期导流明渠通航水流条件试验工况

| 试验工况 | 流量/($m^3$/s) | 下游水位/m | 备注 | 试验工况 | 流量/($m^3$/s) | 下游水位/m | 备注 |
|---|---|---|---|---|---|---|---|
| 1 | 700 | 22.74 | 最小通航流量 | 5 * | 13000 | | |
| 2 * | 2000 | 24.82 | | 6 * | 15000 | 34.63 | |
| 3 * | 6000 | 28.93 | | 7 | 17000 | 35.61 | |
| 4 * | 12000 | 33.03 | | 8 | 23500 | 38.19 | 最大通航流量 |

### 2.3.1.2　设计方案通航水流条件

试验利用最大通航流量（$Q=23500m^3/s$）对设计方案的合理性进行验证，设计方案一期导流明渠内的水流流态见图 2.12。受河道左滩右槽的地形影响，主流基本位于导流明渠的中央，流线顺直；左岸一期上、下游横向围堰附近均产生回流区，且上游横向围堰附近回流区的强度略大于下游；受纵向围堰上游头部挑流影响，通过左侧下泄的水流被挑至明渠中央，纵向围堰附近形成缓流区，缓流区的宽度越向下游越大，最大可达 75.0m，缓流区的存在使得导流明渠中央水流汇聚，局部流态变差、流速加大、通航水流条件恶化；右岸岸坡削坡后，岸坡附近水流顺直，下游岸坡内进位置产生强度较弱的回流区，回流区的存在对明渠内的泄流、通航影响较小。

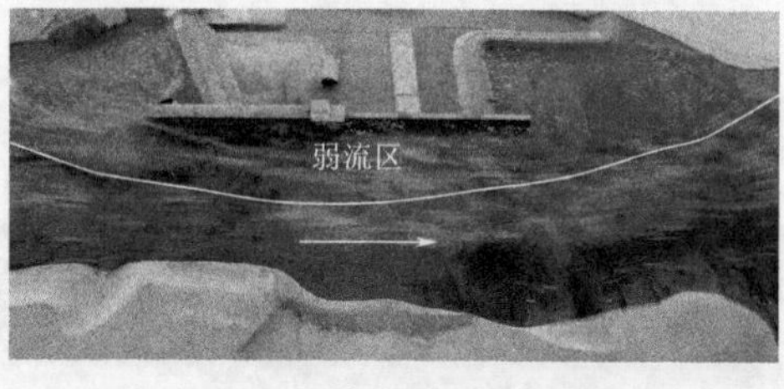


图 2.12　一期导流明渠设计方案通航水流流态（$Q=23500m^3/s$）

试验对设计方案导流明渠内的水流流速分布进行了量测，一期导流明渠内水流流速分布如图 2.13 所示。

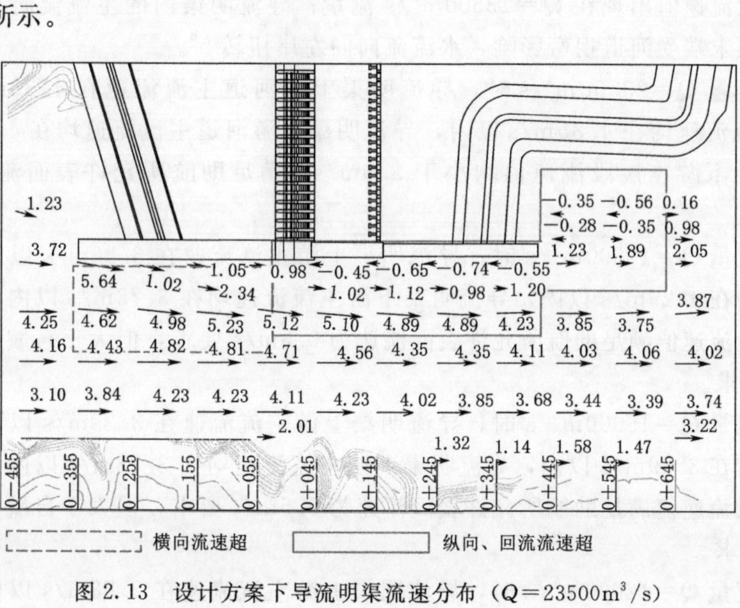


图 2.13　设计方案下导流明渠流速分布（$Q=23500m^3/s$）

纵向围堰上游头部的挑流作用，导致一期导流明渠内断面流速分布不均匀，其中，纵向围堰附近流速值在 1.5m/s 以内，甚至出现回流流速；而纵向围堰头部挑流及纵向围堰附近缓流区的存在，加大导流明渠中央水流的汇聚，使得部分断面流速值超过 5.0m/s，恶化导流明渠内的通航水流条件。

由此可知，纵向围堰上游头部的挑流作用恶化了导流明渠内的通航水流条件，需要在纵向围堰上游头部采取工程措施，降低纵向围堰头部挑流对导流明渠内的水流通航条件影响。

#### 2.3.1.3　优化方案通航水流条件

针对一期导流明渠下游岸坡内进位置产生强度较弱的回流区的问题，在纵向围堰上游头部增加一个扭曲弧形临时导流段（二期导流前拆除），并以半圆头部结束，同时顺应河势削平导流明渠中段高程在 24.0m 的凸滩，优化后布置见图 2.14。

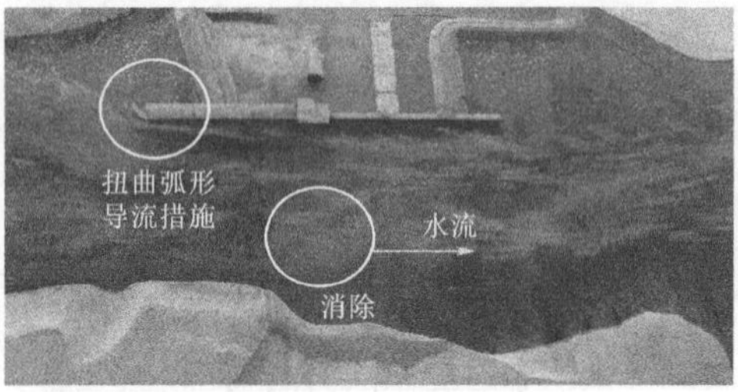


图 2.14　一期施工导流明渠优化方案通航水流流态（$Q=23500m^3/s$）

从各试验工况下导流明渠内的水流流态照片可知，在下泄较大流量时，导流明渠内水流流线顺直，纵向围堰上游头部水流衔接平顺，纵向围堰附近缓流区的范围较小，右岸内凹岸坡附近形成强度较弱的回流区不影响整体流态，总体来讲，导流明渠内水流流态整体较好，有利于船舶通航；在下泄较小流量时，主流位于导流明渠中央主槽内，主槽两侧形成缓流区，纵向与横向围堰的阻水及导流作用较小，河道水流几乎接近天然状态，满足施工期的船舶通航要求。

从试验测得的导流明渠内水流流速分布来看，上游来流量越大导流明渠内断面流速值也越大，最大流速值出现在 $Q=23500m^3/s$ 流量；导流明渠内的主流流向与纵向围堰平行，导流明渠末端受河道拐弯影响，水流流向向左岸扭转 5°。

在下泄流量 $Q=23500m^3/s$ 时，导流明渠上游河道主流流速在 4.33m/s 以内，导流明渠内主流流速均在 4.85m/s 以内，导流明渠下游河道主流流速均在 4.18m/s 以内。导流明渠及上下游连接段流速值均小于 5.0m/s，满足助航所允许表面流速为 5.5m/s 要求。

在下泄流量 $Q=17000m^3/s$ 时，导流明渠上游主流流速在 3.86m/s 以内，导流明渠内主流流速均在 4.29m/s 以内，导流明渠下游主流流速均在 3.73m/s 以内。导流明渠及上下游连接段流速值满足助航所允许表面流速为 5.5m/s 要求，但大于自航允许表面流速为 3.0m/s 要求。

在下泄流量 $Q=15000m^3/s$ 时，导流明渠上游主流流速在 3.29m/s 以内，导流明渠内主流流速均在 3.69m/s 以内，导流明渠下游主流流速均在 3.13m/s 以内。导流明渠及上下游连接段流速值满足助航所允许表面流速为 5.5m/s 要求，但大于自航允许表面流速为 3.0m/s 要求。

在下泄流量 $Q=12000m^3/s$ 时，导流明渠上游主流流速在 2.58m/s 以内，导流明渠内主流流速均在 2.80m/s 以内，导流明渠下游主流流速均在 2.42m/s 以内。导流明渠及上下游连接段流速值满足自航允许表面流速为 3.0m/s 要求。

根据导流明渠内的水流流态照片可以看出，在下泄较大流量时，导流明渠内的水流呈顺直的流线，纵向围堰上游头部的水流与之平滑连接，附近缓流区的范围相对较小，右岸内凹岸坡附近形成了强度较弱的回流区，但并不影响整体的水流流态。总体来讲，导流明渠内水流流态整体良好，对船舶通航是有利的。

而在下泄较小流量时，主流位于导流明渠的中央主槽内，主槽的两侧形成了缓流区，纵向和横向围堰的阻水作用较小，使得水流几乎接近了天然状态，满足了施工期间船舶通航的要求。

通过试验测得的导流明渠内水流流速分布来看，上游来流量越大，导流明渠内断面的流速值也越大。最大流速值出现在 $Q=23500\mathrm{m}^3/\mathrm{s}$ 的流量下。导流明渠内的主流流向与纵向围堰是平行的，但末端受到河道拐弯的影响，水流流向会向左岸扭转 5°。综合以上描述，根据导流明渠内水流流态照片以及试验测量结果，可以得出结论：导流明渠内的水流流态在不同流量条件下表现良好，对船舶通航具有积极的影响。以 $Q=23500\mathrm{m}^3/\mathrm{s}$ 为例，一期施工导流明渠优化方案通航水流流速如图 2.15 所示。

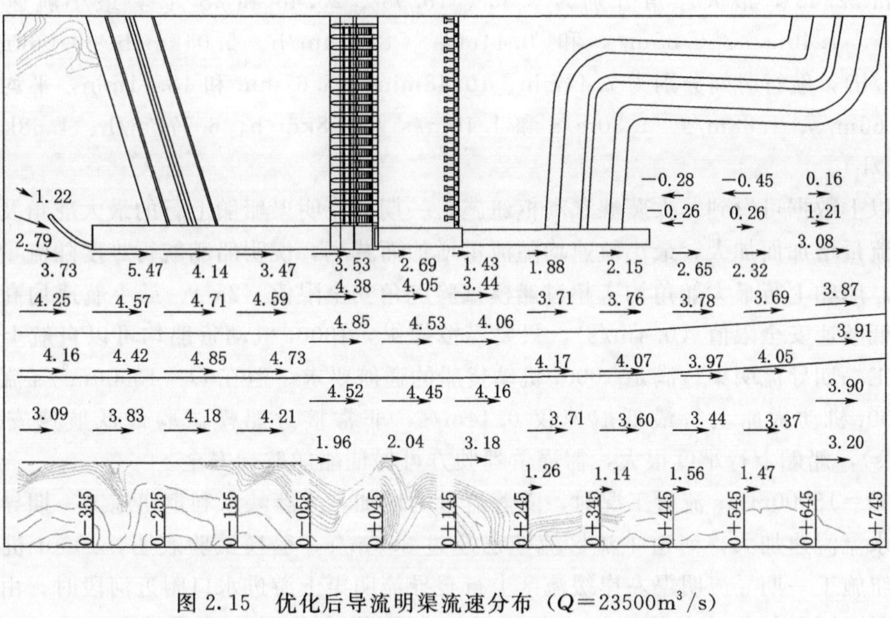


图 2.15 优化后导流明渠流速分布（$Q=23500\mathrm{m}^3/\mathrm{s}$）

在下泄流量 $Q=23500\mathrm{m}^3/\mathrm{s}$ 时，导流明渠上游河道主流流速在 4.33m/s 以内，导流明渠内主流流速均在 4.85m/s 以内，导流明渠下游河道主流流速均在 4.18m/s 以内。导流明渠及上下游连接段流速值均小于 5.0m/s，满足助航所允许表面流速为 5.5m/s 要求。其他试验工况下，导流明渠及上下游连接段流速值均在 3.0m/s 以内，满足自航允许流速要求。

### 2.3.2 一期导流优化方案自航船模试验

一期施工导流上游航道船模试验成果汇总见表 2.9。

表 2.9　　　大藤峡水利枢纽施工一期导流明渠船模试验成果汇总

| 船型 | 航向 | 流量/(m³/s) | 最大舵角/(°) | | 最大漂角/(°) | | 车挡/(m/s) | | 航速/(m/s) | | 航程/m | 航行时间/min | 平均航速/(m/s) | 备注 |
|---|---|---|---|---|---|---|---|---|---|---|---|---|---|---|
| | | | 右 | 左 | 右 | 左 | 最大 | 最小 | 最大 | 最小 | | | | |
| 1000t | 上行 | 2000 | 14.15 | 16.79 | 7.75 | 8.35 | 4.50 | 4.50 | 2.85 | 2.27 | 1189 | 7.47 | 2.66 | 5 次平均 |
| | | 6000 | 16.74 | 18.95 | 14.44 | 19.93 | 4.50 | 4.50 | 2.56 | 1.40 | 1178 | 10.48 | 1.88 | 5 次平均 |
| | | 12000 | 20.53 | 21.08 | 18.67 | 23.48 | 4.50 | 4.50 | 2.12 | 0.85 | 1219 | 15.67 | 1.30 | 3 次平均 |
| | | 13000 | 21.29 | 22.48 | 28.72 | 16.99 | 4.50 | 4.50 | 1.62 | 0.44 | 1231 | 18.71 | 1.10 | 3 次平均 |
| | 下行 | 2000 | 13.55 | 15.11 | 7.87 | 7.00 | 3.50 | 3.50 | 4.59 | 3.61 | 1176 | 4.43 | 4.42 | 5 次平均 |
| | | 6000 | 15.75 | 17.69 | 8.94 | 6.73 | 3.50 | 3.50 | 5.65 | 4.24 | 1160 | 3.68 | 5.26 | 5 次平均 |
| | | 12000 | 19.27 | 20.08 | 9.27 | 6.31 | 3.50 | 3.50 | 5.89 | 3.90 | 1152 | 3.56 | 5.40 | 3 次平均 |
| | | 13000 | 20.43 | 21.36 | 9.77 | 7.35 | 3.50 | 3.50 | 5.94 | 3.37 | 1158 | 3.55 | 5.45 | 3 次平均 |

1. 船舶上行情况

船舶在 $Q=2000m^3/s$、$Q=6000m^3/s$、$Q=12000m^3/s$ 和 $Q=13000m^3/s$ 时，上行平均航程分别为 1189m、1178m、1219m 和 1231m，最大舵角分别为 16.79°、18.95°、21.08°和 22.48°，最大漂角分别为 8.35°、19.93°、23.48°和 28.72°，最小航速分别为 2.27m/s、1.40m/s、0.85m/s 和 0.44m/s（8.17km/h、5.04km/h、3.06km/h 和 1.58km/h），航行时间分别为 7.47min、10.48min、15.67min 和 18.71min，平均航速分别为 2.66m/s、1.88m/s、1.30m/s 和 1.10m/s（9.58km/h、6.77km/h、4.68km/h 和 3.96km/h）。

从以上数据可看到，大藤峡水利枢纽施工一期导流明渠船舶上行的最大舵角及最大漂角均随流量增加而加大，最小航速均随流量增加而减小，说明船舶航行难度随流量的加大而加大。船舶上行最大舵角均未超过船模试验舵角安全限值（25°），最小航速均高于船模试验最低航速安全限值（0.4m/s），只要谨慎操纵，1000t 机动货船均可以自航上行通过枢纽施工一期导流明渠，满足 1000t 机动货船的通航要求。但在 $Q=13000m^3/s$ 流量工况时，1000t 机动货船上行最低航速仅 0.44m/s，非常接近船模试验最低航速安全限值（0.4m/s），船舶上行难度很大，需谨慎驾驶方可保证船舶航行安全。

在 $Q=15000m^3/s$ 流量工况时，随着流量的增加，大藤峡水利枢纽施工一期导流明渠河段的水流流速加大，河道主流区流速已超过 3.5m/s，船模试验表明，1000t 机动货船利用枢纽施工一期导流明渠左岸缓流区上行至导流明渠上游进水口附近河段时，由于受到进水口附近河段斜横流的影响，在加上施工围堰壅水的影响造成该河段为高比降区，1000t 机动货船已无法自航上行通过该河段。

2. 船舶下行情况

船舶在 $Q=2000m^3/s$、$Q=6000m^3/s$、$Q=12000m^3/s$ 和 $Q=13000m^3/s$ 时，下行平均航程分别为 1176m、1160m、1152m 和 1158m，最大舵角分别为 15.11°、17.69°、20.08°和 21.36°，最大漂角分别为 7.87°、8.94°、9.27°和 9.77°，最大航速分别为 4.59m/s、5.65m/s、5.89m/s 和 5.94m/s（16.52km/h、20.34km/h、21.20km/h 和 21.38km/h），航行时间分别为 4.43min、3.68min、3.56min 和 3.55min，平均航速分别

为 4.42m/s、5.26m/s、5.40m/s 和 5.45m/s（15.91km/h、18.94km/h、19.44km/h 和 19.62km/h）。

从以上数据可看到，大藤峡水利枢纽施工一期导流明渠船舶下行的最大舵角及最大漂角均随流量增加而加大，说明船舶航行难度随流量的加大而加大。船舶下行最大舵角均未超过船模试验舵角安全限值（25°），只要谨慎操纵，下行航行的船舶可自航下行通过枢纽施工一期导流明渠驶向下游航道，满足 1000t 机动货船通航要求。

由此可知，大藤峡水利枢纽施工一期导流明渠航道，船舶航行难度随流量加大而加大。在 $Q\leqslant 13000\text{m}^3/\text{s}$ 时，1000t 机动货船的上、下行最大舵角分别为 22.48°和 21.36°，均未超过船模试验安全舵角限值（25°），上行的最小航速为 0.44m/s 未超过船模试验最低航速安全限值（0.4m/s），大藤峡水利枢纽施工一期导流明渠航道通航条件满足 1000t 机动货船的通航要求；而在 $Q=13000\text{m}^3/\text{s}$ 流量工况时，1000t 机动货船上行最低航速仅 0.44m/s，非常接近船模试验最低航速安全限值（0.4m/s），船舶上行难度很大，需谨慎驾驶方可保证船舶航行安全。由于枢纽施工一期导流明渠缩窄了航道过流段面，造成导流明渠航道纵向流速和比降都较高，船舶上行难度较大；枢纽施工一期导流明渠与上、下游天然河道连接较为顺直，下行船舶虽航速较快，但是顺流而下，船舶操纵难度相对较小。总体来讲，在大藤峡水利枢纽施工一期导流明渠航道船舶上行难度大于下行，船舶上行航行条件是枢纽施工一期导流明渠通航的控制条件。

最佳航线：小流量时，船舶上行可沿导流明渠航道中心线偏右岸航道行驶，并注意与右岸保持适当的岸距；大流量时，由于导流明渠河心主流流速增大，上行船舶宜利用导流明渠左岸缓流区上行，并注意保持与左岸明渠导墙 30m 以上的岸距，在船舶上行至导流明渠上游进水口时，应注意操舵克服进水口处的斜横流的影响，并逐渐调整船向向左靠向主航道驶向上游；船舶下行，在上游距导流明渠 600m 处应调整好船向和船位，在通过导流明渠航段是应保持好船向和船位，沿航道主流顺流而下。

航行难点：船舶上行的难点在于大流量时导流明渠河段流速比降大，船舶上行需利用缓流区，势必造成安全岸距过小，需特别注意保持岸距，防止发生触岸的海损事故；船舶上行的另一个难点在于导流明渠上游进水口处的斜横流的影响，船舶上行至此时应注意小心操舵克服斜横流的影响，并控制好船向和船位，防止上行船舶发生失控；船舶下行的难点在于下行船舶对岸航速较高，舵效较差，需仔细调整好船向和船位并沿航道主流顺流而下方可保证安全。

## 2.4 本 章 小 结

本章基于大藤峡枢纽通航需求及通航水利条件，从施工期通航水流条件优化及运行期通航水流条件优化两方面介绍了大藤峡枢纽通航水工建筑物建设、运行过程及遇到的水力学问题，科学地探讨了碍航流态出现的成因，提出了多组合理解决方案，并通过优化数据比选进行优化决策。

上游引航道口门区原设计方案，次汛期，引航道制动段横向流速大于 0.15m/s 的规范要求；汛期，隔流堤的导流作用使引航道内形成往复流，水面波动幅度可达 1.0m，影响船舶正常停泊。若将原设计方案作如下调整：①引航道中心线制动段弯道弧度由 29°调整至 23°，半径调整为 1479.2m，并以 179m 的直线段与口门区相连，口门区与上游主航道以半径 910m、弧度 23°的弯段连接；②口门区左侧滩地与口门区边线保持 10m 宽度；口门区右侧滩地开挖至高程 41.5m，滩地与口门区边线保持 30m 宽度；③在口门区右侧开挖滩地上加设导航墩，墩径为 3.3m，墩顶高程为 46.0m，其中，航上 1＋467～航上 1＋595 墩间距为 6.6m，航上 1＋595～航上 1＋780 墩间距为 3.3m；④将口门区上游连接段河道及滩地进行回填，回填范围至航上 2＋592 断面，回填高程为 38.2m；⑤口门区连接段与楠木江副坝之间河床回填至高程 38.2m。方案优化后各试验工况，口门区纵向流速均在 2.0m/s 以内，横向流速除个别点外也均在 0.3m/s 以内，上游口门区的通航水流条件满足规范要求。口门区与主航道之间的连接段纵向流速绝大多数在 2.5m/s 以内，基本无横向流速，上游口门区连接段的通航水流条件满足要求。上游口门区及连接段内水面比降小于 0.17‰，水深大于 5.8m，满足通航最小水深要求。

而下游引航道口门区设计方案，在最大通航流量条件下，近左岸主流在外挑导墙作用下流向偏转幅度较大，下泄过程中主流左右摆动，在其带动下口门区中下段及其下游的航道过渡段形成两个较大范围的回流，横向流速及回流值均超出规范要求，不能满足通航需求。

若对下游引航道进行如下调整：调整左厂房尾水渠出口左侧岸坡开挖范围，口门区导航建筑物采用 8 排透水排桩，下游航道过渡段航槽向左侧扩挖 20～30m，大洪水船舶可利用近岸的低流速水域上行，右侧部分航槽宽度作为斜向水流汇入的过渡段。优化后下游引航道各工况条件下口门区水流条件满足通航要求；航道连接段内右侧靠近主流的航槽测点纵向流速较大，此时可选择左侧航槽及近岸的低流速区作为通航区域，水流条件可满足通航要求。

综合上、下游航道的通航条件，建议 $Q \leqslant 35200m^3/s$（10 年一遇洪水）为大藤峡水利枢纽运行期最高限制通航流量。上游引航道口门区最佳航线建议：船舶上行，先沿引航道中部上行，驶出引航道时，要注意和堤头保持距离，并适当用左舵克服堤头横流的影响，调整好船位和航向驶向上游；船舶下行，在引航道堤头上游 900～1000m，操左舵逐渐靠向左岸，并保持与左岸适当岸距，在引航道堤头上游 300～400m 处调整好航线和航向并逐渐向引航道靠拢，船头刚进入引航道堤头时，要注意适当用舵克服堤头斜横流压影响顺利驶入引航道进入船闸。

通过自航船模试验可知，上游引航道在 $Q \leqslant 35200m^3/s$ 时，1＋2×2000t 船队和 3000t 机动货船的上、下行最大舵角分别为 23.12°、23.28°、22.16°、22.23°，均未超过船模试验安全舵角限值（25°）；上下行的最小航速分别为 1.67m/s 和 2.55m/s，远超过船模试验最低航速安全限值（0.4m/s），枢纽运行期上游航道通航条件满足 1＋2×2000t 船队和 3000t 机动货船的通航要求；而在下游引航道同一流量下（$35200m^3/s$）中，3000t 机动货船的上、下行最大舵角分别为 23.74°和 22.66°，未超过船模试验安全舵角限值（25°）；上行的最小航速为 0.49m/s，高于船模试验最低航速安全限值（0.4m/s），枢纽运行期下游航道通航条件满足 3000t 机动货船的通航要求。

由此可得，上游引航道口门区最佳航线建议：船舶上行，先沿引航道中部上行，驶出引航道时，要注意和堤头保持距离，并适当用左舵克服堤头横流的影响，调整好船位和航向驶向上游；船舶下行，在引航道堤头上游 900～1000m，操左舵逐渐靠向左岸，并保持与左岸适当岸距，在引航道堤头上游 300～400m 处调整好航线和航向并逐渐向引航道靠拢，船头刚进入引航道堤头时，要注意适当用舵克服堤头斜横流压影响顺利驶入引航道进入船闸。

下游引航道口门区最佳航线建议：在距引航道堤头 1300～1400m 处时逐渐操右舵转向左岸并保持左岸距 80～120m 沿左岸缓流区上行，在靠近引航道堤头时，要注意和堤头保持距离，并适当用舵克服堤头斜横流的影响，调整好船位和航向驶入引航道进入船闸。船舶下行，驶出船闸引航道堤头时，适当操右舵克服堤头斜横流的影响，调整好船位和航向并保持好岸距顺流而下通过口门区、连接段驶向下游航道。枢纽的运行方式和船舶驾驶方式对航行安全运行很大，枢纽建成后，结合防洪、发电及通航的情况，制定安全运行方式，合理设置航标，确保过往船只的安全。

# 第3章 导流方案

## 3.1 一期导流方案

坝址洪水峰高量大，为减少库区淹没损失，泄水闸规模主要受20年一遇洪水时泄洪能力控制。就总体布置而言，受地形条件限制及厂房和船闸布置影响，在满足泄洪安全的前提下，尽量减少溢流前缘宽度，泄水闸采用了大孔口尺寸的薄壁结构。

一期导流方案为保证施工纵向围堰枯水期子堰在旱地上施工，同时满足一期明渠的宽度（约300m）要求，纵向围堰只能布置在左岸漫滩边缘，采用右岸主河床过流。导流方案布置见2.3节。

## 3.2 二期导流方案比选

二期导流提出可围右岸，利用一期已建成的泄水闸过流，二期导流标准为50年一遇洪水，要求泄水建筑物可下泄$44900m^3/s$的洪峰流量。而纵向围堰左侧泄水建筑物规模又直接影响二期围堰的高度，因此，泄水建筑物布置受纵向围堰位置及二期施工导流泄流量制约。

泄水闸布置受水库淹没指标、施工纵向围堰位置及二期围堰高度等因素制约，在满足泄洪、排沙、排漂要求同时，还需考虑船闸上、下游口门区的水流条件，并且船闸上、下引航道已经进行开挖，泄水闸布置尽量不改变船闸位置及纵向围堰位置，故纵向围堰左侧泄水闸坝段长度改动余地不大。纵向围堰右侧的泄水闸长度受右岸厂房位置限制，因右岸边坡岩体存在顺坡向的层面，边坡稳定条件较差，右岸厂房以不大规模开挖右岸边坡为宜。

考虑上述制约因素，二期导流方案可利用一期已建成的泄水闸过流，泄水闸采用高、低孔组合的布置方式，布置在河床中部偏左岸，与左、右岸厂房相邻。在该导流方案下对右岸厂房、两岸厂房、左岸厂房方案进行了比选。

左岸厂房方案由于部分泄水闸靠近主河床内，地面高程较低，混凝土填注量较两岸厂房大，但泄水闸水流条件好；另外左岸厂房方案一期导流需要在左岸开挖明渠，考虑明渠有通航要求，且明渠开挖量较大；总工期又比两岸厂房方案长9个月，初期发电效益低，投资最高。

而右岸厂房方案泄水闸段全部位于左岸河床及一级阶地上，为满足水流条件，泄水闸上游引渠开挖范围较大；总工期比两岸厂房方案长9个月，初期发电效益低，投资最省。

两岸厂房方案可以利用二期围堰挡水，获得左岸一期3台机组的初期发电效益，泄水闸段大部分位于河床部位，水流条件稍好。因厂房分两岸布置，开关站布置在左岸，右岸厂房初期发电效益显著。故推荐两岸厂房布置方案，方案布置见1.3节相关内容。

## 3.3 二期导流右岸厂房方案

针对上一节介绍的右岸厂房方案，细化了施工导流布置，提出了右岸厂房三期导流方案：一期采用全年挡水围堰围左岸，由右侧河床过流、通航；二期围右岸，由一期建成的12孔低孔和导流明渠（位于已建低孔右侧，称为"右侧明渠方案"）过流，导流明渠通航；三期用上、下游枯水横向围堰围中部明渠，由已建的12孔低孔过流，由建成的船闸通航。该方案可缩短工期，总体效益明显，但施工期采用三期导流，施工期的通航问题成为一个制约因素。

大藤峡水利枢纽分三期导流方案主要针对黔江主坝的工程布置和施工导流主要针对黔江主坝工程布置和施工导流，船闸布置及施工与本书1.3节方案一致，该方案保证主坝轴线及建筑物结构型式、尺寸一致的前提下，保证分三期导流方案泄洪能力不小于分两期保留方案。方案变更如下：将1.3节的2孔泄水闸改为1孔，低孔泄水闸由19孔改为22低水位，取消南木江副坝2孔泄水闸和厂房冲砂孔。

黔江主坝工程布置由左至右为：左岸挡水坝段及鱼道、12孔低孔、连接坝段（三期纵向围堰改）、10孔低孔（二期导流明渠宽153m）、连接坝段（一期纵向围堰改）、1孔高孔（排漂孔）、右岸厂房（8台机组，主机间334.56m，安装间123m）、右岸挡水坝段。

因方案采用三期导流（导流标准基础与2.1～2.4节一致），左岸挡水墙、12孔低孔、三期纵向围堰、中部导流明渠（10孔低孔底板）。一期导流建筑物为4级，设计洪水标准为全年20年重现期洪水，上游水位43.37m，下游水位42.58m。二期围右岸，由一期建成的12孔低孔和导流明渠过流，导流明渠通航，施工右岸厂房（8台机组）、右岸挡水坝；二期导流建筑物为4级，设计洪水标准为全年20年重现期洪水，上游水位44.46m，下游水位42.58m。三期用上、下枯水横向围堰围中部明渠，由已建的船闸通航，枯水期施工导流明渠中的闸墩、上部结构。三期导流建筑物为4级，设计洪水标准为枯水期（10月至次年3月）20年重现期洪水。

需要提醒的是，大藤峡枢纽最终并非采用三期导流方案，而是采用了发电厂房左右均有布置，且施工时间更为灵活便捷的二期导流两岸厂房方案。

### 3.3.1 右侧明渠设计方案

大藤峡坝址处地貌基本格局是深槽位于右侧，窄且深，左侧大范围为浅滩，水流主流和水动力轴线位于右侧深槽。二期施工导流期间，上游主流受上游横向围堰的正面阻挡，由右侧深槽改道左侧的明渠和泄水闸，由于边界过渡条件不佳，深槽内的纵向主流在横向围堰前沿偏转改为横向流后，受二期纵向围堰头部的挑流作用明显，在明渠段形成大范围的滞留区，滞留区横向宽度超过明渠宽度的一半，回流区纵向影响至明渠末端，明渠内水流主流被压缩至左半段宽度内。纵向围堰上游头部与左岸开挖山体间的最小宽度只有245m，而围堰头部的挑流作用进一步压缩了有效过流宽度，水流局部最大流速达到8.0m/s以上。最大通航流量$Q=23500m^3/s$时设计方案水流流态如图3.1所示。

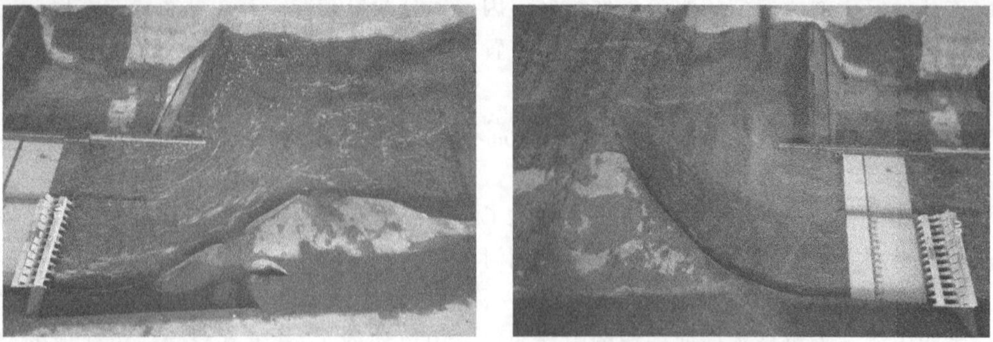

（a）二期导流上游流态（原右侧明渠方案，23500m³/s）　（b）二期导流下游流态（原右侧明渠方案，23500m³/s）

图 3.1　右侧明渠设计方案

水流过导流明渠段后向右侧偏转，水流沿着开挖线直冲下游右岸，在下游围堰下游和河道左侧岸边形成明显回流区，明渠下泄水流与主河槽不能平顺衔接。可见，设计方案不能满足二期施工导流通航要求。

### 3.3.2　右侧明渠优化方案

方案优化的思路主要是通过修改围堰型式和边坡开挖，使边界平顺，从而使水流平滑过渡和衔接；通过开挖连接右侧深槽和左侧闸孔的引水槽，并进行相应的河床开挖和回填，引导水动力轴线提前小角度偏转，将主流尽量导向左侧闸孔，从而降低明渠的分流比和水流流速；对围堰头、尾部等局部型式进行修改，改善局部的水流条件。

经过多次试验，优化方案采取的主要措施如下：

（1）缩短一期纵向围堰上游头部直段，改为扭曲面过渡段与上移后的二期上游横向围堰连为一体，使该部分二期围堰起到导流的作用，改善上游来流右侧边界，消除原围堰头部的绕流造成的明渠段大范围滞留区。

（2）调整坝上游左侧岸坡开挖线，使上游来流左侧边界更为顺畅，减小主流偏转幅度。

（3）由上游主河槽起开挖底宽 120m、高程 17.00m 的引水槽至闸孔前沿，引导主流至闸孔前沿水域，增大闸孔下泄量，减少导流明渠分流比，从而降低明渠段水流速度。

（4）利用厂房基础施工开挖的石渣将二期上游围堰至引水槽入口间的河床主槽填至高程 20m，促使河槽主流进入引水槽。

（5）上游横向围堰至引水槽间河床维持原地形，以 1：10 的坡度与引水槽相接，利用这部分河床的阻水作用，减少经扭曲过渡段下泄的水量，改善明渠右侧的水流条件。

（6）将三期纵向围堰头部改为尖圆形，降低三期纵向围堰头部绕流，改善右侧闸孔和明渠左侧的水流条件。

（7）增加三期纵向围堰顶高程。三期纵向围堰顶高程不足，在二期导流期间过水，影响明渠段水流表面流态和通航条件。

（8）将一期纵向围堰和三期纵向围堰位于坝轴线附近迎水侧的边界理顺，避免因水流边界不连续而产生的局部回流，使明渠下游段的流速分布更加均匀。

(9) 河槽平顺衔接。

优化方案和设计方案相比，工程量变化见表 3.1 总计增加开挖 38 万 $m^3$、弃渣回填 65 万 $m^3$，下游总计增加开挖 120 万 $m^3$。

**表 3.1　优化方案工程量变化表**

| 区域 | 工程量变化 | 备注 |
|---|---|---|
| A | 减少河床开挖 29 万 $m^3$ | 上游总计增加开挖 38 万 $m^3$、弃渣回填 65 万 $m^3$ |
| B | 增加河床开挖 55 万 $m^3$ | |
| C | 弃渣回填 65 万 $m^3$ | |
| D | 增加边坡开挖 28 万 $m^3$ | |
| E | 减少河床开挖 16 万 $m^3$ | |
| F | 增加河床开挖 120 万 $m^3$ | 下游总计增加开挖 120 万 $m^3$ |

表 3.2 给出了各工况下闸孔段和明渠段的分流比。闸孔前沿宽度为 180m，净过水宽度为 120m，分流比为 44%～48%；明渠净宽度为 153m，分流比为 52%～56%。可见，闸孔段和明渠段的流量分配是基本均匀的，说明引水槽及其他相关工程措施起到了引导水流的作用。

**表 3.2　闸孔段和明渠段的分流比**

| 流量/($m^3$/s) | 1130 | 2350 | 4200 | 6500 | 10800 | 21000 | 23500 |
|---|---|---|---|---|---|---|---|
| 闸孔分流比/% | 45 | 45 | 44 | 46 | 45 | 48 | 47 |
| 明渠分流比/% | 55 | 55 | 56 | 54 | 55 | 52 | 53 |

试验还测试了各工况下的水流流速分布，根据流速分布绘出了导流明渠及上、下游段的航道位置，航道宽 70m，导流明渠段航道与围堰平行，左边线距三期纵向围堰 20m，航道右边线距二期纵向围堰 64m。航道内各断面的纵向、横向流速统计于表 3.3。从整体分布看，明渠上游航道流速较小，明渠下游航道流速较大，明渠航道流速居中。

**表 3.3　航道内流速特征表**

| 断面 | 项目 | 1130$m^3$/s | | 2350$m^3$/s | | 4200$m^3$/s | | 6500$m^3$/s | | 10800$m^3$/s | | 21000$m^3$/s | | 23500$m^3$/s | |
|---|---|---|---|---|---|---|---|---|---|---|---|---|---|---|---|
| | | 右 | 左 | 右 | 左 | 右 | 左 | 右 | 左 | 右 | 左 | 右 | 左 | 右 | 左 |
| 0-550 | $V$/(m/s) | 1.28 | 1.29 | 1.99 | 1.96 | 2.97 | 2.76 | 3.39 | 3.15 | 3.29 | 3.33 | 3.29 | 3.25 | 3.89 | 3.81 |
| | $\alpha$/(°) | 11 | 12 | 7 | 12 | 12 | 12 | 1 | 1 | 8 | 4 | 9 | 13 | 9 | 8 |
| | $V_Y$/(m/s) | 1.26 | 1.26 | 1.98 | 1.92 | 2.91 | 2.70 | 3.39 | 3.15 | 3.26 | 3.32 | 3.25 | 3.17 | 3.84 | 3.77 |
| | $V_X$/(m/s) | 0.24 | 0.27 | 0.24 | 0.41 | 0.62 | 0.57 | 0.06 | 0.05 | 0.46 | 0.23 | 0.51 | 0.73 | 0.61 | 0.53 |
| 0-500 | $V$/(m/s) | 1.19 | 1.18 | 1.89 | 1.85 | 3.12 | 2.62 | 3.25 | 3.12 | 3.36 | 3.16 | 3.43 | 3.1 | 4.06 | 4.06 |
| | $\alpha$/(°) | 3 | 2 | 2 | 1 | 4 | 4 | 4 | 4 | 8 | 6 | 2 | 1 | 1 | 3 |
| | $V_Y$/(m/s) | 1.19 | 1.18 | 1.89 | 1.85 | 3.11 | 2.61 | 3.24 | 3.11 | 3.33 | 3.14 | 3.43 | 3.10 | 4.06 | 4.05 |
| | $V_X$/(m/s) | 0.06 | 0.04 | 0.07 | 0.03 | 0.22 | 0.18 | 0.23 | 0.22 | 0.47 | 0.33 | 0.12 | 0.05 | 0.07 | 0.21 |

续表

| 断面 | 项目 | 1130m³/s | | 2350m³/s | | 4200m³/s | | 6500m³/s | | 10800m³/s | | 21000m³/s | | 23500m³/s | |
|---|---|---|---|---|---|---|---|---|---|---|---|---|---|---|---|
| | | 右 | 左 | 右 | 左 | 右 | 左 | 右 | 左 | 右 | 左 | 右 | 左 | 右 | 左 |
| 0-450 | $V$/(m/s) | 1.25 | 1.15 | 1.96 | 1.89 | 2.83 | 2.76 | 3.43 | 3.3 | 3.5 | 3.26 | 3.73 | 3.3 | 4.37 | 4.38 |
| | $\alpha$/(°) | 5 | 10 | 5 | 5 | 2 | 3 | 3 | 6 | 6 | 5 | 4 | 0 | 2 | 0 |
| | $V_Y$/(m/s) | 1.25 | 1.13 | 1.95 | 1.88 | 2.83 | 2.76 | 3.43 | 3.28 | 3.48 | 3.25 | 3.72 | 3.30 | 4.37 | 4.38 |
| | $V_X$/(m/s) | 0.11 | 0.20 | 0.17 | 0.16 | 0.10 | 0.14 | 0.18 | 0.34 | 0.37 | 0.28 | 0.26 | 0.00 | 0.15 | 0.00 |
| 0-400 | $V$/(m/s) | 1.11 | 1.1 | 1.67 | 1.85 | 2.62 | 2.69 | 3.97 | 3.28 | 3.25 | 3.47 | 3.86 | 3.47 | 4.47 | 4.41 |
| | $\alpha$/(°) | 6 | 11 | 1 | 6 | 2 | 3 | 4 | 1 | 12 | 14 | 1 | 4 | 11 | 10 |
| | $V_Y$/(m/s) | 1.10 | 1.08 | 1.67 | 1.84 | 2.62 | 2.69 | 3.96 | 3.28 | 3.18 | 3.37 | 3.86 | 3.46 | 4.39 | 4.34 |
| | $V_X$/(m/s) | 0.12 | 0.21 | 0.03 | 0.19 | 0.09 | 0.14 | 0.28 | 0.06 | 0.68 | 0.84 | 0.07 | 0.24 | 0.85 | 0.77 |
| 0-350 | $V$/(m²/s) | 1.25 | 1.19 | 1.71 | 1.68 | 2.48 | 2.55 | 3.15 | 3.04 | 3.65 | 3.39 | 3.94 | 3.75 | 4.53 | 4.55 |
| | $\alpha$/(°) | 8 | 1 | 7 | 7 | 6 | 6 | 1 | 10 | 10 | 14 | 11 | 10 | 11 | 11 |
| | $V_Y$/(m/s) | 1.24 | 1.19 | 1.70 | 1.67 | 2.47 | 2.54 | 3.15 | 2.99 | 3.59 | 3.29 | 3.87 | 3.69 | 4.45 | 4.47 |
| | $V_X$/(m/s) | 0.17 | 0.02 | 0.21 | 0.20 | 0.26 | 0.27 | 0.05 | 0.53 | 0.63 | 0.82 | 0.75 | 0.65 | 0.86 | 0.87 |
| 0-300 | $V$/(m/s) | 1.42 | 1.28 | 1.69 | 1.83 | 2.55 | 2.76 | 2.62 | 3.23 | 2.45 | 3.67 | 4.26 | 3.8 | 4.79 | 4.46 |
| | $\alpha$/(°) | 1 | 1 | 1 | 9 | 4 | 6 | 8 | 8 | 8 | 13 | 13 | 13 | 11 | 11 |
| | $V_Y$/(m/s) | 1.42 | 1.28 | 1.69 | 1.81 | 2.54 | 2.74 | 2.59 | 3.20 | 2.43 | 3.58 | 4.15 | 3.70 | 4.70 | 4.38 |
| | $V_X$/(m/s) | 0.02 | 0.02 | 0.03 | 0.29 | 0.18 | 0.29 | 0.36 | 0.45 | 0.34 | 0.83 | 0.96 | 0.85 | 0.91 | 0.85 |
| 0-250 | $V$/(m/s) | 1.35 | 1.21 | 1.66 | 1.89 | 2.55 | 2.62 | 2.87 | 3.24 | 3.43 | 3.47 | 4.26 | 3.82 | 4.62 | 4.21 |
| | $\alpha$/(°) | 0 | 0 | 0 | 0 | 0 | 0 | 0 | 0 | 0 | 0 | 0 | 0 | 0 | 0 |
| | $V_Y$/(m/s) | 1.35 | 1.21 | 1.66 | 1.89 | 2.55 | 2.62 | 2.87 | 3.24 | 3.43 | 3.47 | 4.26 | 3.82 | 4.55 | 4.21 |
| | $V_X$/(m/s) | 0.00 | 0.00 | 0.00 | 0.00 | 0.00 | 0.00 | 0.00 | 0.00 | 0.00 | 0.00 | 0.00 | 0.00 | 0.00 | 0.00 |
| 0-200 | $V$/(m/s) | 1.42 | 1.47 | 1.89 | 1.96 | 2.41 | 2.62 | 3.01 | 3.23 | 3.47 | 3.46 | 4.37 | 3.91 | 4.85 | 4.34 |
| | $\alpha$/(°) | 0 | 0 | 0 | 0 | 0 | 0 | 0 | 0 | 0 | 0 | 0 | 0 | 0 | 0 |
| | $V_Y$/(m/s) | 1.42 | 1.47 | 1.89 | 1.96 | 2.41 | 2.62 | 3.01 | 3.23 | 3.47 | 3.46 | 4.37 | 3.91 | 4.85 | 4.34 |
| | $V_X$/(m/s) | 0.00 | 0.00 | 0.00 | 0.00 | 0.00 | 0.00 | 0.00 | 0.00 | 0.00 | 0.00 | 0.00 | 0.00 | 0.00 | 0.00 |
| 0-150 | $V$/(m/s) | 1.59 | 1.93 | 1.96 | 2.34 | 2.76 | 3.12 | 3.26 | 3.73 | 3.15 | 3.82 | 4.33 | 4.33 | 5.06 | 4.72 |
| | $\alpha$/(°) | 0 | 0 | 0 | 0 | 0 | 0 | 0 | 0 | 0 | 0 | 0 | 0 | 0 | 0 |
| | $V_Y$/(m/s) | 1.59 | 1.93 | 1.96 | 2.34 | 2.76 | 3.12 | 3.26 | 3.73 | 3.15 | 3.82 | 4.33 | 4.33 | 5.06 | 4.72 |
| | $V_X$/(m/s) | 0.00 | 0.00 | 0.00 | 0.00 | 0.00 | 0.00 | 0.00 | 0.00 | 0.00 | 0.00 | 0.00 | 0.00 | 0.00 | 0.00 |
| 0-100 | $V$/(m/s) | 1.96 | 1.96 | 2.24 | 2.27 | 2.76 | 2.94 | 3.04 | 3.52 | 3.47 | 3.88 | 4.51 | 4.32 | 5.06 | 5 |
| | $\alpha$/(°) | 0 | 0 | 0 | 0 | 0 | 0 | 0 | 0 | 0 | 0 | 0 | 0 | 0 | 0 |
| | $V_Y$/(m/s) | 1.96 | 1.96 | 2.24 | 2.27 | 2.76 | 2.94 | 3.04 | 3.52 | 3.47 | 3.88 | 4.51 | 4.32 | 5.06 | 5.00 |
| | $V_X$/(m/s) | 0.00 | 0.00 | 0.00 | 0.00 | 0.00 | 0.00 | 0.00 | 0.00 | 0.00 | 0.00 | 0.00 | 0.00 | 0.00 | 0.00 |
| 0-050 | $V$/(m/s) | 1.92 | 1.99 | 2.06 | 2.13 | 2.8 | 2.93 | 3.19 | 3.53 | 3.5 | 4 | 4.45 | 4.38 | 5.02 | 4.65 |
| | $\alpha$/(°) | 0 | 0 | 0 | 0 | 0 | 0 | 0 | 0 | 0 | 0 | 0 | 0 | 0 | 0 |

续表

| 断面 | 项目 | 1130m³/s | | 2350m³/s | | 4200m³/s | | 6500m³/s | | 10800m³/s | | 21000m³/s | | 23500m³/s | |
|---|---|---|---|---|---|---|---|---|---|---|---|---|---|---|---|
| | | 右 | 左 | 右 | 左 | 右 | 左 | 右 | 左 | 右 | 左 | 右 | 左 | 右 | 左 |
| 0-050 | $V_Y$/(m/s) | 1.92 | 1.99 | 2.06 | 2.13 | 2.80 | 2.93 | 3.19 | 3.53 | 3.50 | 4.00 | 4.45 | 4.38 | 5.02 | 4.65 |
| | $V_X$/(m/s) | 0.00 | 0.00 | 0.00 | 0.00 | 0.00 | 0.00 | 0.00 | 0.00 | 0.00 | 0.00 | 0.00 | 0.00 | 0.00 | 0.00 |
| 0+000 | $V$/(m/s) | 2.06 | 1.57 | 2.2 | 2.1 | 2.83 | 2.97 | 2.98 | 3.72 | 3.72 | 4.06 | 4.46 | 4.62 | 4.95 | 4.97 |
| | $\alpha$/(°) | 0 | 0 | 0 | 0 | 0 | 0 | 0 | 0 | 0 | 0 | 0 | 0 | 0 | 0 |
| | $V_Y$/(m/s) | 2.06 | 1.57 | 2.20 | 2.10 | 2.83 | 2.97 | 2.98 | 3.72 | 3.72 | 4.06 | 4.46 | 4.62 | 4.95 | 4.97 |
| | $V_X$/(m/s) | 0.00 | 0.00 | 0.00 | 0.00 | 0.00 | 0.00 | 0.00 | 0.00 | 0.00 | 0.00 | 0.00 | 0.00 | 0.00 | 0.00 |
| 0+095 | $V$/(m/s) | 1.08 | 0.3 | 1.43 | 1.2 | 1.97 | 2.13 | 2.24 | 2.74 | 2.69 | 3.28 | 3.37 | 3.7 | 3.96 | 4.09 |
| | $\alpha$/(°) | 0 | 0 | 0 | 0 | 0 | 0 | 0 | 0 | 0 | 0 | 0 | 0 | 0 | 0 |
| | $V_Y$/(m/s) | 1.08 | 0.30 | 1.43 | 1.20 | 1.97 | 2.13 | 2.24 | 2.74 | 2.69 | 3.28 | 3.37 | 3.70 | 3.96 | 4.09 |
| | $V_X$/(m/s) | 0.00 | 0.00 | 0.00 | 0.00 | 0.00 | 0.00 | 0.00 | 0.00 | 0.00 | 0.00 | 0.00 | 0.00 | 0.00 | 0.00 |
| 0+175 | $V$/(m/s) | 1.86 | 1.46 | 2.43 | 1.89 | 2.76 | 3.00 | 2.93 | 3.65 | 3.75 | 4.03 | 4.59 | 4.44 | 5.01 | 5.09 |
| | $\alpha$/(°) | 0 | 0 | 0 | 0 | 0 | 0 | 0 | 0 | 0 | 0 | 0 | 0 | 0 | 0 |
| | $V_Y$/(m/s) | 1.86 | 1.46 | 2.43 | 1.89 | 2.76 | 3.00 | 2.93 | 3.65 | 3.75 | 4.03 | 4.59 | 4.44 | 5.01 | 5.09 |
| | $V_X$/(m/s) | 0.00 | 0.00 | 0.00 | 0.00 | 0.00 | 0.00 | 0.00 | 0.00 | 0.00 | 0.00 | 0.00 | 0.00 | 0.00 | 0.00 |
| 0+270 | $V$/(m/s) | 1.96 | 1.75 | 1.99 | 1.99 | 2.62 | 2.76 | 3.12 | 3.01 | 3.61 | 3.51 | 4.18 | 4.42 | 5.09 | 4.86 |
| | $\alpha$/(°) | 0 | 0 | 0 | 0 | 0 | 0 | 0 | 0 | 0 | 0 | 0 | 0 | 0 | 0 |
| | $V_Y$/(m/s) | 1.96 | 1.75 | 1.99 | 1.99 | 2.62 | 2.76 | 3.12 | 3.01 | 3.61 | 3.51 | 4.18 | 4.42 | 5.09 | 4.86 |
| | $V_X$/(m/s) | 0.00 | 0.00 | 0.00 | 0.00 | 0.00 | 0.00 | 0.00 | 0.00 | 0.00 | 0.00 | 0.00 | 0.00 | 0.00 | 0.00 |
| 0+370 | $V$/(m/s) | 2.13 | 1.92 | 2.42 | 2.13 | 2.62 | 2.69 | 3.11 | 3.19 | 3.4 | 3.71 | 4.53 | 4.25 | 5.15 | 4.95 |
| | $\alpha$/(°) | 0 | 0 | 0 | 0 | 8 | 8 | 5 | 4 | 0 | 0 | 5 | 5 | 0 | 0 |
| | $V_Y$/(m/s) | 2.13 | 1.92 | 2.42 | 2.13 | 2.59 | 2.66 | 3.10 | 3.18 | 3.40 | 3.71 | 4.51 | 4.23 | 5.15 | 4.95 |
| | $V_X$/(m/s) | 0.00 | 0.00 | 0.00 | 0.00 | 0.36 | 0.37 | 0.27 | 0.22 | 0.00 | 0.00 | 0.39 | 0.37 | 0.00 | 0.00 |
| 0+470 | $V$/(m/s) | 1.99 | 1.71 | 2.31 | 2.03 | 2.97 | 2.62 | 3.67 | 3.58 | 3.58 | 3.67 | 4.79 | 4.35 | 5.47 | 5.32 |
| | $\alpha$/(°) | 7 | 7 | 3 | 3 | 5 | 3 | 2 | 3 | 3 | 2 | 2 | 3 | 3 | 2 |
| | $V_Y$/(m/s) | 1.98 | 1.70 | 2.31 | 2.03 | 2.96 | 2.62 | 3.67 | 3.58 | 3.58 | 3.67 | 4.79 | 4.34 | 5.46 | 5.32 |
| | $V_X$/(m/s) | 0.24 | 0.21 | 0.12 | 0.11 | 0.26 | 0.14 | 0.13 | 0.19 | 0.19 | 0.13 | 0.17 | 0.23 | 0.29 | 0.19 |
| 0+570 | $V$/(m/s) | 2.2 | 2.48 | 2.31 | 2.48 | 2.83 | 3.04 | 3.68 | 3.74 | 3.68 | 3.6 | 5.09 | 5.00 | 5.52 | 5.62 |
| | $\alpha$/(°) | 8 | 1 | 2 | 6 | 2 | 2 | 2 | 6 | 7 | 6 | 0 | 0 | 2 | 1 |
| | $V_Y$/(m/s) | 2.18 | 2.48 | 2.31 | 2.47 | 2.83 | 3.04 | 3.68 | 3.72 | 3.65 | 3.58 | 5.09 | 5.00 | 5.52 | 5.62 |
| | $V_X$/(m/s) | 0.31 | 0.04 | 0.08 | 0.26 | 0.10 | 0.11 | 0.13 | 0.39 | 0.45 | 0.38 | 0.00 | 0.00 | 0.19 | 0.10 |

流量 23500m³/s 时，明渠上游航道流速基本在 4.50m/s 以下，明渠航道流速部分测点超过 5.00m/s，最大为 5.09m/s，明渠下游航道流速普遍超过 5.00m/s，最大为 5.62m/s。流量 21000m³/s 时，明渠上游航道流速基本在 4.00m/s 以下，明渠航道流速

个别测点超过 4.50m/s，明渠下游航道流速个别点超过 5.00m/s。流量 4200$m^3$/s 时，除个别测点外，航道流速基本在 3.00m/s 以下。

航道内的横向流速与水流夹角密切相关，航道转弯处水流夹角大、横向流速亦较大。上游 0－400～0－300 区域横向流速普遍超过 0.30m/s（流量大于 6500$m^3$/s 后），最大为 0.96m/s。下游 0＋370～0＋570 区域也有部分测点横向流速超过 0.30m/s，最大为 0.45m/s。

### 3.3.3　左侧明渠设计方案

为满足泄流能力要求，枢纽泄流孔增加至 25 孔，其中高孔 2 孔、低孔 23 孔，比上阶段方案增加 1 高孔和 1 低孔。原低孔位置不变，增加的 1 个低孔在由三期纵向围堰改建而成；厂房整体右移 20m，用于增加 1 个高孔。

二期导流方案将导流明渠与泄流低孔位置对调，将导流明渠靠左岸布置，取消了引水槽开挖。

最大通航流量 $Q$＝23500$m^3$/s 时流态如图 3.2 所示，由于河道水流主流和水动力轴线位于右侧深槽，二期施工导流期间，上游主流受上游横向围堰的正面阻挡，由右侧深槽改道左侧的泄水闸和明渠，一期纵向围堰上游扭曲面连接段可使右侧水流较为平顺的进入低孔区，而水流绕过三期纵向围堰头部时角度较大，在明渠段右侧形成大范围的回流区，滞留区宽度约占明渠宽度的 1/3，回流区纵向影响至明渠末端，导致明渠段流速分布不均匀。

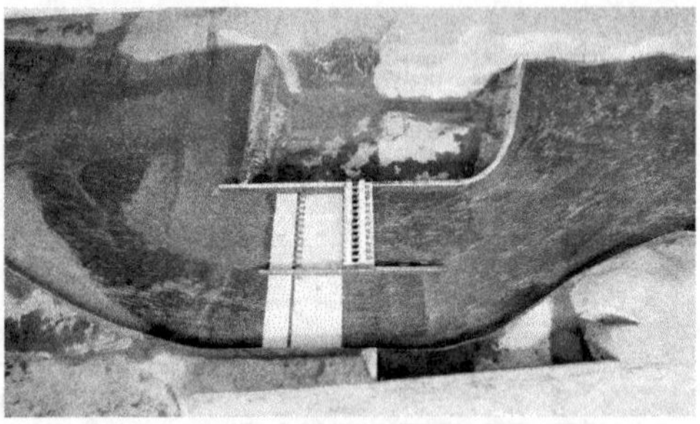

图 3.2　二期导流流态（左侧明渠设计方案，23500$m^3$/s）

### 3.3.4　左侧明渠优化方案

从设计方案试验可以看到，主要问题出现在三期纵向围堰头部绕流形成的回流区，另外二期上游横向围堰上游河床主槽的回填和扭曲面围堰连接段上游河床少挖都使水动力轴线提前小角度向左岸偏转，在低孔区与明渠段位置调整之后，反而减少了进入低孔区的水量。因此，方案优化的思路主要在以下两方面：一是通过修改三期纵向围堰头部型式，增加一段半径 60m 的弧形导墙，使边界平顺，从而使水流平滑过渡和衔接；二是取消二期上游横向围堰上游河床主槽的回填，恢复扭曲面围堰连接段上游河床的开挖，避免水动力轴线提前向左岸偏转，尽量增加低孔泄量，从而降低明渠的分流比和水流流速。

最大通航流量 $Q$＝23500$m^3$/s 时优化方案水流流态如图 3.3 所示。从流态照片中可以看到，上游来流由右侧主槽向闸孔及左侧明渠偏转下泄过程中，沿程基本上紧贴两侧边界流动，未出现明显的水流脱离边界的现象，流线较为连贯平顺，纵向围堰头部绕流显著改善，明渠段仅靠近三期纵向围堰的局

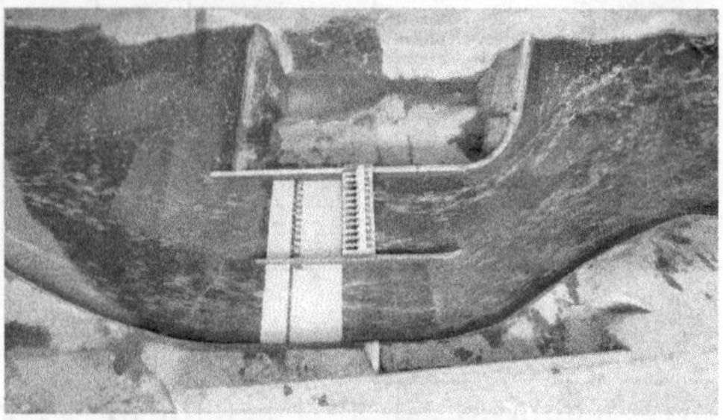

图 3.3　二期导流流态（左侧明渠优化方案，23500$m^3$/s）

部水域有弱回流。导流段出口水流偏转幅度减小，沿程扩散，流态平顺。其他各试验工况下水流流态基本平顺，未见明显不利流态。试验还测试了各工况下的水流流速分布，航道布置的原则是满足最小转弯半径的前提下，让航线尽量和流线保持一致，避开明渠出口下游河段贴近左岸的主流区域。工程段航道由 4 段圆弧组成，最小转弯半径为 500m，满足大于 480m 的要求。航道一并绘于流速图中。航道内各断面的纵向、横向表面流速统计于表 3.4。

**表 3.4　　航道内表面流速特征表（优化方案）**

| 断面 | 项目 | $1460m^3/s$ | | $2350m^3/s$ | | $4500m^3/s$ | | $6500m^3/s$ | | $10800m^3/s$ | | $21000m^3/s$ | | $23500m^3/s$ | |
|---|---|---|---|---|---|---|---|---|---|---|---|---|---|---|---|
| | | 右 | 左 | 右 | 左 | 右 | 左 | 右 | 左 | 右 | 左 | 右 | 左 | 右 | 左 |
| 0-900 | $V$/(m/s) | 0.28 | 0.41 | 0.62 | 0.68 | 0.49 | 0.70 | 0.97 | 1.60 | 2.41 | 1.85 | 2.83 | 2.60 | 2.94 | 2.52 |
| | $\alpha$/(°) | 13.0 | 1.0 | 33.0 | 4.0 | 17.0 | 16.0 | 17.0 | 16.0 | 7.0 | 21.0 | 17.0 | 26.0 | 12.0 | 21.0 |
| | $V_Y$/(m/s) | 0.27 | 0.41 | 0.52 | 0.68 | 0.47 | 0.67 | 0.93 | 1.54 | 2.39 | 1.73 | 2.71 | 2.34 | 2.88 | 2.35 |
| | $V_X$/(m/s) | 0.06 | 0.01 | 0.34 | 0.05 | 0.14 | 0.19 | 0.28 | 0.44 | 0.29 | 0.66 | 0.83 | 1.14 | 0.61 | 0.90 |
| 0-800 | $V$/(m/s) | 0.68 | 0.41 | 0.96 | 0.81 | 0.99 | 0.73 | 1.34 | 1.82 | 2.30 | 2.10 | 2.96 | 2.31 | 2.80 | 2.36 |
| | $\alpha$/(°) | 13.0 | 20.8 | 18.0 | 9.2 | 13.0 | 9.2 | 8.1 | 10.8 | 7.0 | 20.8 | 17.0 | 20.8 | 12.0 | 15.8 |
| | $V_Y$/(m/s) | 0.66 | 0.38 | 0.91 | 0.80 | 0.96 | 0.72 | 1.33 | 1.79 | 2.28 | 1.96 | 2.83 | 2.16 | 2.74 | 2.27 |
| | $V_X$/(m/s) | 0.15 | 0.15 | 0.30 | 0.13 | 0.22 | 0.12 | 0.19 | 0.34 | 0.28 | 0.75 | 0.86 | 0.82 | 0.58 | 0.64 |
| 0-700 | $V$/(m/s) | 0.79 | 0.65 | 1.00 | 0.89 | 1.39 | 1.33 | 1.64 | 1.80 | 2.55 | 2.37 | 3.04 | 3.05 | 3.47 | 3.15 |
| | $\alpha$/(°) | 6.7 | 18.1 | 11.7 | 13.1 | 1.7 | 8.1 | 1.7 | 8.1 | 8.3 | 6.9 | 13.3 | 11.9 | 18.3 | 11.9 |
| | $V_Y$/(m/s) | 0.78 | 0.62 | 0.98 | 0.87 | 1.39 | 1.32 | 1.64 | 1.78 | 2.52 | 2.35 | 2.96 | 2.98 | 3.29 | 3.08 |
| | $V_X$/(m/s) | 0.09 | 0.20 | 0.20 | 0.20 | 0.04 | 0.19 | 0.05 | 0.25 | 0.37 | 0.29 | 0.70 | 0.63 | 1.09 | 0.65 |
| 0-600 | $V$/(m/s) | 1.18 | 1.17 | 1.37 | 1.44 | 1.61 | 1.91 | 2.31 | 2.47 | 2.83 | 2.94 | 3.68 | 3.72 | 4.01 | 4.03 |
| | $\alpha$/(°) | 3.2 | 1.7 | 8.2 | 1.7 | 3.2 | 3.3 | 3.2 | 3.3 | 8.2 | 1.7 | 13.2 | 16.7 | 13.2 | 16.7 |
| | $V_Y$/(m/s) | 1.18 | 1.17 | 1.36 | 1.44 | 1.60 | 1.90 | 2.31 | 2.47 | 2.80 | 2.94 | 3.58 | 3.56 | 3.90 | 3.86 |
| | $V_X$/(m/s) | 0.07 | 0.04 | 0.20 | 0.04 | 0.09 | 0.11 | 0.13 | 0.14 | 0.40 | 0.09 | 0.84 | 1.07 | 0.92 | 1.16 |
| 0-500 | V (m$^2$/s) | 1.60 | 1.67 | 1.99 | 2.05 | 2.70 | 2.52 | 2.69 | 2.76 | 3.51 | 3.61 | 4.35 | 4.35 | 4.67 | 4.60 |
| | $\alpha$/(°) | 11.6 | 14.3 | 6.6 | 9.3 | 6.6 | 9.3 | 6.6 | 9.3 | 11.6 | 14.3 | 11.6 | 14.3 | 11.6 | 19.3 |
| | $V_Y$/(m/s) | 1.57 | 1.62 | 1.98 | 2.02 | 2.68 | 2.49 | 2.67 | 2.72 | 3.44 | 3.50 | 4.26 | 4.22 | 4.57 | 4.34 |
| | $V_X$/(m/s) | 0.32 | 0.41 | 0.23 | 0.33 | 0.31 | 0.41 | 0.31 | 0.44 | 0.71 | 0.89 | 0.87 | 1.07 | 0.94 | 1.52 |
| 0-400 | $V$/(m/s) | 2.55 | 2.05 | 2.69 | 2.34 | 2.60 | 2.99 | 3.30 | 3.33 | 3.89 | 3.96 | 4.42 | 4.78 | 4.76 | 4.99 |
| | $\alpha$/(°) | 0.7 | 2.7 | 0.7 | 2.7 | 0.7 | 2.7 | 5.7 | 2.7 | 8.7 | 10.7 | 5.7 | 7.7 | 10.7 | 7.7 |
| | $V_Y$/(m/s) | 2.55 | 2.05 | 2.69 | 2.34 | 2.60 | 2.98 | 3.28 | 3.33 | 3.85 | 3.89 | 4.40 | 4.74 | 4.68 | 4.95 |
| | $V_X$/(m/s) | 0.03 | 0.10 | 0.03 | 0.11 | 0.03 | 0.14 | 0.33 | 0.16 | 0.59 | 0.74 | 0.44 | 0.64 | 0.88 | 0.67 |
| 0-300 | $V$/(m/s) | 1.64 | 1.67 | 1.49 | 2.06 | 2.99 | 2.85 | 2.82 | 3.12 | 3.44 | 3.93 | 4.00 | 4.68 | 4.21 | 4.95 |
| | $\alpha$/(°) | 3.7 | 5.3 | 6.3 | 4.7 | 9.3 | 7.7 | 6.3 | 4.7 | 3.7 | 5.3 | 6.3 | 5.3 | 0.3 | 0.3 |
| | $V_Y$/(m/s) | 1.64 | 1.66 | 1.48 | 2.05 | 2.95 | 2.82 | 2.80 | 3.11 | 3.43 | 3.91 | 3.98 | 4.66 | 4.21 | 4.95 |
| | $V_X$/(m/s) | 0.11 | 0.16 | 0.16 | 0.17 | 0.48 | 0.38 | 0.31 | 0.25 | 0.22 | 0.36 | 0.44 | 0.43 | 0.02 | 0.03 |

续表

| 断面 | 项目 | $1460m^3/s$ | | $2350m^3/s$ | | $4500m^3/s$ | | $6500m^3/s$ | | $10800m^3/s$ | | $21000m^3/s$ | | $23500m^3/s$ | |
|---|---|---|---|---|---|---|---|---|---|---|---|---|---|---|---|
| | | 右 | 左 | 右 | 左 | 右 | 左 | 右 | 左 | 右 | 左 | 右 | 左 | 右 | 左 |
| 0-200 | $V$/(m/s) | 1.92 | 2.05 | 2.13 | 2.23 | 2.62 | 3.09 | 3.43 | 3.33 | 3.65 | 4.21 | 3.96 | 4.85 | 4.38 | 5.24 |
| | $\alpha$/(°) | 5.2 | 0.8 | 9.8 | 9.2 | 4.8 | 9.2 | 4.8 | 9.2 | 9.8 | 9.2 | 0.2 | 4.2 | 4.8 | 4.2 |
| | $V_Y$/(m/s) | 1.91 | 2.05 | 2.10 | 2.20 | 2.61 | 3.05 | 3.42 | 3.29 | 3.60 | 4.16 | 3.96 | 4.84 | 4.36 | 5.23 |
| | $V_X$/(m/s) | 0.17 | 0.03 | 0.36 | 0.35 | 0.22 | 0.49 | 0.29 | 0.53 | 0.62 | 0.67 | 0.02 | 0.35 | 0.36 | 0.38 |
| 0-100 | $V$/(m/s) | 1.85 | 1.81 | 2.24 | 2.19 | 2.74 | 2.88 | 3.19 | 3.40 | 3.89 | 3.96 | 4.99 | 5.20 | 5.17 | 5.55 |
| | $\alpha$/(°) | 2.4 | 7.7 | 2.6 | 2.3 | 2.4 | 2.7 | 2.4 | 2.3 | 2.4 | 2.7 | 7.4 | 7.7 | 2.4 | 2.7 |
| | $V_Y$/(m/s) | 1.85 | 1.79 | 2.24 | 2.19 | 2.74 | 2.88 | 3.19 | 3.40 | 3.89 | 3.96 | 4.95 | 5.15 | 5.17 | 5.54 |
| | $V_X$/(m/s) | 0.08 | 0.24 | 0.10 | 0.09 | 0.12 | 0.14 | 0.13 | 0.14 | 0.16 | 0.19 | 0.64 | 0.70 | 0.22 | 0.26 |
| 0+000 | $V$/(m/s) | 2.24 | 2.05 | 2.62 | 2.37 | 2.96 | 2.84 | 3.30 | 3.16 | 3.75 | 3.89 | 4.45 | 5.13 | 4.92 | 5.52 |
| | $\alpha$/(°) | 0.0 | 0.0 | 0.0 | 0.0 | 0.0 | 0.0 | 0.0 | 0.0 | 0.0 | 0.0 | 0.0 | 0.0 | 0.0 | 0.0 |
| | $V_Y$/(m/s) | 2.24 | 2.05 | 2.62 | 2.37 | 2.96 | 2.84 | 3.30 | 3.16 | 3.75 | 3.89 | 4.45 | 5.13 | 4.92 | 5.52 |
| | $V_X$/(m/s) | 0.00 | 0.00 | 0.00 | 0.00 | 0.00 | 0.00 | 0.00 | 0.00 | 0.00 | 0.00 | 0.00 | 0.00 | 0.00 | 0.00 |
| 0+100 | $V$/(m/s) | 1.32 | 1.34 | 1.42 | 1.46 | 1.22 | 2.07 | 2.24 | 2.45 | 2.55 | 3.08 | 3.44 | 4.28 | 3.61 | 4.57 |
| | $\alpha$/(°) | 0.0 | 0.0 | 0.0 | 0.0 | 0.0 | 0.0 | 0.0 | 0.0 | 0.0 | 0.0 | 0.0 | 0.0 | 0.0 | 0.0 |
| | $V_Y$/(m/s) | 1.32 | 1.34 | 1.42 | 1.46 | 1.22 | 2.07 | 2.24 | 2.45 | 2.55 | 3.08 | 3.44 | 4.28 | 3.61 | 4.57 |
| | $V_X$/(m/s) | 0.00 | 0.00 | 0.00 | 0.00 | 0.00 | 0.00 | 0.00 | 0.00 | 0.00 | 0.00 | 0.00 | 0.00 | 0.00 | 0.00 |
| 0+200 | $V$/(m/s) | 1.89 | 1.70 | 2.05 | 2.20 | 2.77 | 2.84 | 3.15 | 3.26 | 4.10 | 4.17 | 4.86 | 5.27 | 5.06 | 5.49 |
| | $\alpha$/(°) | 10.4 | 11.0 | 10.4 | 11.0 | 10.4 | 11.0 | 10.4 | 10.1 | 10.4 | 11.0 | 10.4 | 11.0 | 10.4 | 11.0 |
| | $V_Y$/(m/s) | 1.86 | 1.67 | 2.02 | 2.16 | 2.73 | 2.79 | 3.10 | 3.21 | 4.03 | 4.09 | 4.78 | 5.17 | 4.98 | 5.39 |
| | $V_X$/(m/s) | 0.34 | 0.32 | 0.37 | 0.42 | 0.50 | 0.54 | 0.57 | 0.57 | 0.74 | 0.80 | 0.88 | 1.01 | 0.91 | 1.05 |
| 0+300 | $V$/(m/s) | 1.98 | 2.26 | 2.50 | 2.46 | 2.91 | 2.28 | 3.26 | 3.26 | 4.03 | 4.07 | 4.95 | 4.56 | 5.45 | 4.88 |
| | $\alpha$/(°) | 15.8 | 17.8 | 20.8 | 17.8 | 20.8 | 22.8 | 10.8 | 12.8 | 20.8 | 22.8 | 20.8 | 22.8 | 20.8 | 22.8 |
| | $V_Y$/(m/s) | 1.91 | 2.15 | 2.34 | 2.34 | 2.72 | 2.10 | 3.20 | 3.18 | 3.77 | 3.75 | 4.63 | 4.20 | 5.09 | 4.50 |
| | $V_X$/(m/s) | 0.54 | 0.69 | 0.89 | 0.75 | 1.04 | 0.88 | 0.61 | 0.72 | 1.43 | 1.58 | 1.76 | 1.77 | 1.94 | 1.89 |
| 0+400 | $V$/(m/s) | 2.27 | 2.06 | 2.38 | 1.98 | 3.14 | 2.34 | 3.44 | 2.62 | 3.96 | 3.40 | 4.56 | 4.14 | 4.43 | 4.39 |
| | $\alpha$/(°) | 20.3 | 19.1 | 20.3 | 19.1 | 15.3 | 14.1 | 20.3 | 19.1 | 25.3 | 24.1 | 20.3 | 24.1 | 24.1 | 25.3 |
| | $V_Y$/(m/s) | 2.13 | 1.95 | 2.23 | 1.87 | 3.03 | 2.27 | 3.23 | 2.48 | 3.58 | 3.10 | 4.28 | 3.78 | 4.04 | 3.97 |
| | $V_X$/(m/s) | 0.79 | 0.67 | 0.83 | 0.65 | 0.83 | 0.57 | 1.19 | 0.86 | 1.69 | 1.39 | 1.58 | 1.69 | 1.81 | 1.88 |
| 0+500 | $V$/(m/s) | 1.43 | 1.81 | 2.23 | 1.89 | 3.13 | 2.48 | 3.33 | 2.90 | 4.10 | 3.44 | 4.39 | 4.28 | 4.53 | 3.41 |
| | $\alpha$/(°) | 17.8 | 17.8 | 12.8 | 12.8 | 13.6 | 12.8 | 13.6 | 12.8 | 17.8 | 17.8 | 17.8 | 17.8 | 17.8 | 17.8 |
| | $V_Y$/(m/s) | 1.36 | 1.72 | 2.17 | 1.84 | 3.04 | 2.42 | 3.24 | 2.83 | 3.90 | 3.28 | 4.18 | 4.08 | 4.31 | 3.25 |
| | $V_X$/(m/s) | 0.44 | 0.55 | 0.49 | 0.42 | 0.74 | 0.55 | 0.78 | 0.64 | 1.25 | 1.05 | 1.34 | 1.31 | 1.38 | 1.04 |
| 0+600 | $V$/(m/s) | 2.41 | 2.06 | 2.62 | 2.12 | 2.56 | 2.67 | 3.65 | 2.98 | 4.32 | 3.75 | 4.60 | 4.42 | 4.78 | 4.61 |
| | $\alpha$/(°) | 7.8 | 12.7 | 12.8 | 12.8 | 12.8 | 12.8 | 12.8 | 12.8 | 12.8 | 12.8 | 12.8 | 12.8 | 12.8 | 12.8 |

续表

| 断面 | 项目 | $1460m^3/s$ | | $2350m^3/s$ | | $4500m^3/s$ | | $6500m^3/s$ | | $10800m^3/s$ | | $21000m^3/s$ | | $23500m^3/s$ | |
|---|---|---|---|---|---|---|---|---|---|---|---|---|---|---|---|
| | | 右 | 左 | 右 | 左 | 右 | 左 | 右 | 左 | 右 | 左 | 右 | 左 | 右 | 左 |
| 0+600 | $V_Y$/(m/s) | 2.39 | 2.01 | 2.55 | 2.07 | 2.50 | 2.60 | 3.56 | 2.91 | 4.21 | 3.66 | 4.49 | 4.31 | 4.66 | 4.50 |
| | $V_X$/(m/s) | 0.33 | 0.45 | 0.58 | 0.47 | 0.57 | 0.59 | 0.81 | 0.66 | 0.96 | 0.83 | 1.02 | 0.98 | 1.06 | 1.02 |
| 0+700 | $V$/(m/s) | 1.81 | 1.78 | 2.36 | 2.02 | 2.81 | 2.60 | 3.53 | 3.21 | 4.18 | 4.00 | 4.81 | 4.67 | 5.22 | 4.85 |
| | $\alpha$/(°) | 1.8 | 17.9 | 11.4 | 7.1 | 8.2 | 7.1 | 8.2 | 7.1 | 8.2 | 12.1 | 8.2 | 7.1 | 8.2 | 8.1 |
| | $V_Y$/(m/s) | 1.81 | 1.69 | 2.31 | 2.00 | 2.78 | 2.58 | 3.49 | 3.19 | 4.14 | 3.91 | 4.76 | 4.63 | 5.17 | 4.80 |
| | $V_X$/(m/s) | 0.06 | 0.55 | 0.47 | 0.25 | 0.40 | 0.32 | 0.50 | 0.40 | 0.60 | 0.84 | 0.69 | 0.58 | 0.74 | 0.68 |
| 0+800 | $V$/(m/s) | 1.38 | 1.37 | 1.79 | 1.78 | 2.48 | 2.76 | 3.29 | 2.97 | 3.64 | 3.72 | 4.70 | 4.46 | 5.28 | 5.13 |
| | $\alpha$/(°) | 7.5 | 6.5 | 2.5 | 1.5 | 2.5 | 1.5 | 2.5 | 1.5 | 2.5 | 6.5 | 2.5 | 1.5 | 2.5 | 1.5 |
| | $V_Y$/(m/s) | 1.37 | 1.36 | 1.79 | 1.78 | 2.48 | 2.76 | 3.29 | 2.97 | 3.64 | 3.70 | 4.70 | 4.46 | 5.27 | 5.13 |
| | $V_X$/(m/s) | 0.18 | 0.16 | 0.08 | 0.05 | 0.11 | 0.07 | 0.14 | 0.08 | 0.16 | 0.42 | 0.21 | 0.12 | 0.23 | 0.13 |
| 0+900 | $V$/(m/s) | 1.15 | 1.23 | 1.73 | 1.46 | 2.59 | 2.05 | 3.10 | 2.69 | 3.86 | 3.19 | 4.49 | 3.82 | 4.92 | 4.31 |
| | $\alpha$/(°) | 8.1 | 8.8 | 8.1 | 9.2 | 3.1 | 1.2 | 3.1 | 3.8 | 1.9 | 1.2 | 3.1 | 6.2 | 3.1 | 1.2 |
| | $V_Y$/(m/s) | 1.14 | 1.22 | 1.71 | 1.44 | 2.58 | 2.05 | 3.10 | 2.68 | 3.86 | 3.19 | 4.48 | 3.80 | 4.91 | 4.31 |
| | $V_X$/(m/s) | 0.16 | 0.19 | 0.24 | 0.23 | 0.14 | 0.04 | 0.17 | 0.18 | 0.13 | 0.07 | 0.24 | 0.41 | 0.27 | 0.09 |
| 1+000 | $V$/(m/s) | 1.00 | 0.99 | 1.67 | 1.49 | 2.74 | 2.18 | 3.26 | 2.83 | 3.93 | 3.50 | 4.71 | 4.60 | 5.15 | 4.51 |
| | $\alpha$/(°) | 13.0 | 1.4 | 13.0 | 8.6 | 8.0 | 13.6 | 8.0 | 8.3 | 8.0 | 8.6 | 2.0 | 1.4 | 8.0 | 13.6 |
| | $V_Y$/(m/s) | 0.97 | 0.99 | 1.63 | 1.47 | 2.71 | 2.12 | 3.23 | 2.80 | 3.89 | 3.46 | 4.71 | 4.60 | 5.10 | 4.38 |
| | $V_X$/(m/s) | 0.22 | 0.02 | 0.38 | 0.22 | 0.38 | 0.51 | 0.45 | 0.41 | 0.55 | 0.52 | 0.16 | 0.11 | 0.72 | 1.06 |
| 1+100 | $V$/(m/s) | 1.42 | 1.31 | 1.89 | 1.81 | 2.96 | 2.41 | 3.40 | 2.90 | 4.14 | 3.58 | 5.29 | 4.50 | 5.23 | 4.92 |
| | $\alpha$/(°) | 14.5 | 3.7 | 8.5 | 3.7 | 13.5 | 13.7 | 8.5 | 3.7 | 3.5 | 3.7 | 3.5 | 3.7 | 13.5 | 13.7 |
| | $V_Y$/(m/s) | 1.37 | 1.31 | 1.87 | 1.81 | 2.87 | 2.34 | 3.36 | 2.89 | 4.13 | 3.57 | 5.28 | 4.49 | 5.09 | 4.78 |
| | $V_X$/(m/s) | 0.36 | 0.08 | 0.28 | 0.12 | 0.69 | 0.57 | 0.50 | 0.19 | 0.25 | 0.23 | 0.32 | 0.29 | 1.22 | 1.17 |

最大通航流量 $23500m^3/s$ 时，工程段航道内纵向流速个别测点超过 5.5m/s，最大为 5.55m/s；流量 $21000m^3/s$ 时，工程段航道内纵向流均在 5.5m/s，最大为 5.29m/s，可通过助航措施通航。据珠江水利科学研究院统计，$21000\sim23500m^3/s$ 流量区间每年出现的时长为 2d。

流量 $6500m^3/s$ 时，航道纵向流速个别测点超过 3.5m/s，最大为 3.65m/s；流量 $4500m^3/s$ 时，除极个别测点外航道纵向流速在 3.0m/s 以下，基本满足自航要求。

## 3.4 本 章 小 结

根据大藤峡建设现状，结合物理模型分析了大腾峡水利枢纽工程厂房右侧集中布置方案原方案水流边界过渡条件不佳，并展示了优化方案及航道水流条件改善后模型上的水流流态效果。得到的主要结论和建议如下。

### 3.4.1 右侧明渠方案试验结论

（1）原方案水流边界过渡条件不佳，偏转水流绕过二期纵向围堰头部后在明渠段右侧形成大范围的回流，主流集中在明渠的左半段内，水流局部流速达 8m/s 以上；明渠段下游水流对冲右岸，水流紊乱，与主河槽不能平顺衔接。设计方案不能满足通航要求。

（2）根据试验情况对二期导流布置方案进行优化，具体措施包括：调整上、下游左侧岸坡开挖；由上游主河槽起开挖底宽 120m、高程 17.00m 的引水槽至闸孔前沿；将一期上游纵向围堰直段缩短并采用弧形过渡与上移后的二期上游横向围堰连接；将二期上游横向围堰与进水渠进口之间的河床主槽回填至高程 20m；缩短一期纵向围堰下游段 30m；三期纵向围堰头部改为尖圆形；增加三期纵向围堰顶高程。优化方案的水流流线连贯平顺，导流明渠段未见明显不利流态。

### 3.4.2 左侧明渠方案试验结论

（1）左侧明渠布置方案在右侧明渠优化方案基础上得到，该方案将导流明渠与泄流低孔位置对调，将导流明渠靠左岸布置，取消了引水槽开挖，将厂房位置右移，在原高孔右侧增加 1 孔高孔，并在施工结束后将三期纵向围堰坝段恢复为 1 孔低孔，以增加枢纽的泄流能力，试验中根据流态将三期纵向围堰上游头部增设圆弧导流段，取消二期上游横向围堰上游主河槽的填方，恢复二期纵向围堰扭曲面过渡段上游河床的开挖，得到优化方案。

（2）左侧明渠推荐布置方案各通航工况流线连贯平顺，未见明显不利流态，导流工程段水面坡降较小，航道最小转弯半径 500m，满足规范要求。最小水深 2.36m 不能满足通航要求，需关闭泄水闸以提高上游航道水深，并对下游航道进行挖深。优化后左侧明渠方案二期施工导流期通航基本可行。

# 第4章 船闸输水系统优化

## 4.1 船闸输水系统的基本情况

输水系统是船闸用来完成闸室灌泄水的全部设施，它包括进水口、输水廊道、输水阀门、出水口和消能设施等部分。输水系统布置的好坏直接影响到船闸的通过能力，以及过闸船舶和船闸及其附属结构物的安全。船闸输水系统经历了几百年的发展历史，其型式众多，概括起来可以分为两大类：集中输水系统和分散输水系统。

船闸输水系统通常由以下组件组成：

（1）船闸门：船闸门是位于水道两侧的大型门体，用于封闭或打开水道。当船只需要通过时，船闸门会打开，允许水流通过，以使水位相对稳定。

（2）输水管道：输水管道是通过船闸门上、下游的管道系统，用于输送水流。水可以通过调节管道中的阀门和门闸的开闭来控制水位的升降。

（3）压力水泵：在一些船闸系统中，为了增强水流的流动性，可能使用压力水泵来增加水流的压力和速度。这有助于更快地降低或提高水位。

使用船闸输水系统时，首先船闸门关闭，堵住了水道。然后，泵将水抽出或注入闭锁的区域，引起水位的变化。一旦达到所需的水位，船闸门会打开，船只得以通过。

在船闸输水系统的设计中，确定了系统的型式后，需要结合类似工程经验和考虑其他因素，进一步确定输水系统的基本尺寸、廊道高程以及布置细节，以获取进行水力计算所需的基本参数。这些参数包括阀门处廊道断面面积、输水廊道的换算长度、阀门的开启时间以及输水系统的阻力系数等。通过这些参数，可以进行输水系统的水力计算，主要包括以下几个方面的计算内容。

首先，进行输水水力特性的计算。这一步骤旨在得到船闸输水过程中流量、水位和能量等随时间变化的曲线。通过水力特性计算，可以了解船闸输水过程中水流的行为特点，为系统的稳定运行提供参考。

其次，进行阀门工作条件的计算。阀门在输水系统中起到控制流量和水位的作用。通过计算阀门的工作条件，可以判断阀门后的水跃现象和阀门的空化情况。这对于阀门的设计和安全运行至关重要，同时也可以保证输水系统的正常运行。

最后，进行船舶停泊条件的计算。在船闸中，船舶通常需要在闸室和引航道内停泊。通过计算船舶在停泊时所受到的水流作用力，可以评估船舶的稳定性和船体对水流的影响。这些计算结果对于船舶停泊过程的安全和顺利进行十分重要。

综上所述，进行船闸输水系统的水力计算是制定合理设计方案和确保系统正常运行的关键步骤。通过对各项参数的计算，可以获得系统的水力特性、阀门工况和船舶停泊条件等重要信息，为系统的设计、运行和维护提供依据，从而保障船闸输水系统的稳定性和安全性。

### 4.1.1　输水系统研究进展

船闸输水系统是一种用于管理和控制水位的工程系统，通常用于河流、运河和船闸等水道的运输和导航。它的主要功能是调节水位，使船只能够顺利通过船闸或河道。开展闸室船舶停泊条件与自由漂移试验的目的是评估和验证建设或改建船闸时的设计参数和管理策略，确保船舶在停泊和航行过程中的安全性和可行性。鉴于船闸输水系统结构设计的复杂性，早在 20 世纪 30 年代，苏联开始对输水系统水动力进行研究。20 世纪 80 年代，美国陆军工程兵团开发出了 H5320 水力计算程序；进入 21 世纪后，随着计算机应用的广泛兴起，研究人员获得了对船闸的整体输水系统水动力学三维数值模拟的方法。此后，船闸输水系统数值模拟因建模周期短，节约成本等优点开始被大量应用于船闸的初步设计，商业软件也从一维、二维发展到如今具备结果可视化的三维模型中。

而船闸输水系统中工程师最关注的为船闸上游进水口船闸空蚀空化及闸室内船舶系缆力问题。目前，在防空蚀空化措施研究方面，一般是通过输水阀门廊道体型优化、阀门开启方式、通气设置以及增加阀门后淹没水深等措施。而闸室内船舶系缆力的数模研究极少，一般通过物理试验模拟。限于船闸输水过程闸室船舶受力的复杂性以及数值模拟的难度，目前国内外仍主要以物理模型试验和原型观测为主。为快速、方便获取闸室船舶的系缆力，研究一套适用于船闸灌泄水过程闸室船舶系缆力的数值模拟方法是亟待开展和解决的。

### 4.1.2　大藤峡船闸输水系统的特点

大藤峡船闸的平面尺度及工作水头都处于世界船闸最高水平，可能存在结构、制造、运行管理、水动力学等方面的技术问题，特别是船闸水力学问题，成为最困难、最关键的技术难题。因此，对大藤峡通航船闸水力学及相关的问题进行深入系统地研究是十分必要的。通过试验研究，提出大藤峡船闸的运行方式、船闸输水系统布置型式、输水阀门的尺寸、高程以及相应的输水阀门的运行方式和人字门启闭力惯性阻力矩等，确保船闸运行和船舶过闸安全。

输水阀门是大藤峡船闸系统中至关重要的设备，用于完成闸室充、泄水过程。在船闸运行过程中，输水阀门经常需要在非恒定高速水流的作用下频繁操作，涉及复杂的高速水流问题，如水流空化、脉动和结构振动等。输水阀门的能否正常运转直接决定了大藤峡船闸的安全运行。

根据已建成船闸的运行经验，当船闸水头超过一定水平时，在输水阀门开启过程中，阀门底缘及下游剪切层、顶止水缝隙等部位容易发生水流空化现象。水流空化会导致空蚀破坏，并引发阀门振动，同时伴随巨大的雷鸣声，造成严重的声振现象，给船闸系统带来巨大危害。因此，解决输水阀门水力学问题对于船闸建设至关重要，必须予以慎重对待。为了确保阀门的正常运行，需要考虑各种复杂的高速水流问题。例如，设计阀门结构时需要考虑减少底缘和下游剪切层的空化倾向，采取相应的措施来避免空蚀破坏和振动问题的发生。对于顶止水缝隙的设计也需要特别关注，以减少空化现象的发生。此外，还需要充分考虑系统的水力特性，以确保阀门能够稳定运行。

通过改变阀门的启闭方式，可以改善阀门的空化条件和闸室停泊条件。对于集中输水系统，阀门的开启速率需要满足船舶在充水初期的停泊条件，有时要求采用变速开启方式，先慢后快。而对于像大藤峡水利枢纽这样的低水头径流式水电站，采用分散输水系统，需要同时满足阀门的空化条件和船舶的停泊条件。

美国最早提出了采用快速开启阀门的方法，以缩短输水时间并改善阀门的水力条件。近年来建造的高水头船闸中，阀门的开启时间通常只有一次。根据美国的经验，并在我国的试验研究中也得到证实，阀门快速开启的好处主要有以下几个方面：

（1）有效利用廊道断面进行输水：快速开启阀门可以有效地利用廊道断面进行输水，大大缩短了输水时间。同时，也可以通过快速开启减少阀门的尺寸。

（2）通气方法减少吸气时间：当采用通气方法来解决空化问题时，快速开启阀门可以减少吸气时间，从而使进入闸室的空气量减少，保证闸室内具备良好的泊稳条件。

（3）减少阀门受动水作用力的时间：快速开启阀门可以大大减少阀门在开启过程中受到不利动水作用力的时间，从而改善了阀门的工作条件。即使存在振动、空化等问题，也不会产生严重的后果。

（4）提高阀门后廊道压力，减少输水流量：由于快速开启产生的惯性水头较大，可以提高阀门后廊道的压力，从而减少阀门开启过程中的输水流量。

然而，阀门的开启速率也不能过快，否则会产生类似于水锤的冲击现象。因此，在设计阀门开启方式时需要综合考虑各种因素，确保阀门的开启速率既满足船舶停泊条件又避免冲击现象的发生。

综上所述，通过改变阀门的启闭方式，特别是采用快速开启阀门的方式，可以改善阀门的空化条件和闸室停泊条件。快速开启阀门能够有效利用廊道断面进行输水，缩短输水时间，减少阀门尺寸。同时，它还可以减少阀门的吸气时间，保证闸室内的泊稳条件，改善阀门的工作条件，减少阀门开启过程中的动水作用力，并提高阀门后廊道的压力，减少输水流量。然而，阀门开启速率不能过快，以避免冲击现象的发生。因此，在船闸建设中，应根据具体情况综合考虑各种因素，选择合适的阀门启闭方式，确保阀门能够安全稳定地运行。

由此可见，在船闸建设过程中解决输水阀门的水力学问题往往是关键所在。必须进行全面的水力学分析和合理的设计，以确保阀门能够在复杂的高速水流环境下正常运行，保证船闸系统的安全运行。

综上所述，输水阀门作为船闸系统的关键设备，在非恒定高速水流作用下频繁操作，涉及复杂的水力学问题。阀门能否正常运转直接决定了船闸的安全运行。已建船闸的运行经验表明，在阀门开启过程中，底缘及下游剪切层、顶止水缝隙等部位容易发生空化现象，引发空蚀破坏、振动和声振问题。因此，解决输水阀门水力学问题是船闸建设中的关键任务，需要给予充分重视，并进行专业的设计和分析，以确保阀门的稳定运行和船闸系统的安全运行考虑大藤峡船闸尺度接近三峡，本工程参照三峡永久船闸，根据 JTJ 306—2001《船闸输水系统设计规范》规定，船闸输水系统的类型可根据判别系数 $m$ 初步选定。通过计算 $m=2.36$，$m<2.5$，可研阶段采用四区段八分支廊道等惯性加盖板消能的输水型式。表 4.1 汇总了大藤峡船闸输水系统各部位的特征尺寸。

表 4.1　大藤峡船闸输水系统特征尺寸表

| 序号 | 部位 | 输水系统特征描述 | 面积/$m^2$ | 与阀门面积比 |
|---|---|---|---|---|
| 1 | 输水阀门段廊道 | 阀门顶高程 0.75m，底高程－5.25m，最大水头时淹没水深 61.75m | 2～5×6＝60 | 1.0 |
| 2 | 进水口 | 导墙每侧垂直 5 个进水口，进口顶高程 35.00m，最大水头时淹没水深 26m | 2～5×5×7.5＝375 | 6.25 |
| 3 | 闸室充水主廊道 | 在船闸两侧各布置一条输水主廊道，其中心线距闸墙边线均为 9m。主廊道过水断面为 5m×7.5m（宽×高）的矩形断面 | 2～5×7.5＝75 | 1.25 |
| 4 | 第 1 分流口 | 进口断面为 7m×7.5m，垂直分流，由水平隔板分成上下两个矩形断面 7m×3.25m。上下层分流口按相反方向经 90°转弯后进入闸室的纵向支廊道 | 2～7×7.5＝105 | 1.75 |
| 5 | 纵向支廊道 | 第 1 分流口通过向上、向下 2 支纵向支廊道分别与第 2 分流口（1/4、3/4 分流口）相连接 | 2～5×7.5＝75 | 1.25 |
| 6 | 第 2 分流口 | 在闸室 1/4、3/4 立交分流，其中 1/4 分流口由横隔板分隔为连接上游分支廊道的上部孔口与连接下游分支廊道的下部孔口，3/4 分流口由横隔板分隔为连接下游分支廊道的上部孔口与连接上游分支廊道的下部孔口 | 2～4×5×3.5＝140 | 2.33 |
| 7 | 分支廊道 | 4 区段 8 分支廊道，每支廊道长 52.65m，过水断面为 5m×3.5m（宽×高）的矩形断面 | 8～5×3.5＝140 | 2.33 |
| 8 | 闸室出水孔 | 每分支廊道 12 个出水孔（计 96 个），间距 4.5m，孔口尺寸为 5m×0.14m（长×宽） | 96～5×0.14＝67.2 | 1.12 |
| 9 | 泄水阀门段廊道 | 阀门顶高程 0.75m，底高程－5.25m，最大水头时淹没水深 61.75m | 2～5×6＝60 | 1.0 |
| 10 | 泄水口 | 向下游引航道泄水（左侧）与旁侧泄水（右侧）组合型式。左侧泄水廊道分两支进入明沟，每支廊道横断面 4.9m×7.5m；右侧箱涵全长 319m，过水断面尺寸 6.0m×7.5m | (2～4.9×7.5)＋6×7.5＝118.5 | 1.98 |

## 4.2　船闸输水系统物理模型设计与制作

大藤峡船闸模型按重力相似准则设计，模型比尺为 1∶30，在模型设计中，对于分散输水系统的阻力损失而言主要是沿程损失。为减小沿程损失，降低缩尺影响，应尽可能使糙率接近相似。原型与模型的糙率比尺为 1∶1.76。按原型混凝土糙率 0.012～0.014，则模型糙率应为 0.0068～0.0079，而有机玻璃及塑料板的糙率约为 0.008，达到了基本相似。

模型范围包括上下闸首、闸室、输水系统、进水口、出水口、上下游引航道部分水域，原型全长1400m，模型长度约52.5m（含上下游平水设施）。

由于大藤峡船闸水头较高，整体物理模型制作中，模型上下游引航道外侧边墙采用钢筋混凝土结构，引航道采用水泥砂浆抹面并收光，闸室采用玻璃—型钢水槽结构。输水主廊道、输水阀门、进水口、门井、分流口采用有机玻璃制作，以便于观测水位变化和水流流态；闸室内纵向廊道、分支廊道、出水孔采用塑料板制作，上、下闸首人字门用钢架-塑料面板结构。模型上游、下游引航道及右侧泄水各设一个升降式平水槽以控制上下游水位。模型现场如图4.1所示。

图4.1　大藤峡船闸物理模型现场图

枢纽建筑物各部位在安装时，高程采用精细的水准仪进行控制，误差控制在±0.2mm。船模的比尺与物理模型相同，满足尺度、吃水及重心相似，采用玻璃钢制作，代表船型选择3000t级集装箱船，原型尺度为90m×15.8m×3.6m（模型尺寸为3.0m×0.527m×0.12m）。设计船队：1+2×2000t级，船队尺度182.0m×16.2m×2.6m（模型尺寸为6.07m×0.54m×0.087m）。

通过对大藤峡船闸整体物理模型试验的需求，设计了一个大藤峡船闸模型测控系统。该系统由多个硬件模块组成，包括上下游水位过程采集模块、输水廊道阀门启闭控制模块、输水廊道及闸室水力参数采集模块和船舶系缆力采集模块。所有硬件模块通过以太网连接，以实现数据的快速、准确交换。测控系统软件负责管理所有硬件，并实现指令集中发送、数据集中采集和保存，同时具备动态演示功能，可以通过动画形式展示整个船闸的运行过程。

(1) 下游水位过程采集模块使用脉动压力传感器来进行水位的采集，实现对水位过程曲线的高精度记录。

(2) 水廊道阀门启闭控制模块由启闭控制器、步进电机驱动器、步进电机、光电编码器以及廊道阀门组成。启闭控制器通过控制步进电机直接驱动廊道阀门的启闭，同时利用光电编码器的反馈实现高精度的控制。启闭控制器能够根据给定曲线控制阀门的匀速、变速、间歇等各种运动方式。此外，启闭控制器既可以控制单侧阀门的独立运行，也可以实现双侧阀门的联动。测控系统软件能够实时显示阀门启闭的速度、位置等参数。

(3) 水廊道水力参数采集模块配备脉动压力传感器、超声波流量计等仪器设备，可以采集廊道压力、脉动压力（模型采样频率为50Hz)、流量、流速等参数。

(4) 舶系缆力采集模块使用全环电阻式测力仪来测定船舶系缆力（模型采样频率为25Hz)。

(5) 恒定流条件下，采用测压排来测量压力。

这些模块组成的测控系统可以满足大藤峡船闸模型试验的需求，并且通过统一的软件对所有硬件实现统一管理和控制。同时系统具备动态演示功能，以动画形式展示整个船闸的运行过程。

## 4.3 上游引航道水力条件与船闸取水方式比选

目前，随着船闸规模、尺度、水头的提高，以及输水时间的缩短，从引航道单位时间内取水流量的增加，对引航道的水力条件、输水系统的水力特性以及船舶的停泊条件产生了影响。因此，船闸进口布置对船闸的运行具有重要意义。

船闸进口布置的设计考虑了多方面的因素。

首先，要求合理布置进口，以确保船舶能够顺利进入船闸并停泊。进口布置应考虑船舶的航行线路、船舶的操纵性能以及水流的流态特性。良好的进口布置可以减小船舶进入船闸时受到的水流冲击，提供船舶操纵的良好条件。

其次，进口布置还要考虑水力条件的优化。随着单位时间内从引航道取水流量的增加，水流在进入船闸时可能会形成水流涡流、湍流等现象，对船舶的操纵和停泊造成困难。因此，进口布置需要合理安排引航道的几何形状、引流设施的位置和形式，以促使水流在进入船闸之前能够充分平稳，减小水流对船舶的影响。

此外，进口布置还应考虑船闸输水系统的水力特性。进口布置的设计应与船闸的供水系统相配合，以确保水流的平衡和稳定。管道、泵站、泄水孔等设施的布置与进口布置紧密相连，共同构成了船闸输水系统的水力特性。

综上所述，船闸进口布置对于船闸的正常运行具有重要影响。合理的进口布置可以提供良好的操纵条件和停泊条件，优化水力条件，确保船舶安全进入船闸。因此，在设计和建造船闸时，应充分考虑进口布置对船闸运行的关键性作用，并进行相应的工程设计。表4.2、表4.3分别给出了最高水位组合下阀门不同运行方式时上游引航道最大流速统计表及汛限水位组合下阀门不同运行方式时上游引航道最大流速统计表。

**表4.2　上游引航道最大流速统计表（最高水位组合）**

| 输水方式 | 阀门开启时间 $t_v$/min | 最大流速/(m/s) |
|---|---|---|
| 双边充水 | 3 | 0.64 |
| | 5 | 0.57 |
| | 7 | 0.53 |
| | 9 | 0.50 |
| | 11 | 0.47 |
| 单边充水 | 5 | 0.37 |
| | 7 | 0.34 |
| | 9 | 0.33 |

**表4.3　上游引航道最大流速统计表（汛限水位组合）**

| 输水方式 | 阀门开启时间 $t_v$/min | 最大流速/(m/s) |
|---|---|---|
| 双边充水 | 3 | 1.33 |
| | 5 | 1.16 |
| | 7 | 1.06 |
| | 9 | 0.98 |
| | 11 | 0.90 |
| 左单边充水 | 3 | 0.86 |
| | 5 | 0.76 |
| | 7 | 0.69 |
| | 9 | 0.64 |
| | 11 | 0.59 |

为分析船闸取水对上游引航道的影响，在上游引航道布置了3个流速测点（编号分别为1-1号、1-2号、1-3号）。试验中分别测量了最高水位组合（61.0～20.75m）与汛

限水位组合下，阀门不同运行方式下上游引航道各点表面流速。

结果发现，在最高通航水位条件下，由于上游引航道水深大（达 21.8m）、过流断面积大（近 2400$m^2$），因此阀门不同运行方式下上游引航道流速并不大。双边充水时，上游引航道最大流速为 0.47～0.64m/s；单边充水时流速更小，不到 0.40m/s。可见，在最高水位组合条件下船闸灌水时可以满足上游引航道最大纵向流速不大于 0.8m/s 的限值要求。

在汛限水位条件下，由于上游引航道水深较小（8.4m）、过流断面小（约 700$m^2$），此外在最大输水流量前后上游引航道出现较为明显的水位降低（最大降低幅度约 0.8m），因此上游引航道流速较大。双边充水时，上游引航道最大流速在 0.90（$t_v$=11min）～1.33m/s($t_v$=3min)，均超出规范 0.5～0.8m/s 的限值要求。单边充水时，除阀门开启时间 $t_v$=3min 略超过流速限值要求外，其他情况基本满足规范要求。

## 4.4 闸室船舶停泊条件与自由漂移试验

闸室船舶停泊条件是指船舶在船闸闸室内安全且稳定地停泊的要求和条件。船闸是用来控制水位、调节水流的水利建筑物，在船舶航行过程中起到连接两个水平水域的桥梁作用。当船舶需要通过船闸时，需要将船舶驶入闸室内，并使其停泊以等待船闸的操作，包括闸门开启或关闭以及水位变化等。在闸室内停泊期间，船舶需要保持良好的静态和动态稳定性，确保船体与闸室墙壁和底部之间的安全间隙，以及船舶与其他停泊船舶之间的安全距离。

闸室船舶停泊条件的具体要求可能会有一些差异，根据船闸的规模、尺寸以及航道水流等因素而定。一般情况，闸室船舶停泊条件包括以下几个方面：一是保持船舶与闸室墙壁之间的安全间隙，以防止船体与墙壁之间的碰撞和损坏；二是确保船舶与闸室底部之间的安全距离，以避免船舶触底或搁浅；三是船舶停泊时要保持稳定，避免船体倾斜或摇摆，以确保船舶在停泊期间的安全性；四是保持船舶与其他停泊船舶之间的适当距离，以防止相互碰撞或干扰。

为了满足闸室船舶停泊条件，船闸运营方通常会采取一系列的措施，包括提供适当的停泊区域和导航标志，确保闸室内的水位、流速和水流方向等符合安全要求，以及制定严格的操作规程和安全管理措施等。此外，船舶驾驶员也需要具备必要的技能和经验，以确保船舶可以安全靠泊并适应闸室内的水力条件。

为解决设计方案是否满足船闸泊稳条件，大藤峡水力学研究采用了一种用来研究船舶在自由漂移状态下的运动特性和航行性能的试验方法。在自由漂移试验中，船模被放置在静水或水槽中，并受到外部水流或风力的作用而自由漂移。通过观测和记录船模在自由漂移过程中的运动轨迹、姿态、速度等参数，可以分析船舶的操纵性能、船体稳定性以及对外部环境的响应能力等。

自由漂移试验可用于评估船舶在不同水动力条件下的性能表现。在试验过程中，可以通过调整水流速度、风速、船舶负载、船型等参数，模拟不同的航行条件和操作情况，进而研究船舶的操纵、操纵稳定性和驾驶性能。试验数据可以用于船舶设计改进、船舶操纵规程制定、驾驶员培训等方面。

自由漂移试验的设备和方法取决于试验的规模和目的。大规模的自由漂移试验可能需要在实际海上或湖泊等自然水域进行，借助专业设备和测量仪器来获取数据。小规模的试验可以在水槽、船舶模型试验池或风洞实验室等模拟环境中进行。锚泊试验或推进器施加力矩试验等方法也可以视需要用于研究特定的问题。开展了闸室内3000t级单船与1+2×2000t级船队停泊条件及自由漂移试验。通过这种试验方法，可以评估船舶在漂移状态下的动力特性、姿态控制、操纵稳定性等，为船舶设计、航行安全性分析和操作指导提供重要的参考依据。

### 4.4.1 闸室船舶停泊条件试验

闸室船舶停泊条件试验是为了验证船舶在船闸闸室内的停泊条件是否满足安全要求而进行的实验。这种试验旨在检查船舶在停靠或等待船闸操作期间的稳定性、操纵性能和安全间隙等关键参数。

在试验中，船模通常会被放置在模拟的闸室内部，由操作人员模拟实际船舶进入闸室过程进行停泊。试验人员会观察和记录船模与闸室墙壁、底部以及其他停泊船舶之间的间隙，以确保安全停泊。试验还可能涉及评估船舶的操纵稳定性，例如船身的倾斜、船舶的回头性能以及船与墙壁之间的碰撞风险等。

通过闸室船舶停泊条件试验，可以检验船舶设计是否满足船闸运行的需求，确保船舶能够进出闸室并稳定停泊。试验结果和观察数据可以用于评估停泊条件的安全性和有效性，同时也可帮助船闸设计和运营人员进行改进和调整，以确保船舶在船闸操作过程中的船舶操纵和停泊安全性。

可以利用实验水槽、仿真模拟软件、物理模型和测量仪器等设备来进行闸室船舶停泊条件试验。这些试验可以在试验室或专门的实验设施中进行，以模拟实际船闸运行的水动力条件和环境。试验的设计和进行须遵循相应的标准和规程，确保试验结果的准确性和可靠性。

对闸室内无船时水流的流态进行观察可知。充水时，随着阀门的开启，水流经主廊道、纵向廊道、出水口后进入闸室。当阀门全开出现最大流量时，由于闸室内水深增加有限，水流经消能盖板消能后，在其上方可以看到一些较弱的涌泡，略有向下游的纵向水流与向左侧的横向水流，但流速很小，闸室水面总体仍十分平稳，上、下半闸室无明显的紊动现象，也没有其他明显的局部不利流态。

由于现方案上闸首人字门后平台与帏墙竖直面垂直，在充水过程中，当闸室水位上升到39.2m时，水漫过平台后直冲人字门，形成较大的反射波。将此平台改为1：10斜坡后，可基本消除反射波。

闸室泄水时则无论阀门双边或单边开启，闸室内水面均极为平静，这一点可以从船舶系缆力测量中得到证明（最大纵向力基本不大于20kN，最大横向力基本不大于10kN），船舶最大系缆力均满足规范要求。

输水阀门不同开启方式下，3000t单船在闸室不同停泊位置（上-右侧、中-右侧、下-右侧）的最大系缆力见表4.4。

表 4.4　闸室内船舶最大缆绳拉力表（3000t 级集装箱船）

| 船舶类型 | 开启方式 | 阀门开启时间 $t_v$ /min | 停泊位置 | 纵向力 /kN | 前横向力 /kN | 后横向力 /kN |
|---|---|---|---|---|---|---|
| 3000t 集装箱船 | 双边充水 | 3 | 上-右 | 45.3 | 28.9 | 28.3 |
| | | | 中-右 | 46.9 | 34.8 | 26.9 |
| | | 5 | 上-右 | 44.5 | 24.4 | 23.7 |
| | | | 中-右 | 43.5 | 23.3 | 22.3 |
| | | | 下-右 | 44.7 | 24.4 | 20.9 |
| | | 7 | 上-右 | 31.1 | 20.5 | 17.4 |
| | | | 中-右 | 28.8 | 18.4 | 15.8 |
| | | | 下-右 | 33.3 | 19.2 | 16.4 |
| | 单边充水 | 5 | 上-右 | 27.6 | 16.4 | 14.8 |
| | | | 中-右 | 21.9 | 17.0 | 13.9 |
| | | | 下-右 | 27.1 | 13.6 | 18.0 |
| | 双边泄水 | 3 | 上-右 | 25.3 | 10.8 | 9.4 |
| | | | 中-右 | 19.7 | 8.4 | 9.6 |
| | | 5 | 上-右 | 18.3 | 10.9 | 9.9 |
| | | | 中-右 | 17.9 | 9.2 | 9.5 |
| | | 7 | 上-右 | 15.8 | 8.7 | 9.7 |
| | | | 中-右 | 16.4 | 7.7 | 8.8 |
| | 单边泄水 | 5 | 上-右 | 22.1 | 12.6 | 8.9 |
| | | | 中-右 | 19.1 | 10.6 | 7.6 |

闸室船舶停泊条件试验是为了确保船舶在船闸闸室内安全停泊而进行的实验。通过这种试验方法，可以评估船舶的停泊条件、操纵性能和安全性，并为船闸设计和运营提供重要的参考信息。

对于 3000t 单船，双边充水条件下，阀门开启时间为 3min 时，纵向力最大达 46.9kN，基本满足允许系缆力的要求；但前横向力最大达 34.8kN，后横向力最大达 28.3kN，均明显超出允许系缆力的要求（根据规范，3000t 级船舶允许系缆力：纵向水平分力为 46kN，横向水平分力为 23kN）。当阀门开启时间增长到 5min 时，最大纵向力为 44.7kN，小于 46kN 的限制要求；最大前横向力与后横向力略微超出 23kN 的限值（最大为 24.4kN），但出现频率较低（仅出现 3～5 次），可以认为基本满足泊稳要求。当阀门开启时间延长到 7min 时，船舶所受最大缆绳拉力进一步减小，停泊条件得到进一步改善，水平纵向力与前、后横向力均可以满足规范要求（最大值分别为 33.3kN、20.5kN、17.4kN）。单边充水（$t_v$=5min）时，由于出水最大流量相对双边充水要明显减小，闸室内紊动相对更小，停泊条件较好。从试验测量结果看，船舶最大系缆力均满足规范要求。1＋2×2000t 级船队在闸室上中部-右侧停泊的最大系缆力见表 4.5。

**表 4.5 闸室内船舶最大缆绳拉力表（1＋2×2000t 级船队）**

| 船舶类型 | 开启方式 | 阀门开启时间 $t_v$ /min | 停泊位置 | 纵向力 /kN | 前横向力 /kN | 后横向力 /kN |
|---|---|---|---|---|---|---|
| 1＋2×2000t 船队 | 双边充水 | 3 | 上中-右 | 42.5 | 44.6 | 37.5 |
| | | 5 | 上中-右 | 37.1 | 34.5 | 30.3 |
| | | 7 | 上中-右 | 35.2 | 28.4 | 25.6 |
| | | 9 | 上中-右 | 30.4 | 18.5 | 18.9 |
| | | 11 | 上中-右 | 26.4 | 16.7 | 15.2 |
| | 单边充水 | 5 | 上中-右 | 22.8 | 16.6 | 17.3 |
| | | 7 | 上中-右 | 18.5 | 13.1 | 13.7 |
| | | 9 | 上中-右 | 16.2 | 11.0 | 12.3 |
| | 双边泄水 | 3 | 上中-右 | 16.0 | 9.3 | 9.7 |
| | | 5 | 上中-右 | 14.3 | 8.9 | 7.8 |
| | | 7 | 上中-右 | 13.5 | 6.8 | 7.6 |
| | | 9 | 上中-右 | 12.1 | 6.3 | 7.2 |
| | | 11 | 上中-右 | 11.3 | 6.2 | 6.5 |
| | 左单边泄水 | 5 | 上中-右 | 15.6 | 8.7 | 8.2 |

对于 1＋2×2000t 级船队，双边充水条件下，阀门开启时间为 3min 时，纵向力最大达 42.5kN，前横向力最大达 44.6kN，后横向力最大达 37.5kN，均超出允许系缆力的要求（1＋2×2000t 级船队的泊稳要求满足 2000t 级单船的泊稳要求。根据规范，2000t 级船舶允许系缆力：纵向水平分力为 40kN，横向水平分力为 20kN）。当阀门开启时间增长到 5min 时，虽然最大纵向力（37.1kN）能满足限值要求，但最大前横向力（34.5kN）与后横向力（30.3kN）均超出 20kN 的限值；将阀门开启时间延长到 7min 时，最大前横向力（28.4kN）与后横向力（25.6kN）仍然无法满足规范要求；只有阀门开启时间增加到 9min 后，最大纵向力（30.4kN）与最大前横向力（18.5kN）、后横向力（18.9kN）均能同时满足规范要求；单边充水时，由于出水最大流量相对双边充水要明显减小，闸室内紊动相对更小，停泊条件较好。从试验测量结果看，船舶最大系缆力均满足规范要求。

闸室泄水时则无论阀门双边或单边开启，闸室内水面均极为平静，最大纵向力基本不大于 15kN，最大横向力基本不大于 10kN，船舶最大系缆力均满足规范要求。由上述试验结果可见，1＋2×2000t 级船队相对 3000t 级单船更难满足闸室停泊条件：对于 3000t 级单船而言，阀门开启时间 $t_v$＝5min 时可视为基本满足停泊条件，阀门开启时间 $t_v$＝

7min 则可满足停泊条件；对于 1+2×2000t 级船队而言，只有阀门开启时间 $t_v$=9min 时才满足停泊条件。考虑 1+2×2000t 级船队与 3000t 级单船同时进闸，推荐采用阀门开启时间 $t_v$=9min，此时原型输水时间 $T$ 约为 13.28min，此时闸室灌水时间与闸室内船舶停泊条件均可满足设计要求。

### 4.4.2 闸室船舶自由漂移试验

选用双边充水阀门开启时间 $t_v$=9min、双边泄水阀门开启时间 $t_v$=5min 进行了 3000t 级单船（船头置于下游、船尾置于上游）3 个停泊位置（上-右侧、中-右侧、下-右侧）的自由漂移试验。

试验中发现，双边充水阶段，阀门开启至开度 $n$=0.4 时，船舶基本保持垂直上升；开度 $n$=0.4 后，船舶纵向轻微向下游漂移，船尾轻微向左侧漂移。到闸室灌水结束，船舶相对初始位置有所变化：置于中-右侧位置时，纵向漂移距离约为 16m；置于上-右侧位置时，纵向漂移距离约为 29m；置于下-右侧位置时，由于初始位置船头距离下闸首人字门仅 20m，灌水末期，船头会碰着下闸首人字门；三个位置的船尾横向漂移距离大致相同，约 8m。双边泄水时，不同停泊位置上船舶都能基本保证垂直下降，纵向与横向漂移很小（不到 1m）。

总体而言，船舶自由漂移距离不到船身长度一半，可以认为闸室出、泄水基本均匀。

## 4.5 阀门后扩腔体流态与典型部位脉动压力观测

高水头船闸输水过程中的关键问题：一是闸室输水系统的设计合理与否；二是阀门段廊道的空化。前者影响船舶（队）在闸室的安全停泊，后者则会造成阀门及廊道结构的破坏。多年来，围绕着阀门底缘的空化，为改变门后的水流结构、提高门后压力，国内外学者已进行了大量的探索和试验研究，提出了多种改善措施，如优化阀门的开启方式、优化门后廊道体型以及通气措施等。由于针对大藤峡船闸阀门的问题，南京水利科学研究院将专门开展输水阀门流激振动、空化和水动力特性研究与输水阀门门楣布置和 1∶1 切片模型试验研究，以解决大藤峡船闸阀门段廊道的空化问题。本试验结合整体模型，仅进行阀门后扩腔体流态与典型部位脉动压力观测。

### 4.5.1 阀门后扩腔体流态观测

船闸阀门后扩腔体流态是指在船闸阀门后方的扩腔体内的水流动态和流态特性。在船闸运行过程中，船闸阀门的开启和关闭对水流产生影响，而阀门后方的扩腔体则可以起到调节和平稳水流的作用。船闸阀门后扩腔体的设计和布置对于船闸运行至关重要，它的形状、尺寸和内部结构可以影响水流的速度、压力和流向，进而影响船闸操作的效果和船舶通过的顺利程度。一般情况，船闸阀门后的扩腔体需要确保水流在经过阀门后能够充分扩展和平稳，以减小水流对船舶的影响和阻力。同时，设计良好的扩腔体可以提供良好的水力条件，使得船舶能够更加容易地进行进出闸室。

船闸阀门后扩腔体流态的分析和研究通常涉及水动力学、流体力学等领域。通过数值模拟、物理模型试验以及实际运行数据的分析，可以了解和评估扩腔体内水流的速度分布、水流的涡流和湍流情况以及水流对船舶的冲击和力学影响等。这些数据和信息可以为船闸设计和运营提供重要参考，用于改进船闸系统的水力性能和船舶通过的安全性。而船闸阀门后方的扩腔体内的水流动态和特性对于船闸的安全和有效运行而言，合理设计和控制扩腔体流态非常重要，以确保船舶能够顺利通过船闸且不受到过大的水流冲击和阻力。阀门后扩腔体流态对于船闸的正常运行和船舶通过具有重要影响，因此设计和优化阀门后扩腔体的流态是船闸工程中的关键之一。阀门后扩腔体的主要目的是平稳分流、调节和控制水流，确保船舶在通过船闸时受到较小的冲击和阻力。典型的阀门后扩腔体通常具有以下结构特点：

（1）扩腔体形状：扩腔体通常采用膨胀状或喇叭状的构造，它能够将水流从阀门后方扩展成较大截面，使水流能够平稳过渡。适当的扩腔体形状能够减小水流的速度梯度和涡流生成，减少对船舶的冲击。

（2）扩腔体长度：扩腔体的长度是一个关键参数，它应根据具体的船闸设计和操作要求进行确定。较长的扩腔体能够提供更充分的水流扩展，减小水流的速度梯度和能量损失。但过长的扩腔体可能会增加船闸的建设成本和空间占用。

（3）平滑过渡：为了避免水流在扩腔体内产生剧烈的涡流和湍流，扩腔体的过渡部分通常采用光滑的曲线形状，以减少水流的能量损失和紊乱。

为了评估大藤峡水利枢纽船闸启闭阀门后扩腔体的流态，可以采用数值模拟、物理模型试验以及实际运行数据分析等方法进行研究。通过这些研究手段，可以获取水流速度分布、水流压力变化、涡流演化等相关数据，评估扩腔体的水力性能、流场特性以及对船舶通过的影响。这些数据对于优化阀门后扩腔体的设计和改进船闸系统的水动力性能非常重要。综上所述，阀门后扩腔体流态的优化设计对于船闸的安全运行和船舶通过具有重要意义。合理的扩腔体设计可以减小水流的速度梯度、降低对船舶的冲击和阻力，提高船闸运行的效率和安全性。因此，船闸工程中需要充分考虑阀门后扩腔体的流态特性，并进行相应的研究和优化。

现对阀门后扩腔体流态观测采用在工作阀门前投放示踪剂的方法，试验在最高水位组合下进行。灌水时采用阀门开启时间 $t_v=9$min、泄水时采用阀门开启时间 $t_v=5$min，图 4.2 和图 4.3 别给出了灌、泄水过程中阀门后扩腔体流态过程。

灌水时，当上闸首阀门开启后，门下孔口出流至底突扩廊道，先冲击底板，再脱离底板折向顶板，然后流向收缩升坎下游廊道内。门后回流区较大，跌坎回流区较小，如图 4.2（a）所示；随开度加大（但仍为小开度状态），门后回流区与跌坎回流区增大（主要在水平方向），升坎回流区缩小，主流走向也随之逐渐变动，如图 4.2（b）所示。随开度 $n$ 增大到 0.5，门后回流区垂向尺寸减小，长度有所变短，主流的俯冲段较稳定，如图 4.2（c）所示。随开度增大主流厚度增加、走向逐渐向水平发展，从而使跌坎回流区逐渐变长。主流自上翘开始至下游廊道内，呈蜿蜒摆动状态，如图 4.2（d）所示。到阀门全开前后，主流走向趋于稳定，门后回流区与升坎回流区逐渐缩小直至消失。跌坎回流区在主流下层发展变长，其末端最后抵达升坎处，如图 4.2（e）所示。

泄水时，下闸首阀门后扩腔体流态变化过程与灌水时基本相同，但由于阀门开启时间更短，阀门后扩腔体水流紊动更为强烈，如图 4.3 所示。

(a) 阀门刚开启

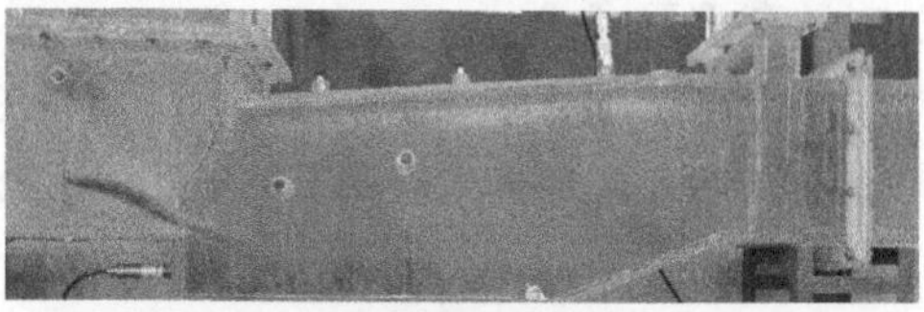

(b) 开度$n=0.2$

(c) 开度$n=0.5$

(d) 开度$n=0.9$

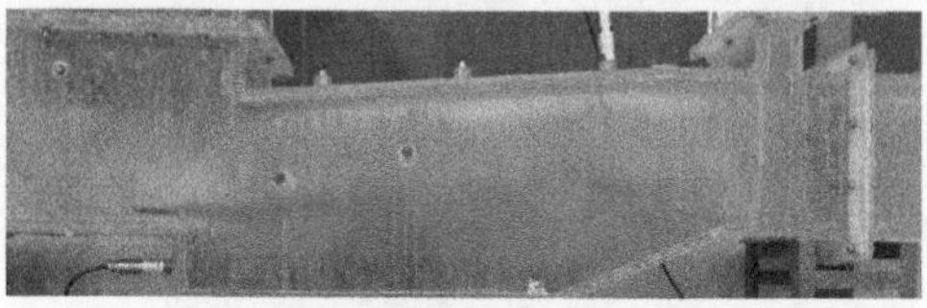

(e) 开度$n=1.0$

图 4.2 充水过程中阀门后扩腔体流态变化过程图（双边开启 $t_v=9\text{min}$）

(a) 阀门刚开启

(b) 开度$n=0.2$

(c) 开度$n=0.5$

(d) 开度$n=0.9$

(e) 开度$n=1.0$

图 4.3 泄水过程中阀门后扩腔体流态变化过程图（双边开启 $t_v=5\text{min}$）

### 4.5.2 阀门后扩腔体典型部位脉动压力观测

阀门后扩腔体典型部位脉动压力观测是指在船闸阀门后方扩腔体内的典型位置，通过监测和测量该位置的压力变化来研究水流的脉动特性。

在船闸操作过程中，阀门的开启和关闭会引起水流的变化，从而导致扩腔体内的压力产生脉动。这种脉动压力与水流的速度、流量、流向和阀门运行等因素相关。通过观测和测量阀门后扩腔体典型部位的脉动压力，可以了解水流的动态变化、流场特性和水力性能。

通常情况，阀门后扩腔体典型部位指的是在扩腔体内靠近阀门口径处的位置。脉动压力观测在这个位置进行，可以提供关于水流的脉动情况的重要信息。通过采集压力传感器的数据，可以获知压力的变化幅度、频率和相位等。这些数据可以用于分析扩腔体内水流的振荡特性和阀门工作对水动力性能的影响。阀门后扩腔体典型部位脉动压力观测的主要目的是获取水流在扩腔体内的脉动特性，并对其进行分析和评估。这种观测可以提供关于水流动态行为以及与阀门操作和船舶通过相关的水力性能信息。通过脉动压力观测，可以获得压力脉动幅值的变化情况，这种变化反映了观测到的压力变化幅值可以反映水流在扩腔体内的波动程度。较大的脉动幅值可能表示水流动态较强，存在较大的涡流和湍流。这对于船舶通过船闸时可能产生的冲击和水动力影响具有重要意义。

为分析输水阀门后廊道脉动幅值变化的水力特性，试验中在输水廊道上、下阀门后扩腔体典型部位共布设了 8 个脉动压力观测点，其中 5～8 号为上灌水阀门后扩腔体观测点（5 号位于跌坎中部，6～8 号位于顶扩段），9～12 号为下泄水阀门后扩腔体观测点（9 号位于跌坎中部，10～12 号位于顶扩段）。

脉动压力观测在最高水位组合与汛限水位组合两组试验工况下进行。

1. 最高水位组合

充水、泄水各阀门开启方式下，阀门后扩腔体非恒定流压力及其脉动过程试验结果如下。表 4.6 给出了最高水位组合阀门后扩腔体最低压力情况，见图 4.4、图 4.5 给出了不同阀门开启时间与最低压力变化之间的关系图。

**表 4.6　阀门后扩腔体最低压力统计表（最高水位组合）**

| 输水方式 | $t_v$/min | 充水最低压力/$mH_2O$ | 泄水最低压力/$mH_2O$ |
|---|---|---|---|
| 双边开启 | 3 | 10.19 | 7.86 |
| | 5 | 10.46 | 5.67 |
| | 7 | 8.96 | 3.65 |
| | 9 | 10.74 | 4.82 |
| | 11 | 11.36 | 5.06 |
| 单边开启 | 3 | 3.49 | 5.49 |
| | 5 | 4.71 | 0.34 |
| | 7 | 2.89 | 0.62 |
| | 9 | 6.90 | 1.35 |
| | 11 | 6.42 | 2.26 |

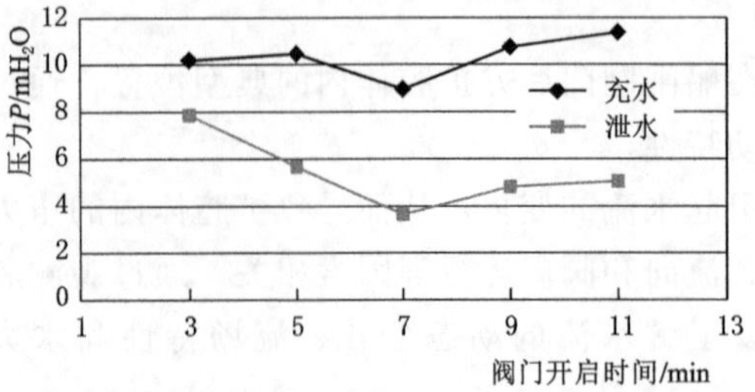


图 4.4　阀门后扩腔体最低压力与开启时间关系图（双边开启、最高水位组合）

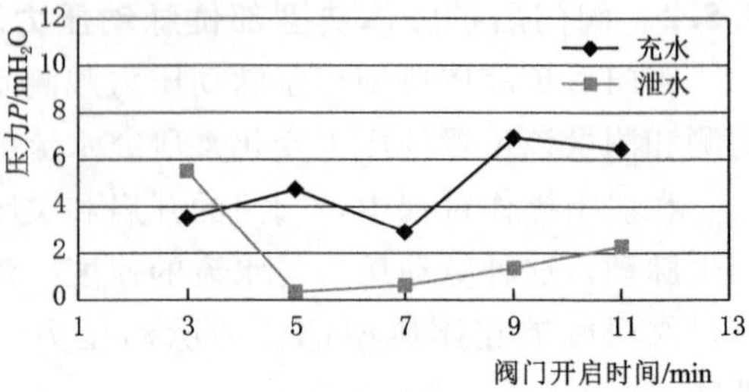


图 4.5　阀门后扩腔体最低压力与开启时间关系图（单边开启、最高水位组合）

总体而言，阀门后扩腔体内最低压力变化表现出下列三个规律：

（1）阀门单边开启方式时阀门后扩腔体压力要低于双边开启方式。如阀门快速开启（$t_v$=3min），单边充水时，阀门后扩腔体最低压力为 3.49m$H_2O$，比双边充水时（最低压力 10.19m$H_2O$）小 6.70m$H_2O$；阀门慢速开启（$t_v$=11min），单边充水时，阀门后扩腔体最低压力为 6.42m$H_2O$，比双边充水时（最低压力 11.36m$H_2O$）小 4.94m$H_2O$。

（2）泄水时压力要低于充水时。如阀门双边开启时，在试验的 5 组阀门开启时间（3min、5min、7min、9min、11min），泄水时最低压力比相应充水时最低压力分别小 2.33m$H_2O$、4.79m$H_2O$、5.31m$H_2O$、5.92m$H_2O$、6.30m$H_2O$。

（3）在阀门由快速开启（$t_v$=3min）到慢速开启（$t_v$=11min）的过程中，阀门后扩腔体压力总体出现先减小、后增大的趋势。对于双边泄水，快速开启（$t_v$=3min）时，阀门后扩腔体最低压力为 7.86m$H_2O$；当阀门开启时间延长到 7min，阀门后扩腔体最低压力最小，为 3.65m$H_2O$；到慢速开启（$t_v$=11min）时，阀门后扩腔体最低压力又增加到 5.06m$H_2O$。初步分析其原因，可能与不同开启方式下阀门后的水流结构变化有关系。在 $t_v$=3min 快速连续开启时，阀门后形成不了 $t_v$=7min 时的旋滚水流，所以压力反而高。

2. 汛限水位组合

船闸是一种用于调节两个不同水平的水域之间水位差的工程构筑物。船闸闸门汛限水位组合是指在不同的洪水情况下，船闸操作时所能承受的最高水位和最低水位的组合。在船闸充、泄水各阀门开启方式下，对阀门后扩腔体非恒定流压力及其脉动过程进行试验，以双边充、泄水（$t_v$=5min）；单边充、泄水（$t_v$=5min）为例。表 4.7 统计了各工况汛限水位组合下阀门后扩腔体最低压力，图 4.6 给出了不同阀门开启时间与最低压力变化之间的关系。

**表 4.7　阀门后扩腔体最低压力统计表（汛限水位组合）**

| 输水方式 | $t_v$/min | 充水最低压力/m$H_2O$ | 泄水最低压力/m$H_2O$ |
|---|---|---|---|
| 双边充水 | 3 | 12.91 | 12.54 |
| | 5 | 13.11 | 9.56 |
| | 7 | 12.71 | 9.37 |
| | 9 | 13.28 | 9.48 |
| | 11 | 13.19 | 10.04 |

由试验结果可见，在汛限水位组合下阀门后扩腔体最低压力变化规律与最高水位组合基本类似，如泄水时压力要低于充水时；在阀门由快速开启（$t_v$=3min）到慢速开启（$t_v$=11min）的过程中，阀门后扩腔体压力总体出现先减小、后增大的趋势。但和最高水位组合相比，汛限水位组合下阀门后扩腔体最低压力要大。如双边快速开启（$t_v$=3min），充水时汛限水位组

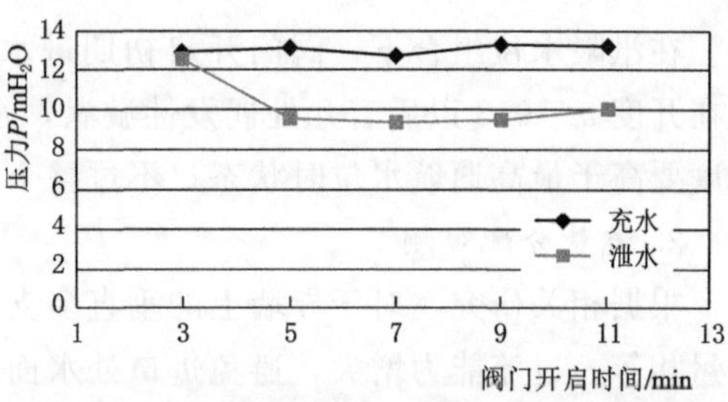


图 4.6　阀门后扩腔体最低压力与开启时间关系图（双边开启、最低水位组合）

合阀门后扩腔体最低压力为 12.91$mH_2O$，比最高水位组合（10.19$mH_2O$）约高 2.7$mH_2O$；泄水时约高 4.7$mH_2O$。正常运行情况（阀门双边开启模式）下，在汛限水位组合时，闸室灌泄水过程中阀门后扩腔体最低压力不小于 10.0$mH_2O$。

通过前面两组试验水位阀门后扩腔体典型部位压力的分析可以看出，在船闸正常运行情况（阀门双边开启模式）下，闸室灌泄水过程中阀门后扩腔体最低压力尚有一定的富余空间。根据试验测量成果，从阀门后扩腔体内压力分布来看，输水主廊道最低高程可在现有−8.35m 的基础上向上抬升一定高程。

## 4.6　输水系统中一些其他的水力学问题探究

### 4.6.1　垂直多支孔进口流态及流量分配观测

导墙上垂直多支孔进口型式是目前中、高水头船闸上应用最广泛的进口布置，具有输水效率高的特点。根据《大藤峡水利枢纽工程可行性研究报告》，大藤峡船闸输水廊道进口采用导墙上垂直 5 支孔进口型式。

1. 进口流态观测

在船闸灌水过程中，分别观测了最高水位组合与汛限水位组合时进水口区域的水流流态。在最高水位组合下，阀门开启初期进水口流速较小且较均匀［如图 4.7（a）所示］，但在开度 $n$=0.4 开始出现微小偶发性漩涡，并在右侧最末孔（第 10 孔）附近形成较大范围的顺时针方向回流［如图 4.7（b）所示］；此后该回流范围逐渐增加，水面下凹，在全开时达到最大。整个灌水过程中未观测到串状空心吸气漏斗。

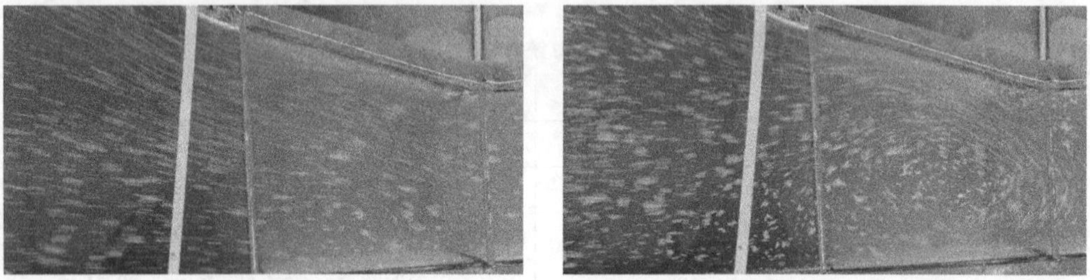

（a）阀门刚开启　　（b）阀门开度$n$=0.4

图 4.7　最高水位组合进口流态图

在汛限水位组合下，阀门开启初期进水口流速较小且较均匀［如图 4.8（a）所示］，但在开度 $n$=0.3 以后有几处偶发性漩涡，水面呈下凹状［如图 4.8（b）所示］，其涡流强度要高于最高通航水位时状态；不过整个灌水过程中未观测到串状空心吸气漏斗。

2. 流量分配观测

根据相关研究，对于导墙上的垂直多支孔进口，当喉部面积比选择合理时，能使各孔流量相等，过流能力增大，避免进口处水面下凹或产生较大的流速梯度，进口水流条件得以改善。在船闸工程实践中，垂直多支孔进口的设计有 3 种状况：①各孔的喉部面积顺水流方向逐个缩小；②各孔口的喉部面积相等；③各孔的喉部面积顺水流方向逐个扩大。显

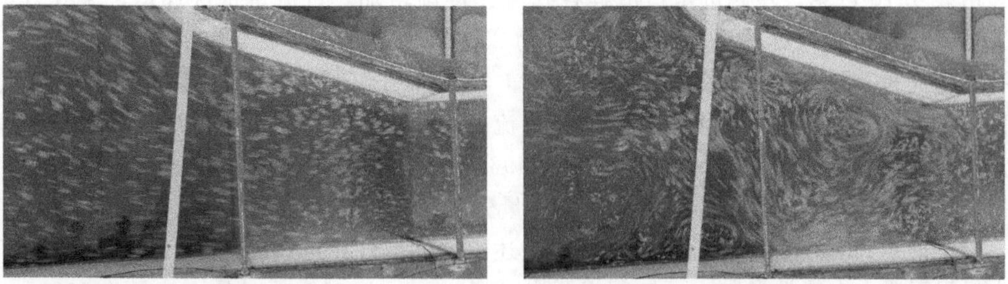

（a）阀门刚开启　　（b）阀门开度$n=0.4$

图 4.8　汛限水位组合进口流态图

然②③的设计不妥，将导致各孔流量分配不均匀，阻力系数增大，恶化进口水流条件。规范规定，各孔口喉部面积顺水流方向递减。末孔喉部面积与首孔口喉部面积之比，它所对应的流量比（或流速比）小于2时，认为进口支孔设计是合理的。

为了分析进水口的流量分配情况，试验中量测了可研方案中各孔口的喉部尺寸及面积（见表4.8），并在各孔口布置了流速测点。

**表 4.8　进水口支孔喉部尺寸及相关特征参数表（可研方案）**

| 左侧编号 | 宽度/m | 面积/$m^2$ | 右侧编号 | 宽度/m | 面积/$m^2$ |
|---|---|---|---|---|---|
| 1 | 1.98 | 14.85 | 6 | 1.98 | 14.85 |
| 2 | 2.99 | 22.43 | 7 | 2.99 | 22.43 |
| 3 | 2.96 | 22.20 | 8 | 2.96 | 22.20 |
| 4 | 2.77 | 20.78 | 9 | 2.77 | 20.78 |
| 5 | 2.38 | 17.85 | 10 | 2.38 | 17.85 |
| 小计 | 13.08 | 98.10 | 小计 | 13.08 | 98.10 |
| 进水口总面积 | | 375.00 | 喉部总面积 | | 196.20 |
| 进水口总面积/喉部总面积=1.91 | | | | | |

流速测量在恒定流条件下进行。试验中控制电磁流量计流量为$490m^3/s$，测验得到各孔流速及流量分配情况见表4.9。

**表 4.9　进水口支孔流速与流量分配表**

| 左侧编号 | 流速/(m/s) | 过流量/($m^3$/s) | 各孔口流量比 | 右侧编号 | 流速/(m/s) | 过流量/($m^3$/s) | 各孔口流量比 |
|---|---|---|---|---|---|---|---|
| 1 | 0.79 | 29.70 | 2.54 | 6 | 1.06 | 39.82 | 0.71 |
| 2 | 1.28 | 47.86 | 1.58 | 7 | 1.26 | 47.12 | 0.60 |
| 3 | 1.34 | 50.18 | 1.50 | 8 | 1.61 | 60.43 | 0.47 |
| 4 | 1.49 | 55.95 | 1.35 | 9 | 1.65 | 62.02 | 0.46 |
| 5 | 2.01 | 75.49 | 1.00 | 10 | 0.76 | 28.37 | 1.00 |
| 左侧过流总量 | | 259.18 | — | 右侧过流总量 | | 237.78 | — |
| 左侧过流总量/右侧过流总量=1.24 | | | | | | | |

由表 4.10 可见，左侧进水口沿程各孔流速逐渐增加，过流量依次递增，末孔（第 5 孔）过流量与首孔（第 1 孔）过流量比值为 2.54，流量分配不甚均匀；右侧进水口沿程各孔流速先是依次增加，到第 9 孔达到最大，但最末孔（第 10 孔）流速却降低，过流量反而减小，这与在该区域观测到回流、进口流态不顺有关。左侧进水口过流量大于右侧过流量，两者比值为 1.09（两者总过流量为 496.96m$^3$/s，与电磁流量计控制流量 490m$^3$/s 相比，误差在 5%以内，说明上述流速与流量分配计算是基本合理的）。

对于灌水过程中的非恒定流，可按照上述数据近似计算进口断面最大流速。根据下一节中船闸灌泄水力特性参数，可知阀门开启时间 $t_v=3$min 时，瞬时最大流量为 1021m$^3$/s，若按照流量比例换算流速，则左侧末孔的最大流速将超过 4.0m/s；即使阀门开启时间 $t_v=11$min 时，左侧末孔的最大流速也将超过 3.0m/s，不能满足进口流速限制要求。

由上述分析可知，现有进水口流量分配不均匀、灌水时进口流速将超限值，因而有进一步优化的空间。根据国内外有关孔喉部面积比和相对应的流速比（相对均匀的船闸），建立 $n=f(\omega_i/\omega_0)$（$\omega_i$、$\omega_0$ 分别为任意孔喉部面积与末孔喉部面积）的经验关系，得

$$1 \leqslant n \leqslant 6 \text{ 时}, \omega_i/\omega_0 = 0.044n^2 + 0.96$$

$$6 \leqslant n \leqslant 8 \text{ 时}, \omega_i/\omega_0 = 0.22n^2 - 2.08n + 7.11$$

根据进口面积、喉部面积、输水时最大瞬时流量，统计得到进口最大平均流速在 1.93～2.84m/s，在应用时以流速 2.0～2.8m/s 作为选择进口流速的依据；$\omega_{进}/\omega_{喉}$ 比值在 2.3～3.0，故以 $\omega_{进}/\omega_{喉}=2.5$ 作为选择总喉部面积的依据。

以阀门开启时间 $t_v=3$min 为例，瞬时最大流量为 1021m$^3$/s，进口总面积为 375m$^2$，由此可得进水口最大流速为 2.72m/s，基本满足流速在 2.0～2.8m/s 的要求，也说明可研方案中确定的进水口总面积是基本合适的。

按照经验公式 $\omega_{进}/\omega_{喉}=2.5$ 可得到喉部总面积=150m$^2$。依据下列公式

$$\omega_i/\omega_0 = 0.044n_i^2 + 0.96 (n=5)$$

可计算得到进水口各孔口喉部面积与宽度，列于表 4.10 中，作为进水口支孔喉部尺寸及相关特征参数推荐值，供设计方在进行垂直多支孔优化时参考。

**表 4.10　进水口支孔喉部尺寸及相关特征参数推荐值**

| 左侧编号 | 宽度/m | 面积/m$^2$ | 右侧编号 | 宽度/m | 面积/m$^2$ |
|---|---|---|---|---|---|
| 1 | 2.85 | 21.40 | 6 | 2.85 | 21.40 |
| 2 | 2.30 | 17.29 | 7 | 2.30 | 17.29 |
| 3 | 1.88 | 14.09 | 8 | 1.88 | 14.09 |
| 4 | 1.57 | 11.80 | 9 | 1.57 | 11.80 |
| 5 | 1.39 | 10.43 | 10 | 1.39 | 10.43 |
| 小计 | 10.00 | 75.00 | 小计 | 10.00 | 75.00 |
| 进水口总面积 | | 375.00 | 喉部总面积 | | 150.00 |
| 进水口总面积/喉部总面积=2.5m$^2$ | | | | | |

### 4.6.2　船闸灌泄水时间观测与水力特性计算

船闸充、泄水试验现在最高水位组合与汛限水位组合两组条件下进行。

1. 最高水位组合

船闸的最高水位组合是指在正常情况下，船闸能够容纳的最高水位。是用于调节两个不同水平水域之间水位差的工程构筑物，因此在船闸操作和船舶通过期间，水位通常会有所变化。船闸的设计和运营需要考虑船闸和周围区域的安全性，包括防止过高的水位造成溢流或损坏船闸结构。船闸的最高水位组合是根据船闸结构、水泵和排水系统的能力、船闸的地理位置、周围地形和洪水等因素来确定的。

本研究就最高水位组合，分别观测了阀门双边开启由快速（$t_v$=3min）到慢速（$t_v$=11min）5组、阀门（左）单边开启（$t_v$=3min、5min、7min）3组灌泄水时间与水位，并计算了相应的流量过程、能量过程与闸室水位上升（下降）速度等水力特征参数，试验中实测充泄水时间和水力特征值列于表4.11。

表4.11 输水系统充、泄水水力特征值（最高水位组合）

| 输水方式 | $t_v$/min | $T$/min | $Q_{max}$/(m$^3$/s) | $E_{max}$/MW | $U_{max}$/(m/min) |
|---|---|---|---|---|---|
| 双边充水 | 3 | 13.29 | 1021 | 317 | 5.39 |
| | 5 | 14.22 | 915 | 259 | 4.83 |
| | 7 | 15.15 | 842 | 225 | 4.45 |
| | 9 | 15.50 | 799 | 201 | 4.22 |
| | 11 | 16.38 | 743 | 182 | 3.92 |
| 双边泄水 | 3 | 12.91 | 1040 | 307 | −5.49 |
| | 5 | 13.86 | 929 | 261 | −4.90 |
| | 7 | 14.78 | 853 | 222 | −4.50 |
| | 9 | 15.20 | 811 | 196 | −4.28 |
| | 11 | 15.87 | 755 | 182 | −3.99 |
| 左单边充水 | 5 | 24.46 | 590 | 182 | 3.11 |
| | 7 | 26.06 | 545 | 158 | 2.88 |
| | 9 | 27.90 | 520 | 145 | 2.75 |
| 左单边泄水 | 5 | 23.83 | 610 | 192 | −3.22 |
| | 7 | 25.43 | 558 | 162 | −2.95 |
| | 9 | 27.06 | 532 | 147 | −2.81 |

注：表中$t_v$为阀门开启时间；$T$为输水时间；$Q_{max}$为最大流量；$E_{max}$为最大能量；$U_{max}$为闸室水位最大升（正值）/降（负值）速度。

总体讲，随着阀门开启时间增长，闸室输水时间相应增长，最大流量与能量相应降低，闸室水位最大上升（下降）速度也减小。在阀门快速开启方式（$t_v$=3min）双边充、泄水中，闸室输水时间分别为13.39min和12.91min，此时闸室充、泄水最大流量分别为1021m$^3$/s和1040m$^3$/s，主廊道最大流速分别为13.61m/s、13.87m/s；输水过程中最大能量分别为317MW、307MW，瞬时能量很大；充水过程中闸室水位最大上升速度为5.39m/min，泄水过程中闸室水位最大下降速度为5.49m/min。

在阀门慢速开启方式（$t_v$=11min）双边充、泄水中，闸室输水时间分别为16.38min

和15.87min，此时闸室充、泄水最大流量分别为743m$^3$/s和755m$^3$/s，主廊道最大流速分别为9.91m/s、10.07m/s；考虑原型输水时间比模型快8%～15%，因此原型可满足输水时间不大于15min的设计要求。输水过程中最大能量均为182MW；充水过程中闸室水位最大上升速度为3.92m/min，泄水过程中闸室水位最大下降速度为3.99m/min。

对于其他双边阀门开启时间（如$t_v$=5min、7min、9min），其相应输水时间及水力特征参数值介于快速开启方式（$t_v$=3min）与慢速开启方式（$t_v$=11min）之间，总体来讲，对于最高水位组合而言，在考虑原型、模型缩尺效应进行校正后，上述阀门开启时间均可满足输水时间不超过15min的设计要求。

左侧单边充、泄水时，由于输水主廊道过水面积减小一半，输水时间相对较长，相应地最大流量、最大能量及闸室水位上升（下降）速度随之明显减小，但主廊道流速却有所增加。在阀门开启时间为5min，输水时间分别达到24.46min、23.83min，此时闸室充、泄水最大流量分别为590m$^3$/s和610m$^3$/s，主廊道最大流速分别达到16.86m/s、17.43m/s，大于15m/s的限值，应考虑增加阀门开启时间等方式以改善主廊道水流条件(如阀门开启时间增加到7min后，主廊道最大流速分别减小到14.86m/s、15.20m/s)。单边输水过程中最大能量分别为182MW、192MW；充水过程中闸室水位最大上升速度为3.11m/min，泄水过程中闸室水位最大下降速度为3.22m/min。

2. 汛限水位组合

汛限水位组合下分别观测了阀门双边开启由快速（$t_v$=3min）到慢速（$t_v$=11min）5组灌泄水时间与水位，并计算了相应的流量过程、能量过程与闸室水位上升（下降）速度等水力特征参数。试验中实测充泄水时间和水力特征值列于表4.12。

**表4.12 输水系统充、泄水水力特征值（汛限水位组合）**

| 输水方式 | $t_v$/min | $T$/min | $Q_{max}$/(m$^3$/s) | $E_{max}$/MW | $U_{max}$/(m/min) |
|---|---|---|---|---|---|
| 双边充水 | 3 | 11.33 | 827 | 182 | 4.22 |
| | 5 | 12.33 | 725 | 153 | 3.70 |
| | 7 | 13.47 | 659 | 135 | 3.36 |
| | 9 | 14.08 | 613 | 120 | 3.13 |
| | 11 | 14.78 | 562 | 109 | 2.87 |
| 双边泄水 | 3 | 11.17 | 836 | 184 | −4.26 |
| | 5 | 12.18 | 731 | 155 | −3.73 |
| | 7 | 13.33 | 667 | 137 | −3.40 |
| | 9 | 13.98 | 620 | 121 | −3.16 |
| | 11 | 14.67 | 570 | 110 | −2.91 |

汛限水位组合下，船闸输水系统充、泄水水力特征值变化规律与最高水位组合是一致的：随着阀门开启时间增长，闸室输水时间相应增长，最大流量与能量相应降低，闸室水位最大上升（下降）速度也减小；但相对最高水位组合而言，各水力特征参数值要明显减小。

在阀门快速开启方式（$t_v$=3min）双边充、泄水中，闸室输水时间分别为11.33min

和 11.17min，此时闸室充、泄水最大流量分别为 $827m^3/s$ 和 $836m^3/s$，主廊道最大流速分别为 11.03m/s、11.15m/s；输水过程中最大能量分别为 182MW、184MW；充水过程中闸室水位最大上升速度为 4.22m/min，泄水过程中闸室水位最大下降速度为 4.26m/min。而在阀门慢速开启方式（$t_v=11min$）双边充、泄水中，闸室输水时间分别为 14.78min 和 14.67min，此时闸室充、泄水最大流量分别为 $562m^3/s$ 和 $570m^3/s$，主廊道最大流速分别为 7.49m/s、7.60m/s；输水过程中最大能量分别为 109MW、110MW；充水过程中闸室水位最大上升速度为 2.87m/min，泄水过程中闸室水位最大下降速度为 2.91m/min。

对于汛限水位组合而言，上述阀门开启时间均可满足输水时间不超过 15min 的设计要求。

### 4.6.3 恒定流阻力系数与流量系数

输水廊道恒定流阻力系数是指用于描述水流通过输水廊道时所受到的流阻力大小的一个参数。它是在输水廊道的设计和分析过程中的一个重要参数。恒定流阻力系数是与输水廊道的几何形状、壁面摩擦特性以及水流流速等因素相关的。它是一个经验参数，通常根据大量的实验数据和经验公式来确定。不同类型的输水廊道（如圆管、矩形渠道、梯形渠道等）具有不同的恒定流阻力系数。对于给定的输水廊道，恒定流阻力系数可以用于计算流体在其中的阻力损失。根据恒定流阻力系数、流体密度、流速和廊道尺寸等参数，计算输水廊道中水流的能量损失或压力损失。

先通过在输水廊道的适当位置安装测压管，测量不同部位的压力。测压管应该放置在适当的位置，以便准确地捕捉水流的压力变化。确保测压管与水流平行，并将其位置设置在水流稳定的区域。同时记录上、下游引航道和闸室的水位。然后使用流速计测量或估计水流在输水廊道中的平均流速。根据测压管测定恒定流时各部位的压力以及上、下游引航道和闸室水位，可以求解出输水廊道的分段阻力系数、总阻力系数以及流量系数。

阀门全开时，对于每个部分，将计算得到的阻力除以部分长度，得到分段阻力系数。分段阻力系数表示单位长度内的阻力大小，可以使得不同段落之间的比较更加方便。而计算总阻力系数，则可将所有分段阻力系数相加，得到总阻力系数。总阻力系数代表完整系统中的总阻力大小。

充水系统与泄水系统的分段阻力、总阻力系数计算结果见表，不同开度输水廊道的总阻力系数与流量系数计算结果见表 4.13～表 4.15。可见，输水系统充、泄水流量系数分别为 0.71 与 0.73。根据非恒定流输水水力特性，由输水阀门全开时的流量和对应的水头，计算得到阀门全开时充、泄水流量系数分别为 0.72 与 0.75，与恒定流成果基本一致。

**表 4.13　输水系统分段阻力系数（阀门全开）**

| 输水系统 | 分区名称 | | | | 总阻力系数 |
|---|---|---|---|---|---|
| 充水系统 | 阀门前段 | 主廊道段 | 水平转弯段 | 闸室段 | |
| | 上游水面至1号 | 1～2号 | 2～3号（4号） | 3号（4号）至闸室水面 | |
| | 0.25 | 0.42 | 0.22 | 1.09 | 1.98 |

续表

| 输水系统 | 分区名称 | | | | 总阻力系数 |
|---|---|---|---|---|---|
| 泄水系统 | 闸室段 | 水平转弯段 | 主廊道段 | 阀门后段 | |
| | 闸室水面至 3 号（4 号） | 3（4）～5 号 | 5～6 号 | 6 号至下游水面 | |
| | 1.03 | 0.21 | 0.4 | 0.24 | 1.88 |

**表 4.14　充水系统不同开度阻力系数与流量系数**

| 阀门开度 | 0.2 | 0.4 | 0.5 | 0.6 | 0.8 | 1 |
|---|---|---|---|---|---|---|
| 总阻力系数 | 17.36 | 6.93 | 4.53 | 3.19 | 2.69 | 1.98 |
| 流量系数 | 0.24 | 0.38 | 0.47 | 0.56 | 0.61 | 0.71 |

**表 4.15　泄水系统不同开度阻力系数与流量系数**

| 阀门开度 | 0.2 | 0.4 | 0.5 | 0.6 | 0.8 | 1 |
|---|---|---|---|---|---|---|
| 总阻力系数 | 16.00 | 6.57 | 4.34 | 3.08 | 2.60 | 1.88 |
| 流量系数 | 0.25 | 0.39 | 0.48 | 0.57 | 0.62 | 0.73 |

### 4.6.4 惯性超高（降）观测

在液体流动过程中，充水和泄水过程中的惯性超高和惯性超降是描述液体流动行为的两个概念。

（1）惯性超高（Inertial Surcharge）：充水过程中，当液体开始进入管道或系统时，由于惯性效应，液体在流动过程中可能会产生一种临时的超高现象，即惯性超高。当液体开始进入管道，其速度逐渐增加，导致液体表面的高度超过预期的静态压力水位。这种现象可以在管道中形成液体柱，其高度比静态条件下的水位要高。惯性超高通常是暂时的现象，在流动过程中逐渐消失，直至达到稳态。

（2）惯性超降（Inertial Drawdown）：泄水过程中，当液体开始从管道或系统中排出时，由于惯性效应，液体在流动过程中可能出现临时的超低现象，即惯性超降。当液体开始排出，其速度逐渐增大，导致液体表面的高度降低，低于预期的静态压力水位。这种现象可以使管道中形成一个较低的液体柱，其高度比静态条件下的水位要低。惯性超降也是一个暂时的现象，在流动过程中会逐渐减小，直至达到稳态。

惯性超高和超降是由于液体在充水和泄水过程中的惯性效应而引起的。惯性效应是指流体具有质量和动量的特性，在流体的加速和减速过程中会产生影响。在充水和泄水过程中，液体的流速在逐渐增加或减小，惯性效应导致液体高度超过或降低预期的静态水位。

通过记录上、下游引航道及闸室水位观测数据，可以计算分析充、泄水过程中的惯性超高与超降，最高水位组合与汛限水位组合下惯性超高（降）值统计见表 4.16。阀门开启时间为 3min，双边充水与泄水过程中的惯性超高与超降值最大，分别为 0.75m、0.76m。同时，各种阀门开启时间下，惯性超高（降）值均大于规范要求的 0.25m 限值，需要采取提前关闭输水阀门或者水面齐平时开启闸门等措施，以保障船舶平顺进出闸室。

表 4.16 惯性超高（降）值统计表

| 输水方式 | 最高水位组合 | | 汛限水位组合 | |
|---|---|---|---|---|
| | $t_v$/min | $d$/m | $t_v$/min | $d$/m |
| 双边充水 | 3 | 0.75 | 3 | 0.52 |
| | 5 | 0.62 | 5 | 0.46 |
| | 7 | 0.53 | 7 | 0.41 |
| | 9 | 0.49 | 9 | 0.35 |
| | 11 | 0.40 | 11 | 0.30 |
| 双边泄水 | 3 | −0.76 | 3 | −0.53 |
| | 5 | −0.63 | 5 | −0.47 |
| | 7 | −0.55 | 7 | −0.42 |
| | 9 | −0.52 | 9 | −0.37 |
| | 11 | −0.43 | 11 | −0.32 |

注：$d$ 表示惯性超高（降），其中正值表示超高，负值表示超降。

### 4.6.5 闸室 1/4 与 3/4 分流口压力观测

在大藤峡船闸输水系统可研阶段设计中存在两个分流口：即第 1 分流口（1/2 分流口）与第 2 分流口（1/4、3/4 分流口），其中，第 2 分流口较第 1 分流口水流结构更为复杂，需要引起关注。

大藤峡船闸输水系统第 2 分流口在闸室 1/4、3/4 立交分流，其中 1/4 分流口由横隔板分隔为连接上游分支廊道的上部孔口与连接下游分支廊道的下部孔口，3/4 分流口由横隔板分隔为连接下游分支廊道的上部孔口与连接上游分支廊道的下部孔口。对于 3/4 分流口而讲，水流由纵向廊道进入立交分流口，上部水流经 180°转弯，成 Z 形进入下游分支廊道；下部水流经 360°转弯，成形进入上游分支廊道。进入上部水流在控制断面处分流、收缩，产生漩涡，漩涡区范围约占 1/3 强，到第 1 出水支孔处水流尚未扩散均匀，压力尚未恢复正常；进入下部孔口水流，它沿圆弧面运动，至 1/2 半圆处分离，分离后的漩涡区范围较小，水流经扩散并向上运动，到第 1 出水支孔处水流已基本扩散均匀，压力基本恢复正常。由于漩涡区可能会产生压力降低，因此有必要观测这些区域的压力变化情况。

试验中在 1/4、3/4 分流口侧面布置了 4 个脉动压力传感器。试验分别量测了最高水位组合与汛限水位组合条件下阀门不同运行方式时各点的脉动压力。

得到的结论是，在充水过程中，1/4、3/4 分流口各测点压力均随阀门开启过程中时间的增加而增加，各种条件下脉动幅度均较小，最低压力均在 $10mH_2O$ 以上；泄水过程中，1/4、3/4 分流口各测点压力均随阀门开启过程中时间的增加而减小，各种条件下脉动幅度均较小，最低压力也均在 $10mH_2O$（最低压力超过 10m 水柱所产生的压力）以上。

### 4.6.6 输水廊道出口流态及下游引航道流速分布

输水系统的出口布置可分为三类：①全部水量泄入下游引航道中；②一部分旁侧泄水进入下游河道，另一部分泄水入下游引航道；③全部旁侧泄水进入下游河道。这三类型式的选择也完全决定于引航道的水力条件及工程具体情况。

由于下游引航道的宽度和水深受到客观条件的限制，对高水头大型船闸，若将全部水量泄入下游引航道，则无论是引航道内的流速或是不稳定流对船舶航行条件以及停泊条件的影响均很难满足要求，因此，只要当地有布置旁侧泄水的条件，应尽可能采用部分或全部旁侧泄水的布置。

在《大藤峡水利枢纽工程可行性研究报告》中，可研阶段的出口布置型式结合工程具体情况，采用了部分旁侧泄水的布置方案：船闸泄水口布置在下闸首下游引航道内和左岸电站尾水渠内。其中左侧泄水廊道分两支进入底板，水流经明沟消能后泄入下游引航道；右侧水流经泄水廊道泄入电站尾水渠。左侧泄水廊道将水流分为两支，进入底板后经过明沟消能，然后泄入下游引航道。这一设计的目的是通过明沟的消能作用，减少水流对下游引航道的冲击力，保护船只和下游航道的安全。明沟可以有效地将水流的动能转化为其他形式的能量，减少水流的速度和涡动，从而降低水流对下游环境的影响。而右侧的泄水廊道将水流直接泄入电站尾水渠。这种设计是为了将闸室泄放的水流更直接地引导入电站尾水渠，实现对水流的快速排放和处理。电站尾水渠通常是专门用于电站的水流排放和管理，通过该水渠可以有效地控制闸室排放水流的流向和流量，以适应电站运行和水资源管理的需求。这样的布置方案旨在保护下游引航道的安全、减少水流对下游环境的冲击，并实现对水流的快速排放和管理。

下闸首阀门开启过程中，随着阀门开度的增加，闸室水流经泄水廊道及消能明沟后泄入下游引航道，出水口涌浪不大，水流主流偏向右岸，流速较大，左岸流速相对较小，至引航道中段仍未完全扩散均匀；阀门全开后，水流逐渐趋于平缓。

为了观测下游引航道流速，在下游引航道布置了 3 个流速测点（分别为 2－1 号、2－2 号、2－3 号）。试验中测量了最高水位组合条件下阀门不同开启方式时下游引航道的流速。

表 4.17 给出了最高水位组合下阀门不同运行方式时下游引航道最大流速统计表。

**表 4.17　下游引航道最大流速统计表（最高水位组合）**

| 输水方式 | 阀门开启时间 $t_v$/min | 最大流速/(m/s) |
|---|---|---|
| 双边泄水 | 3 | 1.34 |
| | 5 | 1.20 |
| | 7 | 1.10 |
| | 9 | 1.04 |
| | 11 | 0.97 |
| 左单边泄水 | 5 | 1.57 |
| | 7 | 1.44 |
| | 9 | 1.37 |

在上游最高通航水位、下游最低通航水位条件下，虽然有约一半闸室水量通过右侧箱涵旁侧泄入河道，但是由于下游引航道水深小（仅 5.8m）、过流断面小（不到 $500m^2$），加上水流未扩散均匀，导致下游引航道尤其是靠右侧（2－1 号测点）流速明显较大。双边泄水时，除 $t_v$＝11min 阀门慢速开启时下游引航道最大流速略小于 1.0m/s 外，其余情况均大于 1.0m/s（在 1.04～1.34m/s）；左侧单边泄水时流速更大些，在 1.37～1.57m/s；两种工况均超过规范要求下游引航道最大纵向流速不大于 0.8～1.0m/s 的限值要求。可见，在最高水位组合下船闸泄水时下游引航道最大纵向流速不能满足规范要求。

由此可见，由于下游引航道水深小、过流断面小，即使采用部分旁侧泄水的出流方式，船闸泄水时下游引航道流速仍无法满足规范的要求。因此，对于大藤峡船闸输水系统的泄水，需要考虑适当加大引航道的断面尺度或采用全部旁侧泄水的方式。

需要注意的是，采用全部旁侧泄水的出口布置，对下游引航道内的船舶停泊和航行毫无影响，但由于河流纵向比降的问题，在下闸首处引航道内外的水位是不同的，因此在闸室泄水结束时会出现与下游引航道内的水位不能齐平的现象，妨碍人字门的开启，需要考虑采取措施解决。此外，由于闸室全部水体经泄水箱涵泄入电站尾水渠，泄水量相当大(瞬时最大流量达 700～1000$m^3/s$)，可能引起电站下游尾水位的较大波动，进而对发电产生影响，需要进行专门论证。

## 4.7 本 章 小 结

本章针对可研阶段采用全部由引航道取水的方式的大藤峡船闸输水系统，通过物理模型对施工导流、闸室泊稳情况及阀门细部水流结构进行了模拟。结果表明，在最高水位组合下船闸灌水时最大纵向流速为 0.64m/s，可以满足 JTJ 306—2001《船闸输水系统设计规范》中上游引航道最大纵向流速不大于 0.8m/s 的要求。

大藤峡船闸进口采用垂直多支孔布置型式。试验表明，阀门开启初期进水口流速较小且较均匀，但在开度 $n=0.4$ 开始出现微小偶发性漩涡，并在右侧最末孔附近形成较大范围的顺时针方向回流，影响了右侧进口流量。整个灌水过程中未观测到串状空心吸气漏斗。

灌泄水水力特性试验表明，在阀门快速开启方式（$t_v=3$min）双边充、泄水中，闸室输水时间分别为 13.39min 和 12.91min，此时闸室充、泄水最大流量分别为 1021$m^3/s$ 和 1040$m^3/s$，主廊道最大流速分别为 13.61m/s、13.87m/s；充水过程中闸室水位最大上升速度为 5.39m/min，泄水过程中闸室水位最大下降速度为 5.49m/min。在阀门慢速开启方式（$t_v=11$min）双边充、泄水中，闸室输水时间分别为 16.38min 和 15.87min，此时闸室充、泄水最大流量分别为 743$m^3/s$ 和 755$m^3/s$，主廊道最大流速分别为 9.91m/s、10.07m/s；充水过程中闸室水位最大上升速度为 3.92m/min，泄水过程中闸室水位最大下降速度为 3.99m/min。由于下游引航道水深小、过流断面小，即使采用部分旁侧泄水的出流方式，船闸泄水时下游引航道流速也无法满足规范的要求。因此，对于大藤峡船闸输水系统的泄水，建议考虑适当加大引航道的断面尺度或采用全部旁侧泄水的方式。

闸室船舶系缆力测验表明，1+2×2000t 级船队相对 3000t 级单船更难满足闸室停泊条件，在考虑船舶系缆力的情况下，需要更多的时间和操作来实现成功的停泊。对于 3000t 级单船而讲，阀门开启时间 $t_v=5$min 时可基本满足停泊条件；阀门后扩腔体内最低压力变化表现出以下三个规律：①因为单边开启时水流的路径受限，水流受到较少的阻碍，导致较低的压力，阀门单边开启方式时阀门后扩腔体压力要低于双边开启方式时；②泄水时压力要低于充水时；③在阀门由快速开启（$t_v=3$min）到慢速开启（$t_v=11$min）的过程中，阀门后扩腔体压力总体出现先减小、后增大的趋势。

# 第5章 消 能 防 冲

## 5.1 大藤峡枢纽消能防冲基本情况

水利枢纽消能防冲是在水利枢纽（如大坝、水闸等）的建设和运行过程中采取一系列措施，旨在减缓由于开闸放水而产生的水流冲击力，消耗水流的能量，以防止下泄水流对下游混凝土底板或其他水工结构的破坏。当水利枢纽需要释放水流时，放水过程中水流会急速流动，产生较大的动能和冲击力。如果这些水流直接冲击到下游混凝土底板等结构上，可能会引发严重的破坏和不稳定。因此，为了保护下游结构的安全，水利枢纽采取消能防冲措施来控制水流的能量和冲击力。消能防冲的措施可以包括以下几个方面。①消能设计：在水利枢纽的结构设计中，通过设置适当的消能装置，使水流在通过枢纽时逐渐减速，转化为热能、压力能等形式，并有效消耗能量，从而减轻水流的冲击力。②在枢纽放水时，可以采用分层放水或逐级放水的方式，使水流逐渐释放能量，减小冲击力。例如，通过在放水渠道中设置消力池、喷流坑或溢流坝等结构，让水流经过这些能量释放区域逐渐消耗能量。③通过合理的水流消能措施，将水流动能分散、引导到安全区域，避免水流直接冲击到下游结构上。例如，通过设置堤防、导流墙、堆石坝、消力槽等来引导和分散水流。④对枢纽下游的底床和岸坡进行保护措施，以减少水流对其冲击的影响。例如，通过加固底床、采取防冲嗤和护坡结构等方式来保护下游结构。以上这些措施可以有效保护水利枢纽和下游结构的安全稳定运行。

大藤峡水利枢纽可研阶段低孔采用平板闸门，孔口尺寸 10m×18m（宽×高）。消能方式采用底流消能，消力池底板高程 16m，池深 6m，池长 110m，在消力池末端设“工”字形差动尾坎。消力池下游设 50m 海漫，海漫采用混凝土结构，海漫末端设防冲槽，槽底高程为 12.00m。

2012 年 3 月和 7 月，水利部水利水电规划设计总院先后对大藤峡水利枢纽可行性研究报告进行了审查，与消能相关的审查意见有：“……初设阶段应进一步优化泄洪消能建筑物设计；结合枢纽布置和调度运行要求，开展相关水工模型试验……”。

2014 年 5 月和 6 月，中国国际工程咨询公司对大藤峡水利枢纽工程可行性研究报告进行了咨询评估。评估认为建筑物设计方案中存在不合理因素，建议进行深入研究和优化调整，“……提出泄水闸门开启方式，保证水库安全运行，并应进行水工模型试验研究……优化下游消能建筑物设计方案”。

2014 年 12 月，大藤峡水利枢纽工程建设领导小组专家咨询组对大藤峡水利枢纽初步设计报告（初稿）进行了咨询，与消能相关的主要意见有：“……建议在满足洪水调度和闸门灵活启闭条件下，按照技术先进可靠的原则，进一步比选确定低孔闸门型式，并结合水工模型试验成果，分析泄洪对下游水流衔接和冲刷的影响，优化消能防冲设计”。

2015 年 1 月，水利部水利水电规划设计总院对《大藤峡水利枢纽工程初步设计报告》进行了审查，与消能相关的主要意见有：“应结合模型试验成果，复核消力池布置和主要结构尺寸，研究采用 T 型墩辅助消能墩的必要性；研究对纵向围堰左侧闸孔进行合理分区”。

为验证原设计成果，进一步优化工程消能方案，降低消能设施工程量及工程投资，对大藤峡水利枢纽工程消能防冲水工断面和整体模型进行平行试验，根据枢纽布置特点及消能防冲的基本原则，对大藤峡水利枢纽工程消能方案研究及优化，为后续设计提供科学依据和技术支撑。

### 5.1.1 枢纽消能防冲型式

消能工是用于消除泄水建筑物或落差建筑物下泄急流的多余动能的一种工程手段，可以有效防止或减轻水流对水工建筑物及其下游河床等的冲刷破坏而修建的工程设施。目前，国内外消能工研究主要分为传统消能工和新型消能工。

(1) 底流消能：底流消能也称为水跃消能，这种衔接型式由于高速水流的主流在底部，是利用水跃进行流态转变及消灭能量的一种消能型式。底流消能可适用于高、中、低水头，大、中、小流量的各种泄水建筑物，对地质条件要求比较低，对尾水变幅的适应性也较好。底流消能的优点：水跃稳定，安全可靠，消能效果好，下游水面波动小。但也具有消力地的工程量大，增加工程造价。Iwao Ohtsu 对有跌坎的对称扩宽底流消能水力特性进行了大量研究。此外芦绮玲等采用 RNGk－ε 紊流模型，结合万家寨引黄入晋工程第一区段压力管道出口多喷孔淹没射流消能进行了数值模拟研究；戴会超等就水头大流量条件下采用底流消能方式尚存在较大的技术风险，提出了我国尚缺乏对高坝泄流结构运行全寿命过程实施动态监测、诊断、预警和控制的成熟理论、方法和关键技术。

(2) 挑流消能：在泄水建筑物的下游端修建一挑坎，利用下泄水流的巨大动能将水流挑入空中，然后下落到远离建筑物的下游消能，具有节约袓护工程、降低造价的优点，但同时也具有空中雾气大、尾水波纹大、要求下游河床抗冲能力强的问题。

(3) 面流和戽流消能工：面流消能工造价低，但效果好的比较少。戽流消能多用于中、低水头工程，早期在中小型工程中应用稍多。

### 5.1.2 大藤峡水利枢纽工程泄水水流特性

大藤峡水利枢纽工程的消力池尺寸按常规消力池设计，结合初期水工模型试验，确定消力池池深采用 6.00m，消力池长度采用 110.00m。消能防冲设计工况下消力池的入池弗氏数 $F_r$ 为 3.26，而常规消力池消能的有效弗劳德数 $F_r$ 一般为 6～15，为了提高消能效率，设计方案在消力池尾部增加了“工”字形差动尾坎进行辅助消能。

本工程属于低水头径流式水电站，水电站利用自然的河流或溪流的径流进行发电，不需要大规模的水库蓄水，也不需要调节水流。通常采用多台水轮机并联的方式来提高发电效率和灵活性，能适应水流变化和负荷需求的波动。水库为日调节水库，水库调节能力较小，泄洪概率高。坝址洪水洪峰流量大，最大单宽流量达到 $176m^3/(s \cdot m)$，下游水深大，5 年一遇洪水至 5000 年一遇校核洪水时下游水深达 18.28～27.20m，水流弗劳德数低，仅为 2.64～3.26，为典型的大单宽流量低弗劳德数深尾水的水流消能问题。能够充分利用自然水流资源，实现清洁能源的发电，同时减少对环境的干扰。

## 5.2 消能方案断面模型试验成果及分析

消能防冲建筑物设计洪水采用 100 年一遇，故试验选取 100 年一遇频率洪水作为消能防冲方案优化控制工况，进行消能工方案和体型参数的比选。对于推荐方案，分别在 1000 年一遇（设计洪水）、10 年一遇（最大通航流量）、5 年一遇和 2 年一遇洪水条件下进行复核。原方案消力池长度设计及消能试验均未考虑厂房过流情况，为保持研究成果一致性，便于和原方案成果比选，本次试验也不考虑厂房过流，试验结果偏安全。为减少库区淹没损失，泄水闸规模主要受 20 年一遇频率洪水时泄洪能力控制，以 20 年一遇频率洪水为基准进行分析可以帮助评估设计的泄洪能力是否足够应对绝大多数洪水事件，故试验选取 20 年一遇频率洪水来分析消能方案对泄水闸过流能力的影响。

除过流能力试验泄水闸敞泄外（20 年一遇频率洪水），其他消能防冲工况泄水闸均控泄，闸门均匀开启；消能试验下游水位采用不受下游洪水顶托的水位值进行控制，上游水位按照最不利的 61.00m 进行控制，洪水顶托的水位值按坝下 200m 处水位—流量关系曲线内插值进行控制。一般线性插值使用较多，线性插值是一种简单且较常见的插值方法，在已知的水位—流量数据点之间进行直线插值。假设有两个已知数据点，水位分别为 $h_1$ 和 $h_2$，对应的流量分别为 $Q_1$ 和 $Q_2$，并且要对某一水位 $h$ 进行插值。线性插值方法的优点是简单快速，但可能会在数据较为离散的区域引入一定的误差。断面模型选取的试验工况见表 5.1。

**表 5.1　消能防冲断面模型试验工况**

| 试验工况 | 流量/($m^3$/s) | 上游水位/m | 下游水位/m | 洪水频率/% | 备　注 |
|---|---|---|---|---|---|
| 1 | 54600 | 61.00 | 46.41 | 0.1 | 设计洪水 |
| 2 | 42300 | 61.00 | 43.35 | 1 | 消能防冲设计洪水 |
| 3 | 39000 | 46.15 | 42.50 | 5 | 泄洪控制规模 |
| 4 | 35300 | 61.00 | 41.54 | 10 | 最大通航流量 |
| 5 | 30600 | 61.00 | 40.28 | 20 | |
| 6 | 23400 | 61.00 | 38.15 | 50 | |

100 年一遇消能防冲设计工况消力池流态如图 5.1 所示，由试验流态可见，闸门开启后通过闸口的水流量较大、低弗劳德数（描述流体流动性质的一个无量纲参数，定义为流体惯性力和重力之比。弗劳德数越小，说明惯性力相对于重力的作用越小，流动受重力作用的影响更显著）的闸下出流不能形成典型的充分掺气的水跃流态，水流在下游形成明显的涡旋和气泡，并且水流的能量主要通过湍流耗散。水跃是指闸门下游形成的水流高度突变和降落的现象水流在消力池前 2/3 空间内翻滚、掺混，耗散部分能量；从主流挟带气泡运动路径上看，主流未及尾坎即已经开始脱离池底，折向水面，消力池长度存在一定的优化空间。“工”字形差动尾坎两侧及下游侧有局部绕流紊动，有助于能量消耗和主流的分散，并将分散的主流挑离河床。出消力池水流携带的余能造成水面波动，能量沿程耗散。海漫下游段河床未见明显冲深。

图 5.1 原方案消力池流态（100 年一遇）

由此可知，大流量、低弗劳德数的闸下出流由于流速较高、惯性力相对较小，导致无法形成充分掺气的水跃流态。相反，水流在消力池的前 2/3 空间内会发生翻滚和掺混的现象，即水流的运动变得紊乱，水流中的能量通过湍流耗散被消散掉。这意味着水流的动能被转化为其他形式的能量损失，不形成明显的水跃，并且对下游环境冲击较小。消力池的设计和布置有助于减小水流能量，并保护下游结构的完整性。

“工”字形差动尾坎局部流态如图 5.2 所示，泄洪时过闸石块在差动尾坎两侧的绕流紊动区域滞留，并随水流打旋翻滚，撞击差动尾坎引起磨损，消能工破坏之后再检修非常麻烦，且耗资巨大。且滞留石块占据尾坎两侧的紊流空间，会削弱差动尾坎的消能效果。

试验测得原布置方案 100 年一遇消能设计工况下泄水流出消力池后主流不贴底，海漫以下断面流速分布即趋于均匀，至坎后 300m 处接近天然河道的水流状态。

10 年一遇、5 年一遇和 2 年一遇消力池流态分别如图 5.3～图 5.6 所示，随着下泄流量的减少，消力池内水流翻滚程度逐渐减弱，出池水流趋于平稳，主流均能挑离河床，下游未见明显冲刷。

图 5.2 原方案消力池差动尾坎流态（100 年一遇）

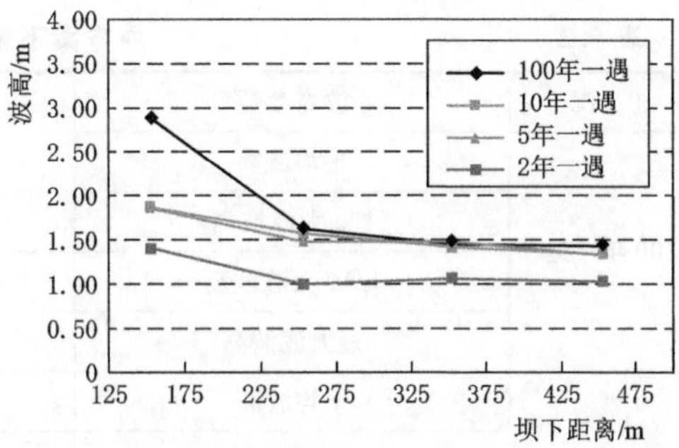


图 5.3 下游河道有效波高衰减过程（原方案）

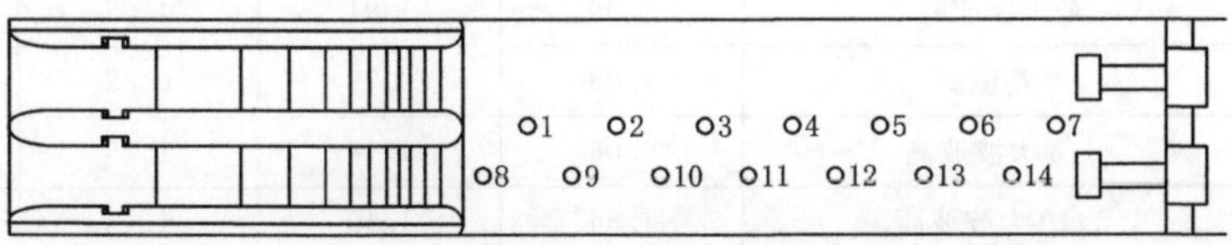


图 5.4 原设计方案消力池底板脉动压力测点布置

图 5.5　闸下跃首淹没流态（原方案，100 年一遇，侧面）

图 5.6　闸下跃首远驱流态（原方案，100 年一遇，侧面）

弧门支铰的支撑结构采用两跨连续钢梁，选择安装高程时为满足 1000 年一遇洪水不冲击弧门支铰及支撑钢梁，实际上由于闸室水面波动较大，在 10 年一遇工况，闸室波动已经能拍打至连续钢梁。跃首淹没度较小，各消能工况闸下出流既不能将跃首上覆水体推离闸门，也不能形成较为稳定的淹没水跃，跃首上覆水体反复撞击闸门底缘易造成闸门振动破坏。

试验测得各工况下游河道沿程波高见表 5.2，有效波高沿程衰减情况见图 5.6，闸室出口处水面波动见表 5.3，作为消能工方案比选的参考依据。

**表 5.2　　　原方案下游河道沿程波高**　　　单位：m

| 工　况 | 波高参数 | 0+153 | 0+253 | 0+353 | 0+453 |
|---|---|---|---|---|---|
| 100 年一遇 | 平均波高 | 1.46 | 0.88 | 0.76 | 0.76 |
| | 1/3 大波波高 | 2.26 | 1.34 | 1.15 | 1.14 |
| | 1/10 大波波高 | 2.88 | 1.63 | 1.45 | 1.43 |
| | 最大波波高 | 3.20 | 2.59 | 2.11 | 1.88 |
| 10 年一遇 | 平均波高 | 1.13 | 0.86 | 0.81 | 0.82 |
| | 1/3 大波波高 | 1.67 | 1.26 | 1.18 | 1.18 |
| | 1/10 大波波高 | 1.87 | 1.57 | 1.42 | 1.34 |
| | 最大波波高 | 1.99 | 1.91 | 1.55 | 1.49 |
| 5 年一遇 | 平均波高 | 1.08 | 0.79 | 0.83 | 0.78 |
| | 1/3 大波波高 | 0.06 | 1.18 | 1.25 | 1.10 |
| | 1/10 大波波高 | 1.86 | 1.49 | 1.48 | 1.33 |
| | 最大波波高 | 1.92 | 1.66 | 1.61 | 1.42 |

续表

| 工　况 | 波高参数 | 0+153 | 0+253 | 0+353 | 0+453 |
|---|---|---|---|---|---|
| 2年一遇 | 平均波高 | 0.75 | 0.53 | 0.60 | 0.57 |
| | 1/3大波波高 | 1.13 | 0.78 | 0.87 | 0.87 |
| | 1/10大波波高 | 1.41 | 1.00 | 1.06 | 1.03 |
| | 最大波波高 | 1.61 | 1.10 | 1.24 | 1.22 |

**表5.3　原方案闸室出口处波高**　单位：m

| 工况 | 波高参数 | 1000年一遇 | 100年一遇 | 10年一遇 | 5年一遇 | 2年一遇 |
|---|---|---|---|---|---|---|
| 原方案 | 平均波高 | 4.10 | 2.61 | 2.42 | 1.95 | 1.32 |
| | 1/3大波波高 | 6.60 | 4.10 | 3.79 | 2.88 | 1.93 |
| | 1/10大波波高 | 10.00 | 6.08 | 5.29 | 3.86 | 2.52 |
| | 最大波波高 | 14.18 | 12.37 | 9.21 | 7.14 | 3.55 |

试验还对100年一遇消能防冲设计工况下消力池底板的脉动压力分布进行量测，脉动压力测点布置见图5.7，脉动压力分布情况见表5.4，作为消能工方案比选和结构设计时的计算依据。

图5.7　闸下跃首淹没流态（推荐方案，100年一遇，侧面）

**表5.4　原方案消力池底板脉动压力分布**　单位：kPa

| 测点号 | 1 | 2 | 3 | 4 | 5 | 6 | 7 |
|---|---|---|---|---|---|---|---|
| 平均值 | 260.84 | 246.76 | 258.76 | 249.89 | 253.54 | 261.36 | 284.84 |
| 最大值 | 346.92 | 311.44 | 369.87 | 337.53 | 310.40 | 305.71 | 305.18 |
| 最小值 | 183.64 | 156.51 | 174.25 | 182.59 | 163.81 | 202.94 | 239.98 |
| 均方根 | 16.69 | 18.26 | 17.74 | 15.13 | 15.13 | 11.48 | 6.26 |
| 测点号 | 8 | 9 | 10 | 11 | 12 | 13 | 14 |
| 平均值 | 239.45 | 200.33 | 258.23 | 239.45 | 260.84 | 258.23 | 276.49 |
| 最大值 | 297.88 | 307.27 | 359.96 | 305.18 | 326.05 | 351.09 | 299.45 |
| 最小值 | 177.90 | 126.77 | 198.24 | 161.20 | 209.72 | 195.11 | 241.54 |
| 均方根 | 14.61 | 33.91 | 18.26 | 15.65 | 13.04 | 13.04 | 6.78 |

综合以上试验情况，原消能设计方案存在“工”字形差动尾坎易磨损的风险，且消力池长度具有一定的优化空间。

## 5.3　跃首撞击闸门底缘的问题及解决思路

### 5.3.1　跃首撞击闸门底缘的问题说明

船闸跃首撞击闸门底缘是指船只在通过船闸时，由于过高的流速或船只的不稳定导致船体前部跃出水面，进而撞击闸门底缘的情况。这种问题可能会给船只和船闸造成损坏，因此需要采取相应的措施进行预防和解决。如通过调整闸门的开度和放水量来控制闸内水流的流速，使之在合理范围内，以减少船只通过闸门时产生的涡流和强烈水流。可以减少船只跃首的可能性；船只在进入船闸时应控制适当的航速，避免过高的速度导致船体跃出水面。船只操作员应严格按照船舶安全操作规程操作，并确保船只稳定进入船闸；考虑针对跃首问题对船闸结构进行优化设计。例如，在闸门底缘处增加防护装置，如橡胶垫或防撞墩，以减轻冲击力或阻止船只直接碰撞闸门底缘等方法。

由上一节得出的结论可知，在原方案布置条件下，在 100 年一遇、10 年一遇、5 年一遇和 2 年一遇工况下，闸下出流均出现了跃首撞击闸门底缘的问题。以 100 年一遇工况为例：如图 5.5 所示为闸下淹没出流的瞬时流态，消力池内的水跃流掺气很少；如图 5.6 所示为跃首上覆水体被推离闸门的远驱流态，掺气较为充分，消力池内水体含有大量气泡；闸下淹没水跃和远驱水跃的流态交替出现，跃首上覆水体反复撞击闸门底缘（闸室正面流态如图 5.7 所示）。

水工断面模型试验对消能方案进行了优化，试验表明推荐方案在各典型频率洪水工况下跃首撞击闸门底缘的问题没有得到改善。以 100 年一遇工况为例：如图 5.8 所示为闸下淹没出流的瞬时流态，消力池内的水跃流掺气很少；如图 5.9 所示为跃首上覆水体被推离闸门的远驱流态，掺气较为充分，消力池内水体含有大量气泡；闸下淹没水跃和远驱水跃的流态交替出现，跃首上覆水体反复撞击闸门底缘（闸室正面流态如图 5.10 所示）。试验表明闸下流态与消能方案无关，与上下游水头差、下游水位、单宽流量（闸门开度）等水流特性有关。

图 5.8　闸下跃首远驱流态（推荐方案，100 年一遇，侧面）

图 5.9 闸下跃首撞击闸门底缘流态
(原方案，100 年一遇，正面)

图 5.10 闸下跃首撞击闸门底缘流态
(推荐方案，100 年一遇，正面)

受水槽二元水流不能横向扩散的限制，试验结果还在整体模型上进行了验证。水工整体模型试验表明，推荐方案布置条件下，泄水闸采取均匀开启的调度原则时，各典型频率洪水工况闸下出流既不能将跃首上覆水体持续推离闸门，也不能形成较为稳定的淹没水跃，跃首上覆水体反复撞击闸门底缘，引起闸门振动，容易造成闸门的损毁。推荐方案 100 年一遇闸下流态如图 5.11 所示，闸室内翻腾的掺气水团，即为撞击闸门底缘的跃首上覆水体。

图 5.11 闸下跃首撞击闸门底缘流态
(推荐方案，100 年一遇，整体)

掺气水团带来水流中混入气体或含有气泡的水流区域的存在对船闸的运行和航行安全有一定影响，可能会改变水流的稳定性和航行条件。船只在通过掺气水团区域时，由于水体密度的突然变化和湍流的影响，可能会对船只的稳定性和航行性能产生影响。

### 5.3.2 跃首撞击闸门底缘的解决思路

水闸控制泄洪时，闸下有三种流态——稳定淹没、临界、稳定远驱，流态示意见图 5.12～图 5.14，闸下淹没出流和远驱出流均属于稳定的流态，临界出流情况下，会出现跃首反复撞击闸门底缘的情况。在一定运行水头、闸门开度和下游水深条件下，跃首上覆水体撞击闸门底缘是较为常见的问题。根据广东飞来峡、广西红花等水利枢纽类似工程经验，该问题可通过闸门调度来解决，即采用不均匀的闸门开启调度结合分区运行，避开这种不利流态产生条件，小开度区闸门后形成稳定淹没的水跃，大开度区闸下出流可将上覆水体完全推离闸门底缘。

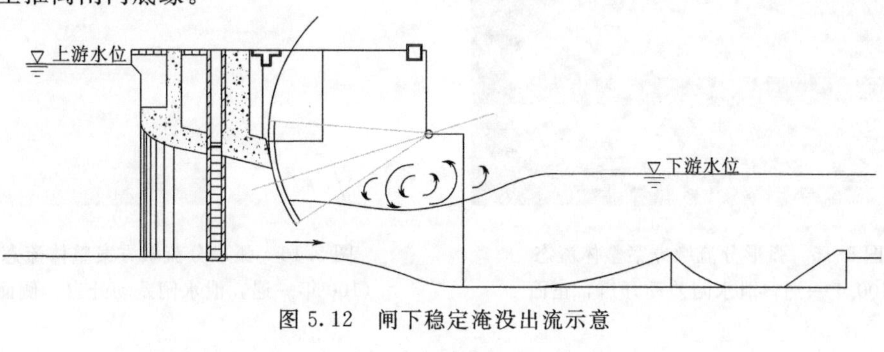



图 5.12 闸下稳定淹没出流示意

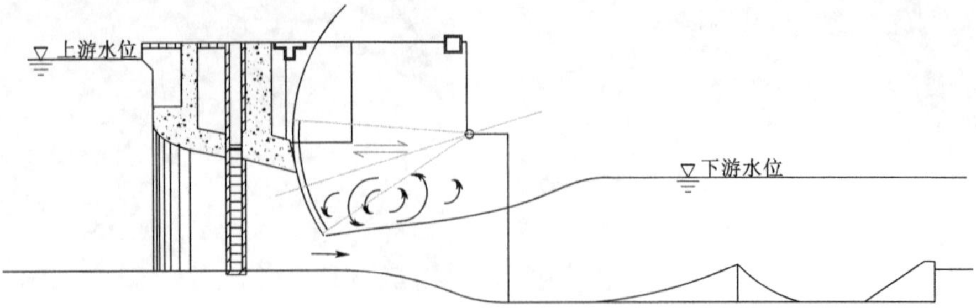


图 5.13 闸下临界出流示意

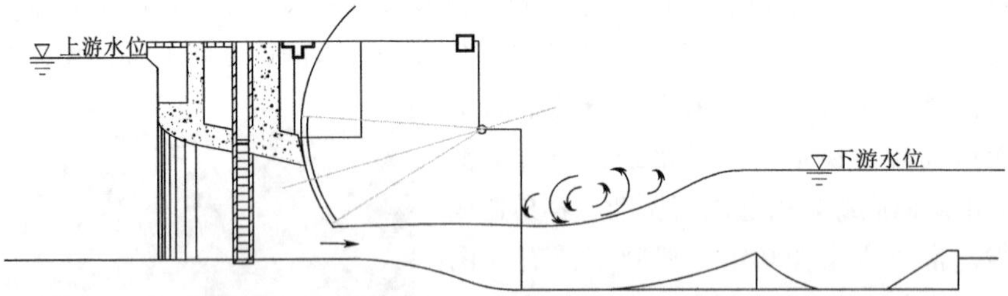


图 5.14 闸下稳定远驱出流示意

相对于其他工程，大藤峡工程单宽流量大，下游水深大，闸门开启需要较大的不均匀度才能避开跃首撞击闸门底缘的过渡性流态。根据闸门应避开振动区域的设计要求，闸门应在相对开度 0.3 和 0.8，即 5.4～14.4m 范围运行，以百年一遇洪水为例，均匀开启时低孔闸门开度 11.0m，采用差动分区开启时泄水闸左区低孔闸门开度为 8.0m，泄水闸中区和右区泄水闸低孔开度为 14.0m 才有效。泄水闸分区差动运行（泄水闸分区差动运行是指将一个大泄水闸分成几个相互独立的分区，通过控制每个分区的闸门开度来实现差动运行，这种运行方式可以更精确地控制水流通过泄水闸的速度和量，以满足不同的需求）。消力池流态如图 5.15、图 5.16 所示，大开度闸下稳定远驱流态如图 5.17 所示，小开度闸下稳定淹没出流如图 5.18 所示。

图 5.15 弧形分流墩方案整体流态
（100 年一遇，泄水闸差动开启，正面）

图 5.16 弧形分流墩方案整体流态
（100 年一遇，泄水闸差动开启，侧面）

图 5.17 大开度闸下稳定远驱流态
（100 年一遇，闸门开度 14.0m，中、右区）

图 5.18 小开度闸下稳定淹没流态
（100 年一遇，闸门开度 8.0m，左区）

开度区段单宽流量增大，出池水流集中且流速较大，冲刷能力增大，海漫下游河床冲刷范围增大，最大冲深达到 6.0m，动床冲刷情况如图 5.19 所示。为后续进行闸门调度运行方式打下基础，再根据试验情况优化各消力池分区池长、池深。

图 5.19 弧形分流墩方案整体冲坑
（100 年一遇，泄水闸差动开启）

## 5.4 优化方案思路

结合大单宽流量低弗劳德数深尾水的水流特性和对原消能设计方案的试验情况分析，提出方案优化的思路如下：在不恶化消能效果的前提下，设计利于块石带出消力池的辅助消能工体型，充分利用水流之间的碰撞和掺混消能，同时对消力池长度进行优化，降低工程造价。由于低弗劳德水流存在消能率且主流不易分散的特性，或采用辅助消能工体型设计，提高消力池的消能效果，可以考虑设计一些辅助消能工体，在不恶化消能效果的前提下，有利于块石带出水流。这些工体的形状和布置可以有助于水流之间的碰撞和掺混，从而提高消能效果。还可充分利用水流之间的碰撞和掺混消能，水流在消力池中相互碰撞和掺混时会消耗水流的动能，因此可以利用这一特点来增强消能效果。通过合理设计消力池的结构，使得水流在其中能够形成较大的碰撞和掺混，从而促进消能效果的提高。另外，消力池长度的优化可以考虑在满足消能要求的前提下，尽量减少工程造价。根据具体工程情况和水流特性，可以对消力池长度进行合理的选择，以达到在最小长度范围内满足消能要求的目标；由于低弗劳德水流存在消能率且主流不易分散的特性，可充分利用下游水深大的优势。通过消能工体的设计，将主流尽量控制在下游水体的中部，既可以减少对河床的冲刷，又可以降低水面波浪的产生。

具体的方案优化需要针对综合考虑工程的水流特性、消能要求、环境影响等因素，并进行详细的工程设计和试验验证。大藤峡水利枢纽工程应充分利用下游水深大的特点，通过消能工良好的体型设计将主流尽量控制在下游水体的中部，既不对河床造成过大的冲刷，也不引起水面太大的波浪。

优化方向有两个，分别是低坎分流墩方案和弧形分流墩方案，以下对其结构型式和消能原理进行说明。

### 5.4.1 低坎分流墩方案

低坎分流墩方案是一种常用的消能设计方案，主要用于消力池的尾部，旨在通过差动尾坎和分流墩的结构布置，实现水流的消能和河床的保护。以下是对方案结构布置和消能原理的补充说明：图 5.20 和图 5.21 展示了低坎分流墩方案的结构布置，其中在消力池尾部的坎斜坡上设置了一定高度的三角形截面的分流墩，形成差动尾坎。其消能机理为：

（1）当下泄的高速水流遇到差动尾坎，受到阻碍，形成强迫水跃。这种强迫水跃使水流剧烈滚动和混合，从而将水流的能量消耗掉。

（2）差动尾坎将出消力池水流分散成多股，差动尾坎将出消力池的水流分散成多股。在尾坎和分流墩的作用下，水流在平面上收缩束窄，垂向上拉高并扩散。水流的流速在空间中急剧变化，产生较大的流速梯度，同时紊动强度加剧。这有助于主流的扩散，避免集中水流对河床造成冲刷。

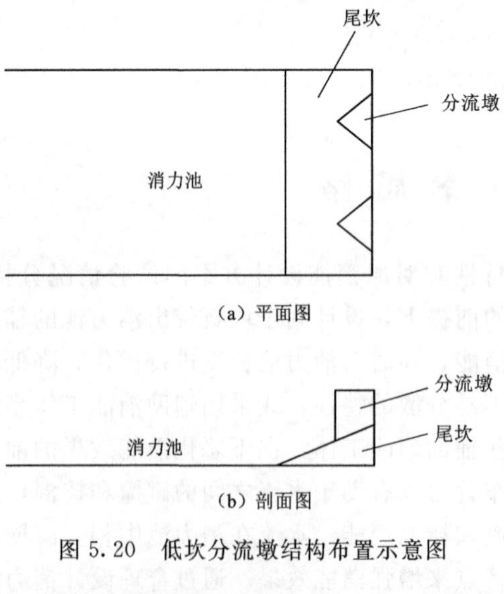


图 5.20 低坎分流墩结构布置示意图

（3）差动尾坎挑起的主流与墩间空隙的窄高射流碰撞掺混，和贴近底部的低速紊动水流组成空间多轴漩滚，使水流出消力池后能够继续消耗能量。差动尾坎挑起的主流与墩之间的空隙形成窄高的射流，当主流与墩之间的射流发生碰撞和掺混时，能量会进一步消耗。此外，底部靠近河床的水流的低速紊动也参与其中，与主流形成空间多轴漩涡，使水流出消力池后能够继续消耗能量。

综上所述，低坎分流墩方案通过强迫水跃、水流分散与扩散以及射流碰撞和紊动消能等机制，实现了水流能量的消耗和主流的控制，降低了对河床的冲刷作用，达到了消能的目的。这种方案常用于具有大单宽流量、低弗劳德数和深尾水等特性的水流条件下，既保证了消能效果，又考虑了工程造价和环境影响的因素。

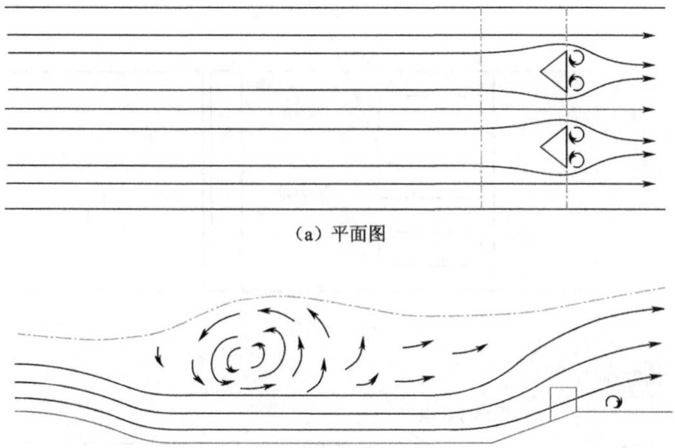

(a) 平面图

(b) 剖面图

图 5.21　低坎分流墩消能机理示意图

### 5.4.2　弧形分流墩方案

弧形分流墩方案是一种常用的消能设计方案，用于消力池的护坦位置。该方案的典型特征是在护坦上设置一系列具有一定高度、宽度、挑角和间距的弧形墩。图 5.22 和图 5.23 展示了弧形分流墩方案的结构布置。弧形墩的设置形成了一系列弧面，水流在弧面上进行流动和变化，从而实现能量的消耗和水流的控制。其消能原理有如下 5 个原因：

(1) 部分过闸水流沿着弧形墩的弧面上挑流动，形成强迫水跃（也称为戽流），从而使消力池上层区域的水流经历剧烈的滚动和混合，消耗掉一部分能量。

(2) 经过弧形墩弧面上挑的水体在沿程过程中逐渐坦化，并部分向两侧扩散。部分水体由于惯性作用继续上挑，达到最大高度后跌落。这种坦化和扩散过程有助于消耗水流的动能和削减水流的流速。

(3) 部分过闸水流穿过弧形墩之间的空隙，贴底流动，并在弧形墩尾部后向两侧扩散。水流在尾坎的作用下上挑，出尾坎后仍保持上挑状态，在与之前的跌落水体碰撞和掺混的过程中，进一步耗散能量。

(4) 弧形分流墩的设置能够将主流分散成多股。分散后的主流沿程逐渐扩散和掺混，使流速逐渐减小，从而耗散了大部分的能量。

(5) 弧形分流墩可降低消力池前段涌浪高度、缓和消力池后段漩滚强度，并防止块石在消力池内滞留，有助于降低涌浪的高度，减少涌浪对河床的冲刷作用。同时，在消力池后段，弧形分流墩能够缓和漩涡的强度，减少可能对河床造成的冲刷和侵蚀。此外，弧形分流墩的设置还有助于防止块石在消力池内滞留，从而保持通畅的水流过程。

下面通过断面模型试验，分别确定低坎分流墩和弧形分流墩的最优体型，并对流速分布、河床冲刷、波浪及衰减等水力学参数进行比较分析。

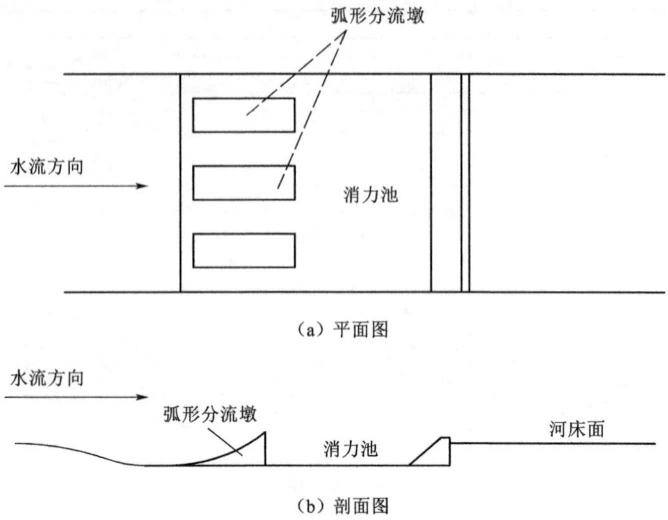


图 5.22　弧形分流墩结构剖面示意图

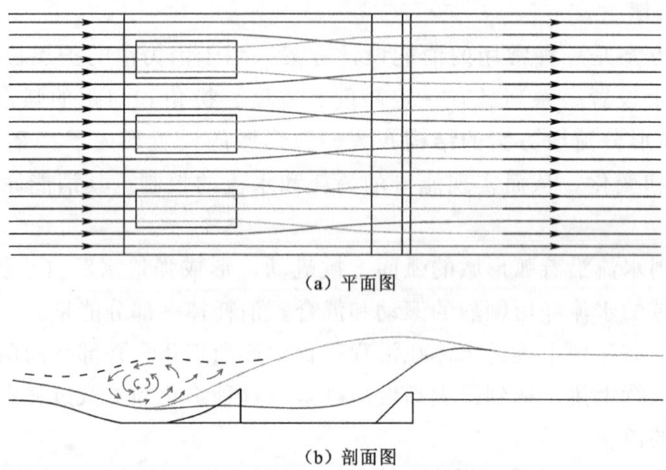


图 5.23　弧形分流墩消能机理示意

### 5.4.3　低坎分流墩方案试验成果及分析

1. 方案 D1

根据工程经验初拟方案 D1 见图 5.24，消能工参数：消力池长度 70m，比原方案缩短 40m，尾坎挑角 25°；三角形分流墩底宽 8.5m，纵向长度 5.06m，相邻墩间距 7.15m，墩高 4.7m。

方案 D1（100 年一遇）设计工况消力池流态如图 5.25 所示，由试验流态可见，弧形分流墩的设置使水流产生强迫水跃，即水流通过弧面上挑，并形成滚动的漩涡。这些漩涡覆盖了整个消力池段，对水流动能进行消耗和控制，池内无石块滞留，防止石块对水流和河床的冲刷和损害。弧形分流墩的设计使主流在尾坎处紧贴河床出消力池。可以将主流离开河床表面，减少对河床的冲刷作用，在弧形分流墩的作用下，出消力池的主流被挑离河

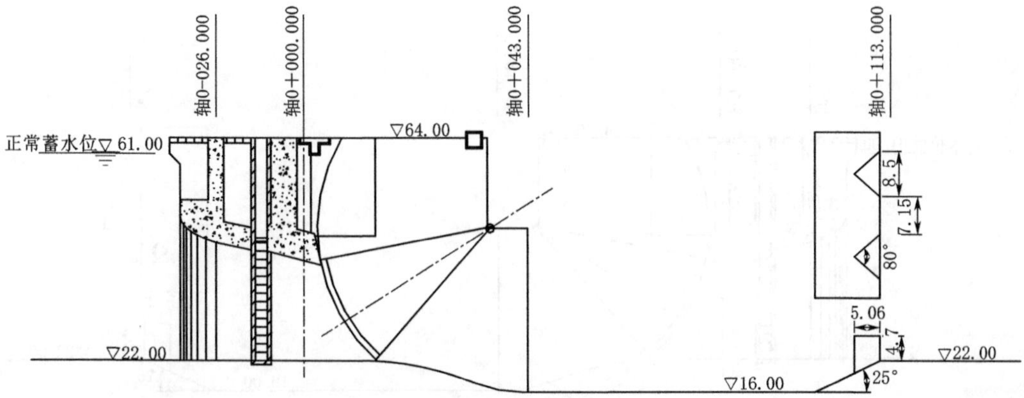


图 5.24　低坎分流墩方案布置（方案 D1）

床，并逐渐扩散。这种扩散作用有助于降低流速和能量，减少对下游河床的冲刷和侵蚀。由于弧形分流墩的设置导致出消力池的主流趋于扩散，可能在下游河道中引起下游河床未出现严重冲刷，下游河床水面波动稍大的现象。

图 5.25　低坎分流墩方案消力池流态（方案 D1，100 年一遇）

方案 D1 消能效果较好，未出现明显严重的问题，考虑下游波浪过大可能会影响下游通航水流条件和岸坡稳定，后续优化方向主要以降低下游波浪为目标。

2. 方案 D2

方案 D2 将分流墩高度增至 6.7m，较高的分流墩会形成一定的阻力，使水流通过时局部受到横向限制，从而使水流在通过时形成较窄的平面收缩。这种平面收缩有助于加强水流的紊动和混合，使水与空气更好地接触，促进能量的消耗。同时，引起水流的垂向拉高也增加了水流的垂向扩散、水流的紊动得到加强，使水流产生更多的涡流和湍流。这些紊动的运动会在水流中造成能量的耗散，促进消能过程。然而，在增加分流墩高度时需要综合考虑水流的特性、河床的条件以及相关的工程要求，确保设计方案的可行性和安全性。适当的水流模拟和实验验证也是必要的，以保证分流墩高度的选择符合实际效果和工程要求，故物理模型方案布置见图 5.26。

方案 D2（100 年一遇）设计工况消力池流态如图 5.27 所示，由试验流态可见，分流墩高度增至 6.7m 后，出消力池水流上挑角度增大，主流挑至水面，引起下游较大的水面波动。

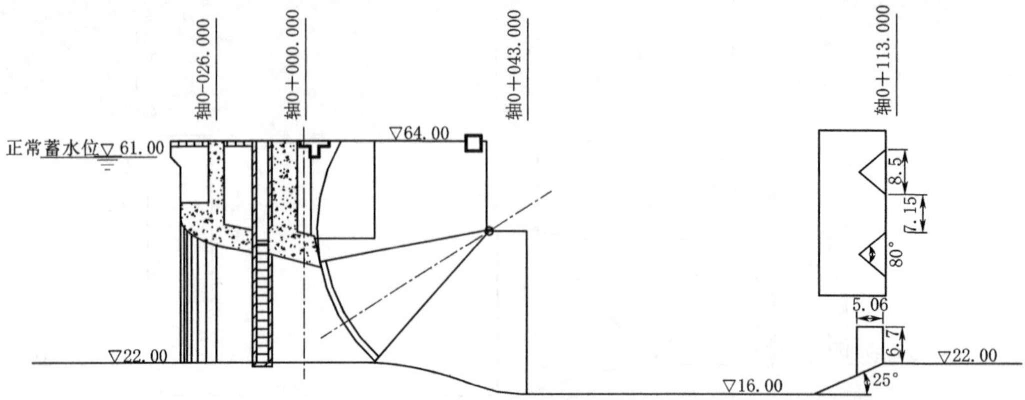


图 5.26　低坎分流墩方案布置（方案 D2）

图 5.27　低坎分流墩方案消力池流态（方案 D2，100 年一遇）

出消力池是用来消能的一种水利结构，在设计过程中，主流上的挑角度是一个关键考虑因素。该挑角度的大小受到尾坎挑角和分流墩高度的共同影响。

尾坎挑角是指尾坎的倾斜角度，它对水流的挑角起着重要作用。较大的尾坎挑角会使水流在通过尾坎时发生较大的水平挑角，这有助于将水流挑起并引导至下游的中部偏上位置。通过控制尾坎挑角，可以控制水流的挑角方向和角度，以满足设计要求。

另一个影响主流上挑角的因素是分流墩的高度。分流墩的高度决定了水流通过消力池时的局部阻力。较高的分流墩会产生较强的阻力，使主流水流在分流墩处产生较大的水平挑角。通过适当控制分流墩的高度，可以调整水流的挑角幅度。

最佳状态是将出消力池的水流挑至下游水体的中部偏上位置。好处是避免了河床的冲刷，同时能够减小水面的波动。当水流通过消力池时，挑角的调整可以使水流的能量得到消耗和分散，从而减小水流对下游河床的冲蚀作用。同时，适当地引导水流到下游水体的中部偏上位置，可以减小水流对水面的扰动，避免水面的剧烈波动，改善水体的稳定性。

在设计过程中，需要综合考虑尾坎挑角、分流墩高度以及其他相关因素，通过水流模拟和实验验证来确定最佳的主流上挑角度，以确保出消力池的设计能够有效地消能、减小冲蚀和波动，将水体的稳定性提高到最佳状态。

3. *方案* D3

方案 D3 将消力池尾坎挑角减小至 20°，分别对 4.0m、4.7m、5.4m 三种分流墩高度进行比选，试验发现4.7m墩高方案流态较优，出池水流挑至下游水体的中部偏上位置，下游波浪较小。方案布置见图5.28，100年一遇设计工况消力池流态如图5.29所示。

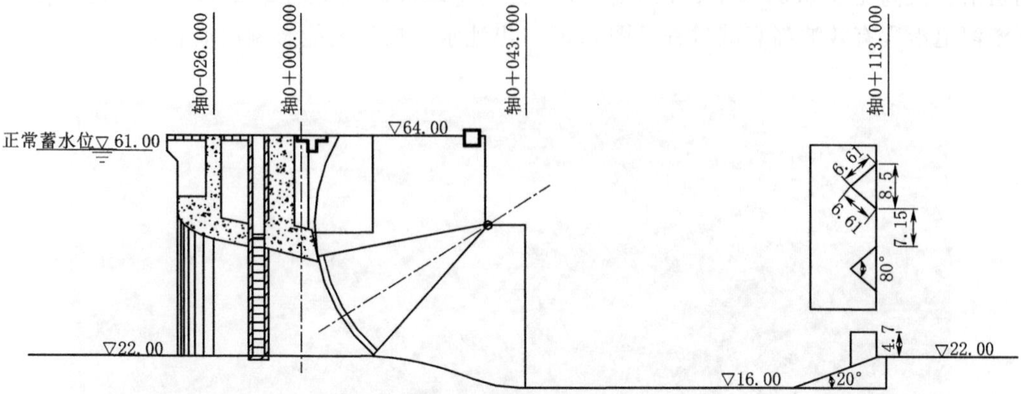


图5.28 低坎分流墩方案布置（方案D3）

图5.29 低坎分流墩方案消力池流态（方案D3，100年一遇）

4. 方案D4

低坎分流墩消能方案部分能量依靠消力池内的水流漩滚消去，部分能量依靠出尾坎后多股水流的碰撞掺混形成的空间多轴漩滚消去，适当增加消力池长度，提高水流能量在消力池内消去的比例，有助于改善下游水面波动情况，将消力池长度调整到80m，得到方案D4，方案布置见图5.30。

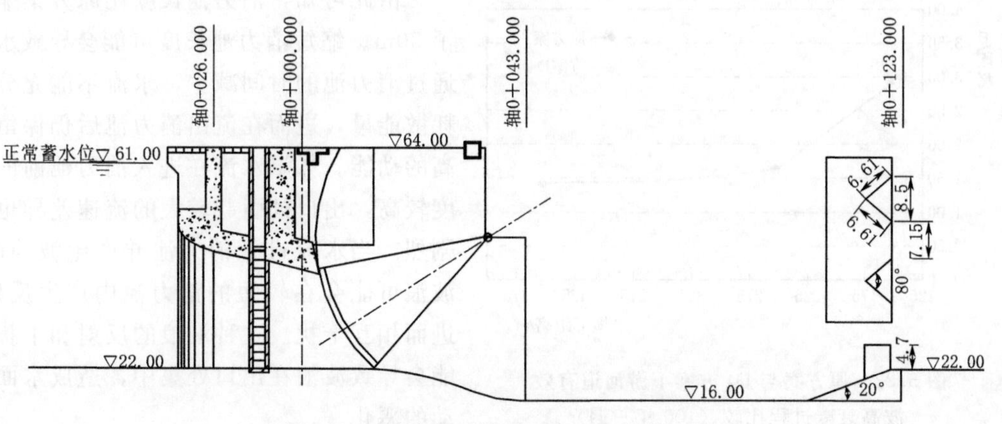


图5.30 低坎分流墩方案布置（方案D4）

100年一遇设计工况消力池流态如图5.31所示，消力池加长后，消力池内水体漩滚尺度增大，水流紊动加剧，消能效率提高，下游水面波动得到改善。测得100年一遇下游河道沿程波高见表5.5，0+453断面D4方案的平均波高比原方案高0.19m。100年一遇下游河道沿程有效波高衰减过程见图5.32，出池水流携带余能影响波浪衰减。

图5.31　低坎分流墩方案消力池流态（方案D4，100年一遇）

**表5.5　　方案D4下游河道沿程波高（100年一遇）**　　单位：m

| 方案 | 波高参数 | 0+153 | 0+253 | 0+353 | 0+453 |
|---|---|---|---|---|---|
| 原方案 | 平均波高 | 1.46 | 0.88 | 0.76 | 0.76 |
| | 1/3大波波高 | 2.26 | 1.34 | 1.15 | 1.14 |
| | 1/10大波波高 | 2.88 | 1.63 | 1.45 | 1.43 |
| | 最大波波高 | 3.20 | 2.59 | 2.11 | 1.88 |
| 方案D4 | 平均波高 | 1.67 | 0.98 | 0.89 | 0.95 |
| | 1/3大波波高 | 2.32 | 1.40 | 1.35 | 1.37 |
| | 1/10大波波高 | 2.90 | 1.66 | 1.67 | 1.65 |
| | 最大波波高 | 3.22 | 2.67 | 2.29 | 1.96 |

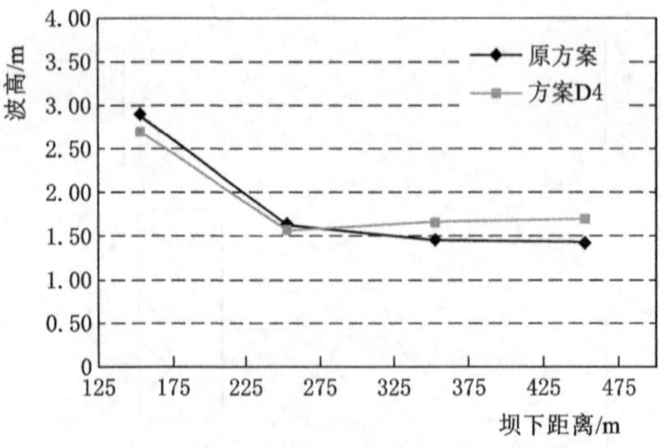


图5.32　原方案与D4方案下游河道有效波高衰减过程比较（100年一遇）

由此可知，消力池长度比原方案缩短了30m。缩短消力池长度可能会导致水流通过消力池的时间减少，水流不能充分地耗散能量，进而在流出消力池后仍保留较高的动能。如果水流在进入消力池前的速度较高，出口处引起较大的流速差异也越剧烈。当水流进入消力池并产生波浪时，波浪可能会在较短的消力池内产生反射，进而相互干扰。这种波浪的反射和干扰可能会导致波浪在出口处集中，造成水面波动的恶化。

## 5.5 消能方案整体模型试验成果及分析

### 5.5.1 试验工况

消能防冲建筑物设计洪水采用100年一遇，故试验选取100年一遇频率洪水作为消能防冲方案优化控制工况，在整体模型上验证断面模型推荐的消能方案。对于10年一遇（最大通航流量）、5年一遇和2年一遇洪水条件下进行复核。原方案消力池长度设计及消能试验均未考虑厂房过流情况，泄水闸均匀开启，为保持研究成果一致性，便于和原方案成果比选，本次试验也不考虑厂房过流，试验结果偏安全。

为减少库区淹没损失，泄水闸规模主要受20年一遇频率洪水时泄洪能力控制，故试验选取20年一遇频率洪水来分析消能方案对泄水闸过流能力的影响。

消能试验下游水位采用不受下游洪水顶托的水位值进行控制，上游水位按照最不利的61.00m进行控制；过流能力试验下游水位采用受下游洪水顶托的水位值进行控制；试验结果偏安全。

大藤峡通航水流条件及自航船模试验研究中，对下游河道岸线进行了调整，下游口门区布置进行了优化，整体模型试验在该优化方案的基础上进行。整体模型试验工况见表5.6。

表5.6　消能防冲整体模型试验工况

| 试验工况 | 流量/($m^3$/s) | 上游水位/m | 下游水位/m | 洪水频率/% | 备　注 |
|---|---|---|---|---|---|
| 1 | 42300 | 61.00 | 41.48 | 1 | 消能防冲设计洪水 |
| 2 | 35300 | 61.00 | 39.40 | 10 | 最大通航流量 |
| 3 | 30600 | 61.00 | 38.01 | 20 | |
| 4 | 23400 | 61.00 | 35.58 | 50 | |
| 5 | 39000 | — | 40.58 | 5 | 泄洪控制规模 |

### 5.5.2 试验成果与分析

大藤峡通航水流条件及自航船模试验研究中，为改善下游口门区的通航水流条件，对下游河道岸线进行了调整，包括左岸尾水渠左侧岸坡的扩挖、下游口门区对岸边坡理顺、下游引航道过渡段航槽扩挖，岸线调整消弱了弯道水流的效应，下游河道流态趋于平顺，有利于泄水闸的过流。20年一遇洪水条件下，试验测得上游水位45.93m，略低于46.15m计算值，能够满足设计要求。

各试验工况消力池及下游流态如图5.33、图5.34所示，四组流量条件下的水流流态相近：下泄水流在弧形墩上游的消力池中形成淹没水跃，消去大部分能量；弧形墩下游的消力池内多股水流碰撞掺混，能量消杀较为充分，出池水流与下游河道衔接平顺。

各试验工况海漫下游河段动床冲刷情况如图5.35、图5.36所示。100年一遇工况，海漫下游河床略有冲深，其中最大冲深出现在消力池中区右侧靠近纵向围堰的区域，冲坑深度 1.80m；10 年一遇工况，纵向围堰延长线两侧有 1.1m 的冲坑，其他区域未见明显冲深；5 年一遇和 2 年一遇洪水条件下，海漫下游河床均未见明显冲刷。

图 5.33　弧形分流墩方案整体流态
（100 年一遇，泄水闸均匀开启，正面）

图 5.34　弧形分流墩方案整体流态
（100 年一遇，泄水闸均匀开启，侧面）

图 5.35　弧形分流墩方案整体冲坑
（100 年一遇，泄水闸均匀开启）

图 5.36　弧形分流墩方案整体冲坑
（10 年一遇，泄水闸均匀开启）

10 年一遇、5 年一遇和 2 年一遇通航工况，测得下游口门区出口及航道连接段的沿程波高见表 5.7，波高分布规律相一致：口门区出口水域在导航建筑物的防护下波浪稍小；河道主流汇入航道连接段的上段后，波浪稍有增大；航道连接段的中段和下段，波高沿程递减；三组试验工况下各测点平均波高在 0.30m（实际运行库水位小于 61.0m，波高值会有所降低）。

**表 5.7**　　**下游口门区及航道过渡段沿程波高**　　单位：m

| 工　况 | 波高参数 | 2+720 | 3+070 | 3+420 | 4+770 |
|---|---|---|---|---|---|
| 10 年一遇 | 平均波高 | 0.32 | 0.36 | 0.29 | 0.29 |
| | 1/3 大波波高 | 0.47 | 0.44 | 0.38 | 0.40 |
| | 1/10 大波波高 | 0.52 | 0.53 | 0.45 | 0.49 |
| | 最大波波高 | 0.57 | 0.59 | 0.54 | 0.56 |

续表

| 工况 | 波高参数 | 2+720 | 3+070 | 3+420 | 4+770 |
|---|---|---|---|---|---|
| 5年一遇 | 平均波高 | 0.33 | 0.36 | 0.29 | 0.28 |
| | 1/3 大波波高 | 0.45 | 0.49 | 0.37 | 0.37 |
| | 1/10 大波波高 | 0.57 | 0.58 | 0.56 | 0.54 |
| | 最大波波高 | 0.61 | 0.60 | 0.61 | 0.58 |
| 2年一遇 | 平均波高 | 0.30 | 0.33 | 0.30 | 0.28 |
| | 1/3 大波波高 | 0.38 | 0.44 | 0.41 | 0.39 |
| | 1/10 大波波高 | 0.44 | 0.50 | 0.50 | 0.46 |
| | 最大波波高 | 0.48 | 0.51 | 0.55 | 0.50 |

由各试验工况下游河段流速分布可知，出闸水流略偏左侧河床流动，沿程向河床右侧的深槽扩散。受左厂房尾水渠左侧凸岸的影响，尾水渠范围内的左侧岸线向河中收缩，主流贴左岸流动，需加强该段岸坡的防护；出尾水渠后，主流被挑向河道中间流动，沿程不断扩散调整，至4+583断面流速分布趋于天然状态。

## 5.6 本章小结

本章对大藤峡枢纽工程消能防冲原设计方案进行验证的基础上，针对原设计方案存在的问题进行了方案比选和优化，提出了消能防冲布置的推荐方案，试验得到的主要结论如下：

(1) 原设计方案的消力池长度按照常规消力池设计，然而试验结果显示，主流距离尾坎较远的位置很快被挑离消力池底板，意味着在低弗劳德数条件下，消力池的消能率很低。因此，原方案存在一定的优化空间来改进消力池长度。此外，块石在工字形尾坎之间停留并随水流漩滚，易对“工”字形尾坎造成磨损，而破损的尾坎会增加检修和维护的成本。

(2) 断面模型试验对低坎分流墩和弧形分流墩两种消能思路进行方案比选和消能工参数优化，综合考虑消能、波高、过流、冲刷等因素，现阶段推荐采用弧形分流墩方案：消力池长度为80m，较原方案缩短30m，弧形墩宽度8.0m，高度7.0m，挑角为20°、尾坎挑角34°，尾坎高出下游海漫1.5m。

(3) 整体模型试验结果表明，弧形分流墩方案的消能效果较好。出池水流与下游河道衔接良好，然而海漫下游河床略有冲刷。在通航工况下，游口门区出口及航道过渡段的平均波高约为0.30m。此外，在尾水渠范围内，主流贴近左岸流动，因此需要加强该段岸坡的防护。

综上所述，通过优化消力池设计并进行模型试验，弧形分流墩方案在消能效果、水流衔接等方面表现较好，然而还存在一些需要注意和改进的地方，如下游河床冲刷和尾水渠岸坡防护。这些结果对最终工程的设计和实施提供了有价值的参考。

试验在对大藤峡枢纽工程消能防冲原设计方案进行验证的基础上，针对原设计方案存在的问题进行了方案比选和优化，提出了消能防冲布置的推荐方案，为保证不均匀的闸门开启调度和消力池分区运行效果，建议加高消力池左区和中区间的分区隔墙，并适当加深中区和右区海漫末端齿墙深度。且泄水闸采取均匀开启的调度原则时，各消能工况闸下出流既不能将跃首上覆水体推离闸门，也不能形成较为稳定的淹没水跃，跃首上覆水体反复撞击闸门底缘从而造成闸门振动破坏。采用不均匀的闸门开启调度结合分区运行可避开这种不利流态的生成条件。建议开展闸门调度运行方式专题研究，并进一步优化各消力池分区池长、池深。

# 第6章 围 堰 拆 除

## 6.1 大藤峡枢纽围堰基本情况

大藤峡水利枢纽是一座以防洪、航运、发电、补水压咸、灌溉等综合利用的大型水利枢纽工程。枢纽由挡水建筑物、泄水建筑物、河床式发电厂房、船闸、灌溉取水口及鱼道等组成。水库正常蓄水位 61.00m，死水位 47.60m。水库总库容 34.79 亿 $m^3$，防洪库容 15 亿 $m^3$。船闸规模为 3000t 级。电站装机容量 1600MW，8 台机组，多年平均发电量 60.55 亿 kW·h，保证出力 366.9MW。本工程等别为Ⅰ等，工程规模为大（1）型，泄水建筑物为 1 级建筑物。正常运用洪水重现期为 1000 年，非常运用混凝土坝洪水重现期为 5000 年，非常运用土石坝洪水重现期为 10000 年，泄水闸消能防冲建筑物正常运用洪水重现期为 100 年。大藤峡枢纽工程施工总工期为 108 个月。其中主体工程施工工期 96 个月（一期工程 59 个月，二期工程 37 个月），工程完建期 12 个月。一期完成黔江主坝左岸的 21 孔泄闸、3 台发电机组厂房、船闸及黔江副坝和南木江副坝等工程。二期完成右岸泄水闸、右岸厂房、右岸挡水坝段、黔江鱼道工程等。目前大藤峡水利枢纽工程左岸一期工程基本完工，投入初期运行，二期正在施工。

招标设计阶段黔江主坝二期上游横向土石围堰拆除至 22.0m 高程；下游横向土石围堰全部拆除；上游段纵向混凝土围堰拆除长度 275m，剩余 50m 不拆，拆除高程至 36.0m；下游段纵向混凝土围堰全部拆除至 22.0m，拆除长度 202m。根据围堰拆除时间节点要求，二期上、下游土石围堰拆除时段为 2022 年 5 月 1 日—2022 年 11 月 30 日；上下游碾压混凝土纵向围堰拆除工程时间为 2022 年 5 月 1 日—2023 年 7 月 31 日。

受左岸船闸通航和一期机组发电限制，二期上游围堰拆除期间上游库水位只能降低到 47.60m，上游围堰顶高程为 54.30m，水上拆除量较小，大部分为水下拆除，拆除工程量大，施工难度高、工期长。在厂房进水渠拦沙坎顶高程为 28.00m 时，对比发电工况上游横向围堰拆除至高程 26.0m、28.0m、31.17m 水位壅高情况。分析对发电的影响，推荐上游横向围堰拆除高程。右五孔泄水闸前增设拦沙坎对泄水闸泄流能力的影响，拦沙坎高程 26.0m、28.0m。上游纵向围堰长 325m，在选定上游横向围堰拆除高程及右五孔泄水闸前设拦沙坎高程后，需进一步研究纵向围堰全部保留（325m）、拆除长度 168m（拆除高程 36m）、拆除长度 275m（拆除高程 36m）时，对泄水闸过流能力、水流流态及冲刷的影响，下游纵向围堰消力池下游段长 202m，研究全部不拆、拆除至高程 30.0m、26.5m 时，影响水流流态及消能冲刷。

同时按照右岸工程目前的进度，右岸第一台机组的发电时间计划安排在 2022 年 10 月 30 日（预计提前 2 个月），为满足机组发电要求上下游围堰的拆除完成时间也要适当提前。为此，在满足工程泄洪安全及对工程发电的影响程度较小的前提下，优化二期围堰拆除范围、拆除高程，减少围堰拆除工程量，降低围堰拆除难度进而缩短围堰拆除工期，即可减少围堰拆除投资，同时满足大藤峡水库提前蓄水及右岸第一台机组投产发电的要求，提高工程发电效益。

但是，围堰的拆除改变了水流的通行情况，可能导致河道中水流速度和流向的变化。这种变化可以影响河床冲刷的分布和强度。例如，围堰拆除后，水流可能更加顺畅，减少了对河床的压力，可能导致冲刷减弱或发生在不同的区域；围堰拆除后，波浪和涡流的形成条件和特征可能会改变。可能导致冲刷作用在不同的地点和方式下发生。波浪和涡流对河床冲刷有重要影响，因此围堰拆除可能改变这些影响机制。不仅如此，围堰拆除会改变水流的输运特性，从而对河床物质（如沉积物、砾石等）的搬运和分布产生影响。这可能导致河床物质在拆除区域的重新分布，进而影响冲刷的发生和程度。还可能导致水流和冲刷作用可能引起河床形态的调整。可能表现为河床的侵蚀或沉积，和河道横截面的改变。围堰拆除可能会导致河床冲刷作用扩散或集中的变化，从而导致河床形态的变化。基于上述缘由，结合现场实际条件，需补充右岸二期围堰拆除优化试验研究，根据模型试验成果，对拆除方案进行优化调整，为此开展二期上游横向围堰、纵向围堰拆除方案的平行对比试验研究工作。

因工程采用两期导流，一期导流先围左岸，江水由束窄后的右岸河床过流。在一期围堰的保护下，施工河床左岸泄水闸（20孔泄水低孔和1孔泄水高孔）、左岸厂房、船闸等建筑物。黔江副坝与南木江副坝与黔江主坝一期工程同时施工。黔江副坝位于左岸阶地，不用围堰保护。南木江副坝采用一次截流、江水由主坝右岸束窄河床过流。二期导流围右岸，利用左岸已施工完成的20孔泄流低孔、1孔泄流高孔泄流，在二期围堰的保护下，施工河床右岸泄水闸（4孔泄水低孔和1孔泄水高孔）、右岸厂房、右岸挡水坝、鱼道等建筑物。利用二期上游围堰挡水，满足左岸厂房发电、左岸船闸通航的水位要求。二期围堰由上、下游混凝土纵向围堰和上、下游土石围堰组成。围堰平面布置见图6.1～图6.2。张琦等通过MIKE21就大藤峡水利枢纽工程二期截流进行数值模拟分析，通过对比各截流方案对围堰拆除过程龙口水位影响，得出预进占时段预留龙口宽100m较为合适，且在11月下旬开展截流优于10月下旬的结论。

图6.1 围堰平面布置图

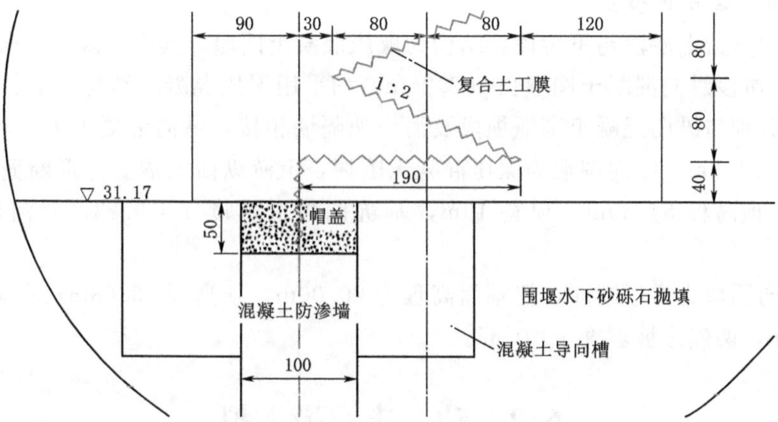


图 6.2 上游横向围堰剖面细部图

### 6.1.1 二期上游横向围堰布置型式

二期上游横向围堰布置在坝轴线上游约 270m 处，采用土工膜心墙土石围堰，围堰轴线呈直线布置，轴线与水流方向夹角约 84°，斜向下游。上游围堰左侧与纵向围堰上游段相连接，右侧与右岸开挖边坡相连接。

围堰挡水标准采用大汛 50 年重现期洪水，设计流量 $Q=44900m^3/s$，总长 349.6m，左岸滩地段长 116.9m，主河床段长 178.7m，右岸岸坡段长 54.0m。挡水水位 52.80m，堰顶高程 54.30m，最大堰高 52.3m。

上游围堰断面结构分上下两部分，下部为挡枯水期围堰；对枯水期围堰进行加高后形成挡大汛洪水围堰。防渗墙施工平台顶高程为 31.17m。堰顶高程为 54.30m，堰顶宽 10m。枯水期围堰堰体按 3 区填筑，上、下游各设 1 道石渣填筑体，中间回填砂砾石填筑料。石渣料水下抛填坡比为 1∶1.5，砂砾石料水下抛填坡比 1∶1.75。

二期上游挡枯水期围堰防渗体均采用塑性混凝土防渗墙，塑性混凝土防渗墙厚 1.0m，防渗墙深入基岩 1.0m。上部加高堰体堰壳（29.87～54.30m）填筑料采用石渣料，采用土工膜和黏土心墙防渗体，土工膜两侧设 4.0m 宽砂砾石反滤料。

### 6.1.2 二期下游横向围堰布置型式

二期下游横向围堰布置在坝轴线下游约 400m 处，围堰轴线呈直线布置，轴线与水流方向夹角约 87°，接近垂直。下游围堰左侧与纵向混凝土围堰相连接，右侧与右岸岸坡相连接。采用大汛 20 年重现洪水，设计流量 $Q=39300m^3/s$，围堰总长 404.8m，左岸滩地段长 33.9m，主河床段长 326.1m，右岸岸坡段长 44.8m，挡水水位 42.58m，堰顶高程 43.68m。

二期下游围堰断面结构分上下两部分，下部为挡枯水期围堰；防渗墙施工平台顶高程为 30.15m，堰顶宽 10m。上游堆石体上游侧水下抛填坡比为 1∶2，下游侧水下抛填坡比为 1∶1.5。上部堰体为堆石体，两侧坡比为 1∶2.0。

二期下游挡枯水期围堰防渗体均采用塑性混凝土防渗墙，塑性混凝土防渗墙厚 1.0m，防渗墙深入基岩 1.0m。上部加高堰体堰壳（28.85～48.68m）填筑料采用石渣料，加高部分堰体采用土工膜防渗体，土工膜两侧设 4.0m 宽砂砾石反滤料。

### 6.1.3 纵向围堰布置型式

纵向围堰分为上游段与下游段，结构为碾压混凝土围堰。其中上游段纵向混凝土围堰长325m，下游段纵向混凝土围堰长202.26m，均采用碾压混凝土结构。上、下游段纵向混凝土围堰分别与纵向混凝土围堰坝段及消力池隔墙相接，纵向混凝土围堰坝段长67m，消力池隔墙长195m。纵向围堰为碾压混凝土围堰，上游纵向围堰为梯形断面，建基面高程20.00m，顶高程54.30m，顶宽10m，基坑侧边坡坡度1∶0.23，靠河侧边坡坡度1∶0.45。

下游纵向围堰为梯形断面，建基面高程为20.00m，顶高程43.68m，顶宽8m，最大高度36.68m，两侧边坡坡度1∶0.35。

## 6.2 动 床 模 拟

试验模拟坝址上游3.0km，下游2.8km，共5.8km的河道范围，尾水控制断面为坝下桩号2+649.00。试验河段地形复杂，上游为峡谷河道，河宽在500m，下游为前山区河道，河宽在2500m。河道内有深潭、浅滩、水下鲶鱼石、蓬拱石等；坝址上游主河道高程最大变化为−51.5～20m，高差达70m；两岸山沟、石梁密布。河道水面线验证以形体阻力为主。为使模型河道做到与原型相似，在制模完成后对局部地形进行了修正和糙率调整。

按照实测的天然河道（流量分别为2420$m^3/s$、5800$m^3/s$、15659$m^3/s$、33660$m^3/s$）水面线资料，在模型上进行了多次验证，发现各工况下模型水面线与原型实测值基本一致，模型与原型相似性较好，可以开展试验研究工作。经计算，模型长度约80m（含上下游过渡段），模型宽度约16m，模型占地面积约1280$m^2$。

1. 模型比尺

采用1∶80的正态模型。

2. 模型范围

试验模拟范围为坝址上游3.0km至下游2.8km，共5.8km的河道范围，尾水控制断面为坝下桩号2+649.00。

3. 模型制作

按照SL 155—2012《水工（常规）模型试验规程》、SL 99—2012《河工模型试验规程》等技术规程要求进行模型制作。

4. 动床模拟材料选择

（1）基岩。上游纵向混凝土围堰基岩选取中值粒径为8.0mm的石子模拟；泄水闸消力池下游基岩选取中值粒径为6.4mm的石子模拟。

（2）填筑体。堰体填充料石渣中值粒径为110mm，模型采用中值粒径1.4mm细沙模拟；填筑砂砾石中值粒径为50mm，模型采用中值粒径0.6mm细沙模拟；围堰塑性混凝土防渗墙采用PVC板进行模拟。

5. 模型验证

利用实测数据对模型相似性进行了验证，且验证数据均满足规范规程要求。

### 6.2.1 基岩模拟

坝址左岸为较宽阔的一级阶地，高程一般为 41～43m；阶地上冲沟较发育；坝线上游为低缓残丘，高程 61～88m。右岸为低山丘陵高程一般为 80～110m。河床偏向右岸，枯水期水面宽约 400m，两岸均露出宽 20m 左右的岩滩。河床覆盖层厚度较薄，一般小于 1m，左岸一级阶地覆盖层厚度一般为 17～21m；右岸山坡厚度一般 2～8m。坝址岩层为那高岭组第 11～13 层和郁江阶灰岩第 1～3 层，岩层总体产状倾向下游偏左岸。岩性包括细砂岩、含泥细砂岩、粉砂岩、泥质粉砂岩、泥岩、泥质灰岩和灰岩七种。郁江阶的 $D_{2yl-1}$ 层和 $D_{2yl-2}$ 层岩溶不发育，$D_{2yl-3}$ 层岩溶发育，左岸船闸闸室及下闸首处于 $D_{2yl-3}$ 层。

为观测泄水闸上游河床防护范围是否合理和纵向混凝土围堰附近的冲刷情况，以及泄水闸消力池下游的冲刷，试验对相应位置的基岩依据岩石的抗冲流速进行了模拟。根据现场上游纵向混凝土围堰附近开挖 22.00m 高程以下基岩性状判断，此部分基岩抗冲流速为 4.5～5.5m/s，通过伊兹巴什公式 $v=(5\sim7)d^{0.5}$ 算得模拟冲料的粒径为 6.4～9.6mm，试验选取中值粒径为 8.0mm 的石子模拟；泄水闸消力池下游基岩抗冲流速为 4.5m/s，算得冲料的粒径为 6.4mm，试验选取中值粒径为 6.4mm 的石子模拟。

模型上游来流量由电磁流量计量测；上、下游水位由固定测针量测；下游河道流速由 LS-3C 光电旋桨流速仪施测；模型尾门水位根据设计提供的水位流量关系进行控制；水流流态和动床冲刷形态由数码相机记录。

### 6.2.2 横向围堰填筑料模拟

围堰填筑料主要有砂砾石、石渣两种，根据堰体填筑砂砾石以及石渣级配情况，填充料石渣中值粒径为 110mm，通过伊兹巴什公式 $v=(5\sim7)d^{0.5}$ 算得模拟冲料的中值粒径 1.4mm，模型采用中值粒径 1.4mm 细沙模拟；砂砾石中值粒径为 50mm，算得模拟冲料的中值粒径为 0.6mm，模型采用中值粒径 0.6mm 的细沙模拟；围堰塑性混凝土防渗墙采用 PVC 板进行模拟。

## 6.3 上游横向围堰拆除方案试验

### 6.3.1 上游横向围堰拆除方案

根据前期已有研究成果、本次合同及大藤峡公司的最新要求，试验在厂房进水渠拦沙坎顶高程为 28.00m、上游纵向围堰全部保留的基础上，对上游横向围堰分别拆除至高程 26.00m、高程 28.00m、台阶型式（防渗墙拆除至高程 31.17m、上游拆除至高程 28.00m、下游拆除至高程 29.00m）、围堰不等高拆除（围堰左侧 SW0+199.60～SW0+349.60 段拆除至高程 25.00m，右侧拆除至高程 31.17m）四个方案的围堰上下游水位差、堰顶流速、厂房进水口流速分布进行对比测试，然后对围堰拆除推荐方案的抗冲性进行试验分析。

选取电站发电引用流量大、上游水位较低的运行条件作为围堰不同拆除方案对比试验工况（工况 1～工况 3），选用 20 年一遇洪水对围堰拆除推荐方案的抗冲性进行试验（工况 4），各试验工况见表 6.1。

表 6.1 上游横向围堰拆除试验工况表

| 工况 | 总流量 /($m^3/s$) | 库水位 /m | 发电流量 /($m^3/s$) | 泄水闸泄量 /($m^3/s$) | 2+649 水位 /m | 备 注 |
|---|---|---|---|---|---|---|
| 1 | 8000 | 54.60 | 7071 | 929 | 29.83 | 非汛期（10月至次年3月）调度 |
| 2 | 14000 | 47.60 | 6526 | 7474 | 33.43 | 汛期6—8月发电调度 |
| 3 | 6800 | 47.60 | 6800 | 0 | 29.75 | 汛期库水位47.6m机组满发工况 |
| 4 | 39000 | — | 0 | 39000 | 41.82 | 20年一遇洪水 |

选取电站发电引用流量大、上游水位较低的运行条件作为围堰不同拆除方案对比试验工况（工况1～工况3），选用20年一遇洪水对围堰拆除推荐方案的抗冲性进行试验（工况4），各试验工况见表6.2。

表 6.2 上游横向围堰拆除试验工况表

| 工况 | 总流量 /($m^3/s$) | 库水位 /m | 发电流量 /($m^3/s$) | 泄水闸泄量 /($m^3/s$) | 2+649 水位 /m | 备 注 |
|---|---|---|---|---|---|---|
| 1 | 8000 | 54.60 | 7071 | 929 | 29.83 | 非汛期（10月至次年3月）调度 |
| 2 | 14000 | 47.60 | 6526 | 7474 | 33.43 | 汛期6—8月发电调度 |
| 3 | 6800 | 47.60 | 6800 | 0 | 29.75 | 汛期库水位47.6m机组满发工况 |
| 4 | 39000 | — | 0 | 39000 | 41.82 | 20年一遇洪水 |

### 6.3.2 上游纵向围堰拆除方案试验

在上游横向围堰拆除方案及右五孔泄水闸前拦沙坎高程确定的基础上，试验对上游纵向围堰拆除剩余长度分别为0m、50.00m、157.00m以及全部保留等四个方案（拆除部分高程至36.00m）的枢纽泄流能力、上游河势变化、围堰头部的河床冲刷形态、纵向围堰爆破渣输移等的影响开展研究，综合分析并提出推荐方案。上游纵向围堰不同拆除方案主要影响枢纽的整体泄流能力、泄流流态以及对纵向围堰爆破渣的输移，试验选用泄流能力控制工况20年一遇洪水开展研究，泄水闸各孔敞泄、泄流量39000$m^3/s$，电厂不发电。

### 6.3.3 下游纵向围堰拆除方案试验

对纵向围堰消力池下游段（坝轴线桩号0+238.00～0+440.30段）全部保留和拆除至高程30.00m、26.50m分别进行试验。

纵向围堰消力池下游段拆除不同高程主要影响消力池出池水流扩散和下游冲刷。试验选取消能设计洪水、中小率洪水以及右区消能不利工况开展方案比较。其中，消能设计100年一遇洪水流量为42300$m^3/s$，控泄库水位61.00m；中频率洪水采用20年一遇洪水，流量为39000$m^3/s$；右区消力池下游冲刷，根据泄水闸调度原则（$Q_{泄} \leqslant$ 5000$m^3/s$时，调度右区泄水闸）及前期试验右区冲刷结果，采用右区下游冲刷较为严重的最不利工况为库水位59.60m时，泄水闸过流5000$m^3/s$、电厂满发进行比较。见表6.3。

表 6.3　纵向围堰拆除试验工况

| 工况 | 总流量/($m^3/s$) | 库水位/m | 发电流量/($m^3/s$) | 泄水闸泄量/($m^3/s$) | 2+649 水位/m |
|---|---|---|---|---|---|
| 1 | 39000 | — | 0 | 39000 | 41.82 |
| 2 | 42300 | 61.00 | 0 | 42300 | 42.67 |
| 3 | 11500 | 59.60 | 6500 | 5000 | 32.35 |

### 6.3.4　电厂发电水头影响对比

在二期横向围堰上游坝轴线桩号 0－400.00 断面和右岸电厂前 0－100.00 断面布置试验水位测点。

(1) 围堰拆除至 26.00m 高程。各试验工况，围堰处水流平顺，无水面跌落，工况 1 围堰上下游水位差为 0.01m，工况 2 水位差为 0.04m，工况 3 水位差为 0.03m，在 8 台机组满发情况下，上游水位越低，围堰上下游水头差越大，试验测得工况 2 (14000$m^3/s$) 围堰上下游水头差最大，为最不利试验工况。

(2) 围堰拆除至 28.00m 高程。工况 1 围堰上下游水位差为 0.02m，工况 2 水位差为 0.07m，工况 3 水位差为 0.05m，随着围堰拆除量的减小，围堰上下游水位差逐渐增大。

(3) 台阶拆除方案。工况 1 围堰上下游水位差为 0.05m，工况 2 水位差为 0.10m，工况 3 水位差为 0.08m，该方案拆除量最小，围堰上下游水头差最大。

(4) 不等高拆除方案。工况 1 围堰上下游水位差为 0.02m，工况 2 水位差为 0.08m，工况 3 水位差为 0.06m，随着围堰左侧拆除量的增加，围堰上下游水头差减小。

综合情况，围堰上下游水位差受拆除高程影响较大，相同来流条件，围堰拆除越少，横向围堰过流断面面积越小，围堰上下游水位差越大，以流量 14000$m^3/s$、库水位 47.60m 为例，横向围堰拆除高程至 26.0m、28.0m、台阶拆除方案以及不等高拆除方案，试验测得的围堰上下游水位差分别为 0.05m、0.07m、0.10m 和 0.08m。

### 6.3.5　横向围堰的抗冲性

试验在纵向围堰拆除至 50m 方案下，选用控制工况的 20 年一遇洪水（闸门敞泄，泄流量 39000$m^3/s$），对上游横向围堰堰顶流速进行测量，在此基础上，对推荐方案的围堰抗冲性开展试验研究。

(1) 堰顶最大流速。各试验工况下的堰顶最大流速统计见表 6.4。

表 6.4　拆除不同高程堰顶底部最大流速 ($Q_{5\%}=39000m^3/s$)

| 横向围堰高程/m | 堰顶最大流速/(m/s) | | |
|---|---|---|---|
| | 上 | 中 | 下 |
| 26.00 | 3.55 | 3.23 | 3.12 |
| 28.00 | 3.86 | 3.42 | 3.25 |
| 31.17（台阶状） | 4.29 | 3.93 | 2.69 |
| 不等高拆除（25.0/31.17） | 3.78 | 2.47 | 2.40 |

观测发现，上游横向围堰段最大底部流速均位于围堰顶面上游端，横向围堰拆除至高程 26.00m、高程 28.00m、31.17m 台阶拆除方案及不等高拆除方案堰顶底部最大流速分

别为 3.55m/s、3.86m/s、4.29m/s 和 3.78m/s。

20 年一遇洪水工况下，各拆除方案堰顶流速均大于抗冲流速，剩余堰体存有冲刷的风险。

(2) 堰顶冲刷。横向围堰不等高拆除方案的围堰冲刷形态如图 6.3 所示。

由图 6.4 可见，在 20 年一遇洪水闸门全部敞泄情况下，横向围堰拆除剩余部分冲刷主要集中于围堰的上游侧，尤其以左侧高程 25m 段及与右侧 31.17m 平台连接段附近，冲刷体沿程平铺，越过混凝土塑性墙的量较少；混凝土塑性墙下游段围堰冲刷主要位于横向围堰与纵向围堰交接处，冲刷形态以冲沟为主，量值不大，顺墙堆积；横向围堰下游坡比为 1∶1.5，在围堰过水后，横向围堰下游坡存在塌体至平衡的过程，但不会影响至拦沙坎处。

图 6.3　上游横向围堰冲刷形态
(围堰侧向、$Q_{5\%}=39000\text{m}^3/\text{s}$)

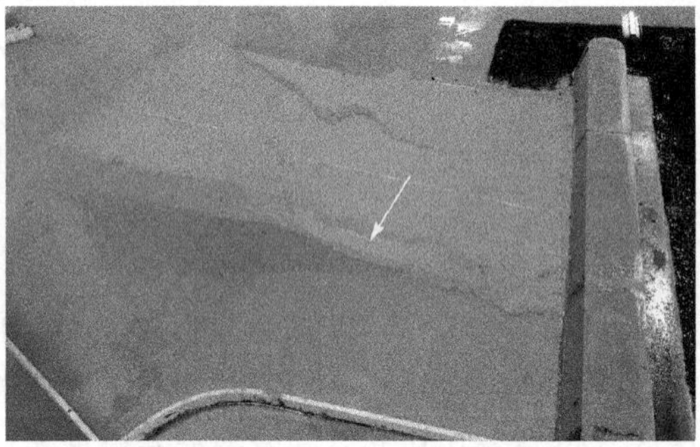

图 6.4　上游横向围堰冲刷形态
(围堰附近、$Q_{5\%}=39000\text{m}^3/\text{s}$)

## 6.4　上游横向围堰拆除试验成果分析

### 6.4.1　堰顶流态与流速对比

#### 6.4.1.1　堰顶流态对比

在左侧纵向围堰与右侧岸坡约束、电厂发电与右侧 5 孔过流情况下，进入到围堰前端的左侧水流较为平顺，右侧受上游山体外凸绕流影响，右侧岸坡侧形成回流区；各试验来流条件下，围堰顶部水深均大于 16.5m，断面流速小，堰顶水流较平顺，围堰前端堰体未发现明显的挑流，围堰上下游水面比降相对小。

从四个对比方案来讲，围堰拆除越低，过堰水流越平稳，对于围堰顶高程拆除至 26m、28m 和 31.17m 台阶三种方案，通过沿水流方向保留的一定长度堰体的调整，至横向围堰下游侧已无明显的差别；对于不等高拆除方案，主流偏向围堰拆除较低的左侧，而右侧堰顶水流相对平缓。

#### 6.4.1.2　堰顶流速对比

二期上游围堰填筑砂砾石中值粒径 D50 为 50mm，泥沙抗冲流速采用沙莫夫公式计算：

$$U_c = 1.14\sqrt{\frac{\gamma_s - \gamma}{\gamma}gD}\left(\frac{h}{D}\right)^{1/6}$$

式中 $\gamma$、$\gamma_s$——水和沙的容重；

$h$、$D$——水深、粒径。

参考现有试验报告“在库水位 47.6m、围堰拆除至 22.00m 时，堰体填筑料抗冲流速为 2.91m/s”，考虑上游横向围堰堰体采用砂砾石填筑，在电厂发电运行时，处于常年水下的围堰拆除剩余体存在冲刷的风险，如果挟沙水流进入到消力池或机组内，可能会产生不利影响。

试验在上游纵向围堰全部保留情况下，对各对比方案在不同发电条件下的横向围堰堰顶流速进行了测量。

1. 方案比较

从上游横向围堰拆除不同高程方案对比来讲，拆除高程至 26.0m 和 28.0m 两个方案中堰顶流速分布较为均匀，堰顶流速拆除至 26.0m 方案略小于拆除至 28.0m 方案；在拆除高程至 31.17m（上游 28.0m，下游 29.0m）方案中，中间断面的堰顶（31.17m）流速则明显高于前后两个断面的堰顶流速，且相比于拆除高程至 28.0m 方案，堰顶前断面水面由于受 31.17m 台阶影响，堰顶前断面表层流速较大、底层流速较小；在不等高拆除方案中，断面流速呈左小右大的格局，且相比于拆除高程至 31.17m 台阶方案，堰顶流速明显减小。

2. 来流条件比较

从试验工况来讲，工况 1 发电机组运行＋泄水孔 24 号开度 6.2m，断面水流分布较均匀，整体水流较为平顺进入泄水闸、发电机组；工况 2 发电机组运行＋泄水孔 19～25 号开度 8.0m、26 号开度 5.0m，5 号、4 号机组前靠近泄水闸一侧的水流流向偏向泄水闸，断面大部分水流通过泄水闸孔下泄；工况 3 发电机组运行，泄水闸孔关闭，泄水闸前的水流流向偏向右侧发电机组，断面水流均进入发电机组。

3. 堰顶最大流速

从堰顶最大流速分布来看，14000$m^3$/s 流量，堰顶前端流速最大。围堰拆除至 26.00m 时，底层最大流速为 1.70m/s，位于堰前中部；拆除至 28.00m 时，底层最大流速为 1.72m/s，位于堰前中部；31.17m 台阶拆除，底层最大流速 1.81m/s，位于塑性混凝土墙顶部；不等高拆除时，底层最大流速 1.65m/s，位于堰前中部。各拆除方案堰顶流速均小于填筑体的抗冲流速。

### 6.4.2 电厂进口过栅流速对比

为分析上游横向围堰拆除不同高程对厂房拦污栅处的流速分布影响，试验对右岸厂房拦污栅处垂向流速分布进行观测，选取每台机组中孔的垂向布置 3 个测点。各工况下不同拆除高程方案的机组进口断面平均流速对比见表 6.5。

各试验工况 1～5 号机组流速垂向分布规律相似，均为表层＜中层＜底层，且各机组之间流速分布均匀，差异较小。各试验工况不同拆除高程方案下的流速分布规律一致，各围堰拆除方案下流速分布均差异较小，以工况 1 为例，拆除至 26.0m 方案中 5 台机组表层、中层、底层流速范围为 0.47～0.55m/s、0.72～0.75m/s、0.77～0.87m/s；拆除至

28.0m 方案中 5 台机组表层、中层、底层流速范围为 0.49～0.55m/s、0.73～0.78m/s、0.78～0.83m/s；拆除至 31.17m（上游 28.0m，下游 29.0m）方案中 5 台机组表层、中层、底层流速范围为 0.46～0.54m/s、0.72～0.76m/s、0.80～0.86m/s；不等高拆除方案中 5 台机组表层、中层、底层流速范围为 0.49～0.55m/s、0.73～0.75m/s、0.80～0.84m/s。

总体情况，横向围堰不同拆除方案的围堰末端与右侧 1～5 号机组进口尚有 150m 左右的水流调整空间，且围堰末端与厂房进口之间还布置了高程为 28m 的拦沙坎，试验测得的各围堰拆除对比方案对右侧 1～5 号机组进口的垂向流速分布影响均较小，方案间无明显差别。

**表 6.5　　各试验工况厂房进口拦污栅处的平均流速统计**

| 上游横向围堰拆除高程 /m | 26.00 | | | 28.00 | | | 31.17m（上游 28.0m，下游 29.0m） | | | 左侧 150m 高程 25.0m，右侧台阶（轴线 31.17m、下游 29.0m、上游 28.0m） | | |
|---|---|---|---|---|---|---|---|---|---|---|---|---|
| 工况 | 1 | 2 | 3 | 1 | 2 | 3 | 1 | 2 | 3 | 1 | 2 | 3 |
| 总流量/($m^3$/s) | 8000 | 14000 | 6800 | 8000 | 14000 | 6800 | 8000 | 14000 | 6800 | 8000 | 14000 | 6800 |
| 泄水闸流量/($m^3$/s) | 929 | 7474 | 0 | 929 | 7474 | 0 | 929 | 7474 | 0 | 929 | 7474 | 0 |
| 机组发电流量/($m^3$/s) | 7071 | 6526 | 6800 | 7071 | 6526 | 6800 | 7071 | 6526 | 6800 | 7071 | 6526 | 6800 |
| 平均流速/(m/s) | 0.70 | 0.77 | 0.80 | 0.70 | 0.76 | 0.80 | 0.71 | 0.77 | 0.81 | 0.70 | 0.78 | 0.80 |

## 6.5　上游纵向围堰拆除试验成果分析

### 6.5.1　泄流流态影响

20 年一遇洪水，各对比方案枢纽上游水流流态如图 6.5～图 6.8 所示。大藤峡枢纽上游纵向围堰布设于现状主槽的左侧，根据枢纽总体布置，纵向围堰左侧布设了 3 台机组、1 个高孔和 20 个低孔，纵向围堰右侧布设了 4 个低孔、1 个高孔和 5 台机组（5 台机组布置于现状主槽内），由各对比方案枢纽上游泄流照片可见，枢纽泄流均以远离现状主槽的左侧 21 孔为主，以右侧 5 孔为辅。各方案泄流流态描述如下。

图 6.5　上游纵向围堰全部保留方案

图 6.6　上游纵向围堰拆除至 157.00m 方案

图 6.7　上游纵向围堰拆除至 50.00m 方案

图 6.8　上游纵向围堰拆除至 0.00m 方案

上游纵向围堰全部保留。主流在上游围堰前端区域提前向左折转进入到左侧 21 孔泄水闸上游，纵向围堰头部形成较强的挑流，并在围堰左侧至闸前形成较大范围的绕流区(试验测得绕流区最大宽度约 85m)，绕流区的存在进一步压缩泄水闸上游的泄流宽度，主流较为集中，至闸门前，主流才逐渐扩散至整个过流断面，7～21 号闸孔基本为斜向进流；在纵向围堰约束及厂房前沿阻水下，围堰右侧主流基本贴着纵向围堰进入到右区泄水闸内；右岸厂房前端的岸坡侧形成大范围的回流区。

上游纵向围堰拆除剩余 157m。随着上游纵向围堰长度的缩短及顶高程的降低，右侧主流越过纵向围堰顶部向泄水闸左区和中区扩散，扩散断面增加后，围堰头部挑流强度减弱及围堰左侧绕流范围缩小；围堰拆除部分的顶部形成向左侧流速较大，未拆除部分上游侧为垂直横断面，导致右侧向左侧的横向挑流更加明显，17～21 号闸孔基本为斜向入流；围堰右侧主流贴纵向围堰进入到右区泄水闸内；右岸厂房上游岸坡侧回流区的范围略有减小。

上游纵向围堰拆除剩余 50m。随着右侧主流越过纵向围堰顶部向泄水闸左区和中区扩散断面的宽度进一步增加，主流向左侧分流量逐渐增加，水流流线与纵向围堰夹角减小，围堰头部绕流强度及扩散范围减弱；围堰拆除剩余部分头部的横向挑流影响 19～21 号闸孔泄流，其他闸孔入流更加顺畅；右岸厂房上游岸坡侧仍为回流区。

上游纵向围堰全部拆除。枢纽上游仍为由右向左的斜向流，但主流流线与纵向围堰的夹角在各方案中最小，围堰坝体段较宽，受其影响两侧的 20 号、21 号、22 号为斜向入流；右岸厂房上游岸坡侧仍为回流区。

综合各方案枢纽上游泄流流态分析认为：上游围堰全部保留时，纵向围堰对枢纽泄流流态影响最大，随着纵向围堰拆除长度的增加，右侧主流越过纵向围堰顶部向泄水闸左区和中区扩散的流量在增加，水流流向与闸孔进流的夹角在减小，上游泄流流态更加顺畅，可见，纵向围堰剩余长度越短，枢纽泄流流态越好。

### 6.5.2　试验工况

上游纵向围堰不同拆除方案主要影响枢纽的整体泄流能力、泄流流态以及对纵向围堰爆破渣的输移，试验选用泄流能力控制工况 20 年一遇洪水开展研究，泄水闸各孔敞泄、泄流量 39000$m^3/s$，电厂不发电。

### 6.5.3 闸孔泄流能力影响对比

在枢纽宣泄20年一遇洪水条件下，试验测得的各对比方案枢纽上游100m处水位见表6.6。

表6.6 各对比方案枢纽上游100m处水位 单位：m

| 上游纵向围堰保留长度 | 325 | 157 | 50 | 0 |
| --- | --- | --- | --- | --- |
| 上游水位 | 46.00 | 45.87 | 45.75 | 45.67 |

20年一遇洪水条件下，试验测得的上游纵向围堰不同保留长度下的上游水位分别为46.00m、45.87m、45.75m和45.67m，均低于设计水位46.15m，各对比方案均满足闸孔泄流能力要求。

从各方案上游水位对比来讲，上游纵向围堰保留的长度在一定程度上影响右侧主流进入到左侧闸孔内，保留长度越长影响越大。

### 6.5.4 泄流流态及流速影响对比

1. 上游纵向围堰全部保留

纵向围堰左侧：在围堰头部挑流作用下，主流位于泄流断面中部，左右侧流速相对较小，至枢纽前断面流速分布逐渐均化，各测点处表层流速大于底部流速。试验测得的左岸侧流速在2.01～3.28m/s；中部流速在3.76～5.71m/s；右侧纵向围堰附近流速在0.92～2.5m/s；墩头底部流速为5.13m/s。纵向围堰右侧：主流位于横向围堰开挖高程25m侧，最大底部流速为2.27m/s；横向围堰开挖高程31.17m侧流速较小，最大底部流速为1.43m/s。

2. 上游纵向围堰拆除剩余157m

随着纵向围堰长度的缩短，围堰右侧主流向围堰左侧扩散空间增加，纵向围堰左侧断面流速明显减小。纵向围堰左侧：左岸侧流速值在0.88～2.74m/s；中部流速在3.01～4.82m/s；右侧纵向围堰附近流速在2.28～5.45m/s；墩头底部流速为4.16m/s。纵向围堰右侧：主流位于横向围堰左侧，最大底部流速均位于围堰前端，左侧（开挖高程25m）最大底部流速为3.83m/s，右侧（开挖高程31.17m）最大底部流速为1.81m/s。

3. 上游纵向围堰拆除剩余50m

随着纵向围堰长度的进一步缩短，围堰右侧主流向围堰左侧分流量进一步增加。纵向围堰左侧：上游断面流速减小，下游断面流速在增加。其中左岸侧流速值在0.91～2.76m/s；中部流速在2.89～4.84m/s；右侧纵向围堰附近流速在2.24～5.13m/s；墩头底部流速为3.92m/s。纵向围堰右侧：纵向围堰长度缩短后，主流断面下移，最大流速仍位于横向围堰左侧，最大底部流速为3.78m/s（左右不等高拆除交接断面），横向围堰右侧最大底部流速为2.27m/s（右侧前端）。

4. 上游纵向围堰全部拆除

纵向围堰全部拆除至高程36m后，纵向围堰左侧：断面流速较均匀，其中左岸侧流速值在0.88～2.98m/s，最大流速集中在闸孔进口处；中部流速在2.75～4.81m/s；右侧纵向围堰附近流速在2.86～5.13m/s；墩头底部流速为3.46m/s。纵向围堰右侧：横向围堰左侧最大底部流速为3.83m/s（左右不等高拆除交接断面），横向围堰右侧最大底部流速为2.33m/s（右侧前端）。

综上来讲，随着纵向围堰拆除长度的增加，右侧主流越过纵向围堰（高程36m）进入泄水闸左区及中区内，围堰墩头绕流强度减弱，纵向围堰左侧断面流速减小且呈均化趋势，试验测得的最大底部流速均小于岩石起动流速。而随着纵向围堰拆除长度的增加，纵向围堰右侧主流断面下移，流速增加，左侧堰顶底部流速大于堰体的抗冲流速，局部堰体存在冲刷的可能。从围堰左侧河势分布及流速断面均匀性来看，全部拆除方案最优、剩余50m次之，剩余157m方案优于全部保留方案。

### 6.5.5 闸孔流速分布

表6.7为不同拆除方案闸孔中部流速试验值。

由表6.7可见，纵向围堰全部保留时，左区2～9号低孔过流相对均匀；中区闸孔10～19号闸孔水流集中（尤其是14号、15号），中区的20号、21号过流量相对较小；右区22～25号低孔过流相对均匀，流速分布为22号＞23号＞24号＞25号。

纵向围堰拆除剩余157m时，以左区与中区的2～18号低孔过流为主，15号、16号低孔过流集中，19～21号底流相对过流量小，右区22～25号低孔过流相对均匀，流速值略有降低，流速分布为22号＝23号＞24号＞25号。

纵向围堰拆除剩余50m时，以左区与中区的2～19号低孔过流为主，18号低孔过流集中，20～21号底流相对过流量小，右区22～25号低孔过流相对均匀，流速值进一步降低，流速分布为24号＞23号＞22号＞25号。

纵向围堰全部拆除时，泄流主要集中于左区与中区的中部，两侧略小，闸孔流速分布较为均匀，右区闸孔流速分布为24号＞23号＞22号＞25号。

从闸孔过流均匀性对比来讲，全部拆除方案最优、剩余50m次之，剩余157m方案优于全部保留方案。

### 6.5.6 围堰头部河床冲刷

图6.9～图6.12为20年一遇洪水，上游纵向围堰拆除剩余157m和50m方案的纵向围堰头部冲刷形态。

由图可见，两种拆除对比方案下，主流越过纵向围堰（高程36.0m）向左侧扩散区域增加，围堰头部紊动强度减弱，并且在围堰左侧12m宽混凝土底部防护下，纵向围堰头部附近河床均没有产生淘刷，拆除剩余157m和50m方案不会对上游纵向围堰的稳定产生影响。

### 6.5.7 爆破渣输移示踪试验

爆破渣输移示踪试验是一种用于研究水动力环境中固体颗粒物（如河床沉积物、泥沙、矿石等）运动和输移的试验方法。该方法通过向水体中引入示踪物质，通常是颜色明显的染料或标记剂，在特定位置进行爆破，观察示踪物质随水流运动的轨迹和变化。这些示踪物质表现为可见的颜色或标记，允许研究人员追踪和记录它们在水中的运动路径。爆破渣输移示踪试验的目的是更好地理解河流、水道或海岸等水体中固态颗粒物的输移行为。通过观察示踪物质的运动轨迹和变化，可以研究以下方面：例如输移速度与方向：示踪物质的运动轨迹可以揭示颗粒物在水流中的输移速度和方向。有助于了解固体颗粒物在水体中的传输路径，以及可能对水文和水力工程造成的影响。又或者是输移距离和分布：通过观察示踪物质的分布情况，可以推测固态颗粒物在水流中的输移距离和空间分布。还可以据此掌握示踪物质的运动轨迹也可以提供有关底床形态变化的重要信息。当示踪物质沉积在底床上时，可以观察和量化河流或水道的侵蚀或沉积过程。

表 6.7　不同拆除方案闸孔中部流速测量值　单位：m/s

| 闸孔编号 | 1号 | 2号 | 3号 | 4号 | 5号 | 6号 | 7号 | 8号 | 9号 | 10号 | 11号 | 12号 | 13号 | 14号 | 15号 | 16号 | 17号 | 18号 | 19号 | 20号 | 21号 | 22号 | 23号 | 24号 | 25号 | 26号 |
|---|---|---|---|---|---|---|---|---|---|---|---|---|---|---|---|---|---|---|---|---|---|---|---|---|---|---|
| 全部保留 | 2.38 | 6.36 | 6.61 | 6.60 | 6.68 | 6.80 | 6.81 | 6.80 | 6.78 | 6.92 | 6.95 | 6.97 | 7.00 | 7.27 | 7.22 | 6.95 | 6.99 | 6.97 | 7.08 | 5.77 | 5.18 | 6.92 | 6.83 | 6.76 | 6.24 | 2.70 |
| 157m | 2.41 | 6.40 | 6.61 | 6.64 | 6.73 | 6.81 | 6.84 | 6.83 | 6.89 | 6.90 | 6.92 | 6.92 | 6.90 | 6.94 | 7.24 | 7.25 | 7.07 | 6.50 | 5.95 | 5.81 | 5.33 | 6.73 | 6.73 | 6.68 | 6.14 | 2.68 |
| 50m | 2.42 | 6.43 | 6.60 | 6.65 | 6.75 | 6.78 | 6.76 | 6.78 | 6.84 | 6.85 | 6.86 | 6.89 | 6.89 | 6.92 | 6.97 | 7.08 | 7.09 | 7.18 | 6.80 | 5.95 | 5.70 | 6.51 | 6.63 | 6.64 | 6.07 | 2.64 |
| 0.0m | 2.43 | 6.46 | 6.61 | 6.69 | 6.78 | 6.80 | 6.81 | 6.83 | 6.83 | 6.83 | 6.86 | 6.87 | 6.90 | 6.94 | 6.97 | 6.96 | 6.93 | 6.56 | 6.49 | 6.46 | 6.22 | 6.41 | 6.56 | 6.61 | 6.02 | 2.62 |
| 分区 | 左区 | | | | | | | | | 中区 | | | | | | | | | | | | 右区 | | | | |

图 6.9 上游纵向围堰头部河床冲刷形态（保留 157m 方案）

图 6.10 上游纵向围堰头部河床冲刷形态（保留 157m 方案）

图 6.11 上游纵向围堰头部河床冲刷形态（保留 50m 方案）

图 6.12 上游纵向围堰头部河床冲刷形态（保留 50m 方案）

爆破渣输移示踪试验是水工与河流动力学领域常用的研究方法之一，提供了对固体颗粒物输移行为的直观观察和定量分析手段。本试验选用 20 年一遇洪水，对上游纵向围堰拆除剩余长度 157m 和 50m 两种方案，开展爆破渣输移示踪试验，爆破渣粒径按原型 0.2～0.4m 考虑，并以纵向围堰堰顶（高程 36m）至左侧河床混凝土防护段（高程 22.0m、宽 12m）斜向铺设，不同拆除方案左侧输移形态如图 6.13、图 6.14 所示。

20 年一遇洪水工况下，在围堰左侧较强螺旋流作用，散落于围堰左侧的爆破渣沿纵向围堰边缘被带向下游消力池，少量沉在拦渣槽内，且随着拆除长度的增加，堰体左侧紊动强度减弱，输移量减小，爆破渣的输移将对闸孔及消力池的运行带来安全隐患，建议尽可能地将爆破渣清理干净。

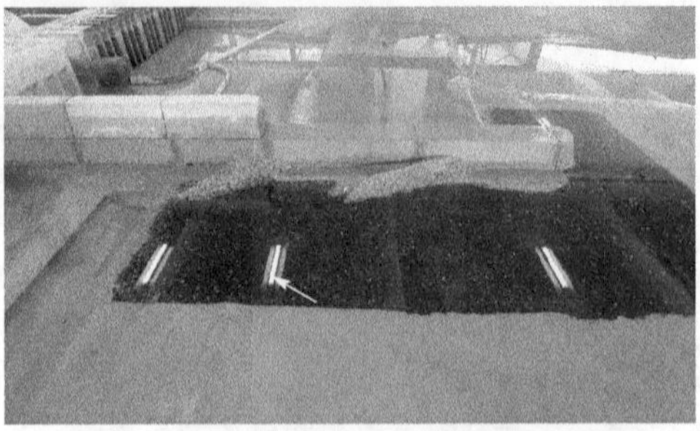

图 6.13　上游纵向围堰爆破渣输移形态
（保留 157m 方案、$Q_{5\%}=39000m^3/s$）

图 6.14　上游纵向围堰爆破渣输移形态
（保留 50m 方案、$Q_{5\%}=39000m^3/s$）

## 6.6　下游纵向围堰拆除试验成果分析

### 6.6.1　试验工况

纵向围堰消力池下游段拆除不同高程主要影响消力池出池水流扩散和下游冲刷。试验选取消能设计洪水、中小率洪水以及右区消能不利工况开展方案比较。其中，消能设计 100 年一遇洪水流量为 $42300m^3/s$，控泄库水位 61.00m；中频率洪水采用 20 年一遇洪水，流量为 $39000m^3/s$；右区消力池下游冲刷，根据泄水闸调度原则（$Q_{泄}\leqslant 5000m^3/s$ 时，调度右区泄水闸）及前期试验右区冲刷结果，采用右区下游冲刷较为严重的最不利工况为库水位 59.60m 时，泄水闸过流 $5000m^3/s$、电厂满发进行比较。拆除试验工况见表 6.8。

**表 6.8　下游纵向围堰拆除试验工况**

| 工况 | 总流量/($m^3/s$) | 库水位/m | 发电流量/($m^3/s$) | 泄水闸泄量/($m^3/s$) | 2+649 水位/m |
|---|---|---|---|---|---|
| 1 | 39000 | — | 0 | 39000 | 41.82 |
| 2 | 42300 | 61.00 | 0 | 42300 | 42.67 |
| 3 | 11500 | 59.60 | 6500 | 5000 | 32.35 |

### 6.6.2　水流流态变化

各试验工况的不同拆除方案下游泄流流态如图 6.15～图 6.23 所示。

图 6.15　下游纵向围堰附近水流流态
（$Q_{5\%}=39000m^3/s$，全部保留）

图 6.16　下游纵向围堰附近水流流态
（$Q_{5\%}=39000m^3/s$，拆除至 30m）

图 6.17 下游纵向围堰附近水流流态
($Q_{5\%}=39000m^3/s$，拆除至 26.5m)

图 6.18 下游纵向围堰附近水流流态
($Q_{1\%}=42300m^3/s$，全部保留)

图 6.19 下游纵向围堰附近水流流态
($Q_{1\%}=42300m^3/s$，拆除至 30m)

图 6.20 下游纵向围堰附近水流流态
($Q_{1\%}=42300m^3/s$，拆除至 26.5m)

图 6.21 下游纵向围堰附近水流流态
($Q=11500m^3/s$，全部保留)

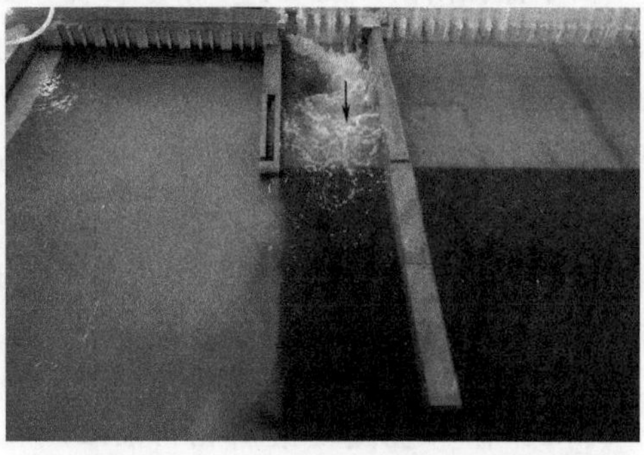

图 6.22 下游纵向围堰附近水流流态
($Q=11500m^3/s$，拆除至 30m)

图 6.23　下游纵向围堰附近水流流态
（$Q$=11500m$^3$/s，拆除至 26.5m）

1. 20 年一遇洪水（全部闸门敞泄）

20 年一遇洪水，闸门敞泄，上下游水头差小，闸孔泄流较为均匀，下游消力池消能充分。围堰全部保留时，出池水流顺直而下，中区右侧水流及右区左侧水流沿纵向围堰下泄，水面相对平稳，互不交换；围堰拆除至高程 30m 和 26.5m 时，大部分出池水流仍顺直而下，仅在中区右侧水流略向右侧扩散，扩散范围及量值均较小，围堰不同拆除方案对下游出池河势改变较小。

2. 100 年一遇洪水（闸门控泄）

100 年一遇洪水，通过控制闸门开度保持上游正常蓄水位，根据已有研究成果，为减小下游纵向围堰附近河床冲刷，采取如下闸门调度方式：1 号孔局开，2～5 号孔开度 5.40m，6～9 号孔开度 16.20m，10～12 号孔开度 14.40m，13～16 号孔开度 16.20m，17～19 号孔开度 14.40m，20 号、21 号孔开度 3.60m，22 号、23 号孔开度 7.20m，24 号、25 号孔开度 5.40m，26 号孔局开。

由于采取了泄水闸左区与中区中部较大开度、左区与中区两侧以及右区较小开度的调度方案，左区与中区中部消力池内水流翻滚明显，且部分未消杀的能量进入到下游河道内。围堰全部保留时，纵向围堰处于主流边缘，其两侧水流相对平稳；围堰拆除至高程 30m 和 26.5m 时，由于左区与中区泄流量较大，中区右侧水流向右区下游扩散，围堰拆除至高程 26.5m 方案略大于高程 30m 方案，但扩散范围及量值均较小，大部分水流仍顺直而下，对下游出池河势的影响较小。

3. 库水位 59.60m，电厂过流量 6500m$^3$/s，泄水闸过流 5000m$^3$/s

根据 $Q_{泄}$≤5000m$^3$/s 时，调度右区泄水闸的原则，此时主要通过右区低孔大开度开启来满足泄流要求（22～25 号孔开度 9cm、26 号孔开度 2.7cm）。

由于低孔闸门开度大、下游水位低，且 26 号高孔的泄流量小，右区消力池内左侧主流集中，在右侧形成回流区，消能不充分。围堰全部保留时，在较长围堰的束缚下，出池水流偏向中部；而随着纵向围堰高程降低，其约束性减弱，主流逐渐向右侧及围堰贴近，但主流流向仍指向下游，水流越过围堰向左侧的量值较小。

综上来讲，各试验典型水流条件下，随着下游纵向围堰拆除高度的降低，中区右侧水流向右侧扩散量略有增加，但对出池水流流态及下游河势的整体影响较小。

### 6.6.3　河床冲刷变化与分析

1. 20 年一遇洪水（全部闸门敞泄）

不同拆除方案下游河床冲刷形态如图 6.24～图 6.32 所示。由照片可见，20 年一遇洪水条件下，纵向围堰不同拆除方案的下游河床冲刷形态、范围及冲深基本一致，

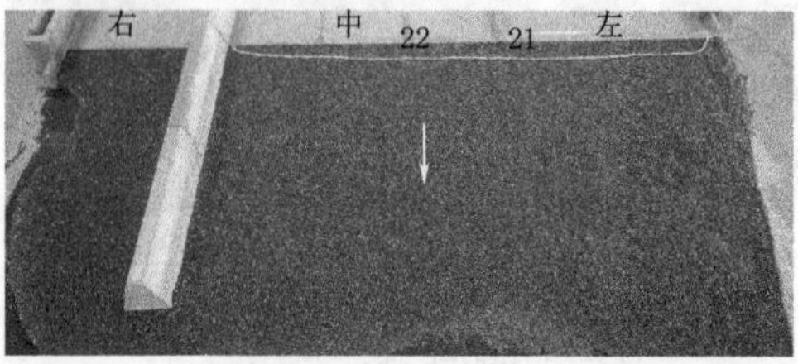


图 6.24　下游纵向围堰附近河床冲刷形态一
（全部保留）

即河床冲刷集中于泄水孔左区与中区下游，最大冲深约 1.0m（左区、中区间挡墙下游）；右区及纵向围堰两侧基本没有产生冲刷，表明在该泄流条件下，下游纵向围堰不同拆除方案对河床冲刷影响不明显。

图 6.25　下游纵向围堰附近河床冲刷形态二（全部保留）

图 6.26　下游纵向围堰附近河床冲刷形态三（全部保留）

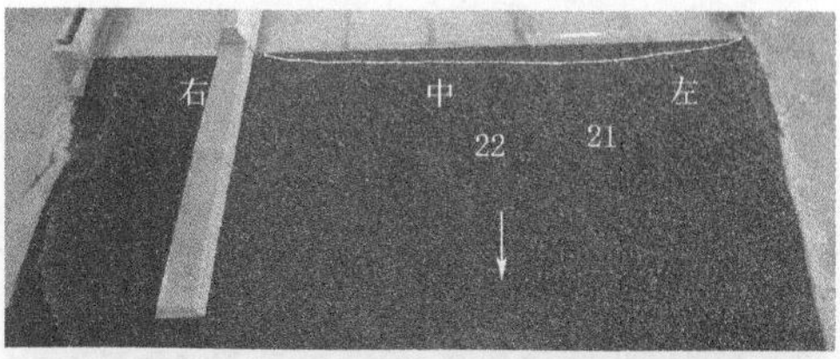


图 6.27　下游纵向围堰附近河床冲刷形态一（拆除至 30m）

图 6.28　下游纵向围堰附近河床冲刷形态二（拆除至 30m）

图 6.29　下游纵向围堰附近河床冲刷形态三（拆除至 30m）

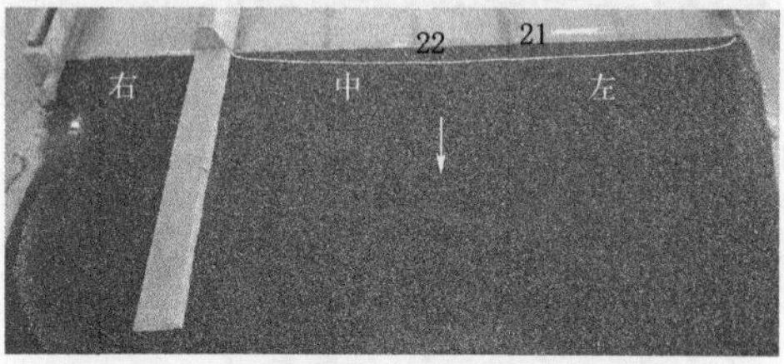


图 6.30　下游纵向围堰附近河床冲刷形态一（拆除至 26.5m）

图 6.31　下游纵向围堰附近河床冲刷形态二（拆除至 26.5m）

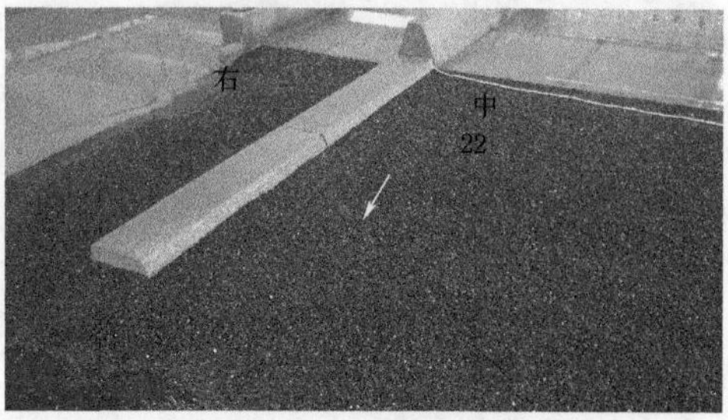


图 6.32　下游纵向围堰附近河床冲刷形态三（拆除至 26.5m）

2. 100 年一遇洪水（全部闸门控泄）

不同拆除方案下游河床冲刷形态如图 6.33～图 6.40 所示。

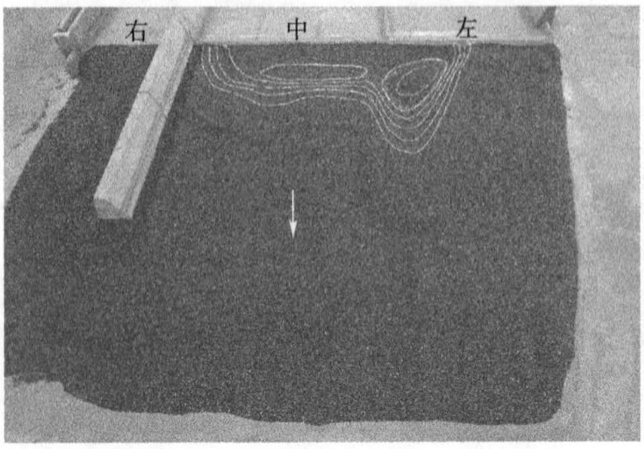


图 6.33 下游纵向围堰附近河床冲刷形态一（全部保留）

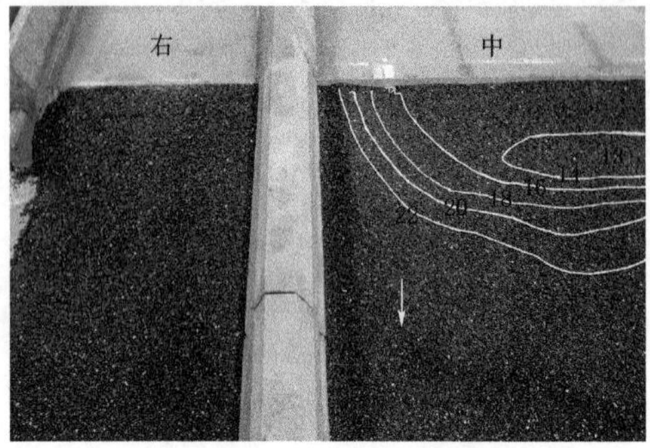


图 6.34 下游纵向围堰附近河床冲刷形态二（全部保留）

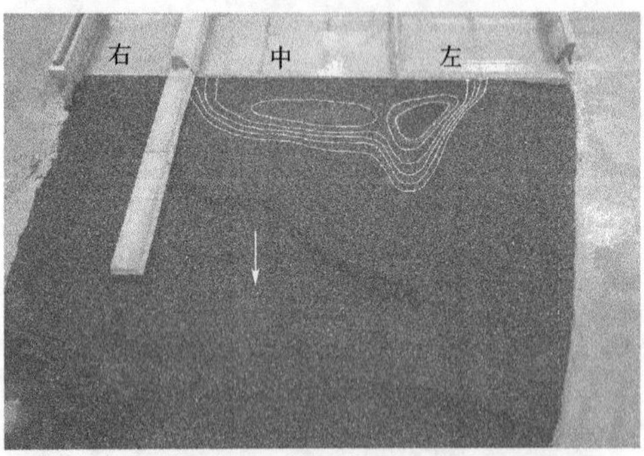


图 6.35 下游纵向围堰附近河床冲刷形态一（拆除至 30m）

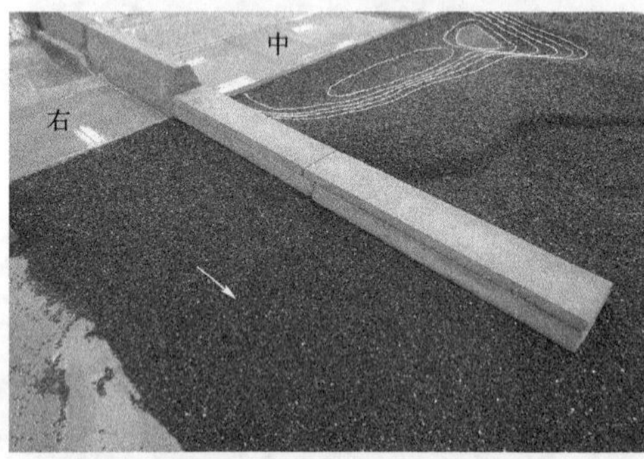


图 6.36 下游纵向围堰附近河床冲刷形态二（拆除至 30m）

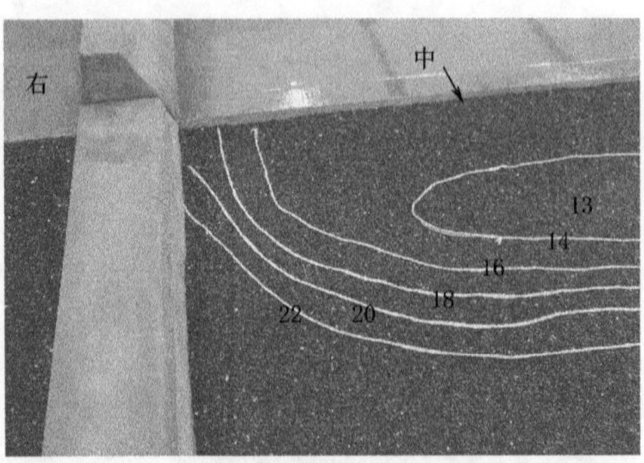


图 6.37 下游纵向围堰附近河床冲刷形态三（拆除至 30m）

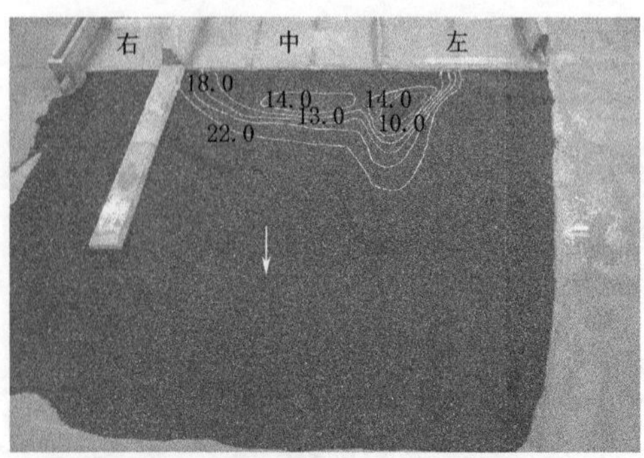


图 6.38 下游纵向围堰附近河床冲刷形态一（拆除至 26.5m）

图 6.39 下游纵向围堰附近河床冲刷形态二（拆除至 26.5m）

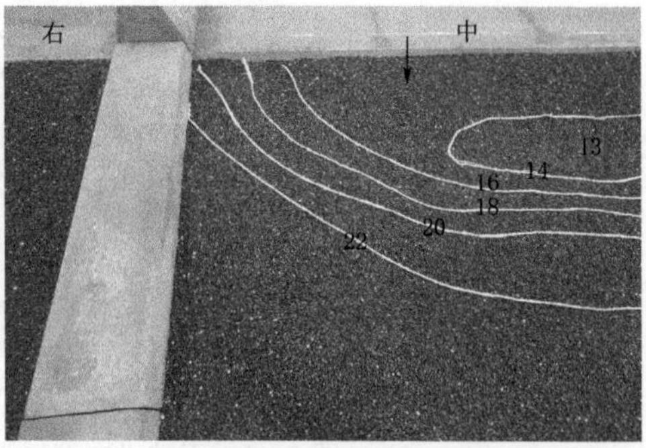


图 6.40 下游纵向围堰附近河床冲刷形态三（拆除至 26.5m）

由照片可见，在试验闸门调度方式下，纵向围堰不同拆除方案下游河床冲刷形态基本一致，即河床冲刷位置位于泄水闸左区与中区的中部，最大冲深点位于左中区挡墙下游，泄水闸右区下游河床及纵向围堰两侧河床基本没有产生淘刷或冲深较小。其中，围堰全部保留、拆至高程 30m 和拆至高程 26.5m 方案下最大河床冲深分别为 12.2m、12.0m 和 11.7m，冲刷后最深点高程分别为 9.8m、10.0m 和 10.3m。围堰全部保留时，围堰左侧未发现冲刷；拆除至高程 30m 时，消力池下游的围堰附近河床略有冲刷，冲深在 1.0～2.0m，局部接近围堰基础；拆除至 26.5m 时，消力池下游的围堰附近河床冲深在 1.0m 以内，未伤及围堰基础。

总体来讲，该试验条件下，各拆除方案对下游河床及围堰附近基岩的冲刷影响程度相差不大见表 6.9。

**表 6.9 左区消力池下游河床冲深参数（$Q_{100\%}=42300m^3/s$）**

| 水文条件/($m^3/s$) | 42300 | | |
|---|---|---|---|
| 方案/m | 全部保留 | 30 | 26 |
| 最大冲深点高程/m | 9.8 | 10.0 | 10.3 |
| 最大冲深/m | 12.2 | 12.0 | 11.7 |
| 最深点位置/m | 38 | 35.5 | 34 |
| 冲坑坡比 | 1∶3.1 | 1∶3.0 | 1∶2.9 |

3. 库水位 59.60m，电厂过流量 6500$m^3/s$，泄水闸过流 5000$m^3/s$

不同拆除方案下游河床冲刷形态如图 6.41～图 6.43 所示。由照片不难得出，不同纵向围堰拆除方案的河床冲刷形态基本一致，消力池下游河床冲刷主要位于消力池末端约 30m 内的河床中部。围堰全部保留时，下游河床冲刷最大冲深 4.5m，至高程 17.5m，左侧围堰附近冲深约 1.0m，尚未到围堰基础；围堰拆除至高程 30m 时，下游河床最大冲深 4.8m，至高程 17.2m，左侧围堰附近冲深约 1.0m；围堰拆除至高程 26.5m 时，下游河床最大冲深 4.8m，至高程 17.2m，左侧围堰附近冲深约 1.0m。

图 6.41　下游纵向围堰附近河床冲刷形态（全部保留）

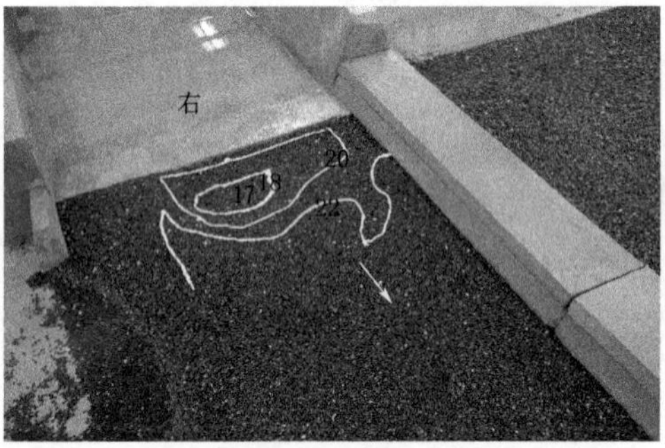


图 6.42　下游纵向围堰附近河床冲刷形态（拆除至 30m）

图 6.43　下游纵向围堰附近河床冲刷形态（拆除至 26.5m）

各拆除方案下左侧围堰坡脚处均产生约 1.0m 的冲深，但尚未伤及围堰基础，从围堰稳定安全考虑，建议适当调整枢纽调度方案，见表 6.10。

**表 6.10　右区消力池下游河床冲深参数（$Q=11500m^3/s$）**

| 项　目 | 参　数 | | |
|---|---|---|---|
| 水文条件/($m^3/s$) | 11500 | | |
| 方案/m | 全部保留 | 30 | 26 |
| 最大冲深点高程/m | 17.5 | 17.2 | 17.2 |
| 最大冲深/m | 4.5 | 4.8 | 4.8 |
| 最深点位置/m | 12 | 14 | 14 |
| 冲坑坡比 | 1∶2.7 | 1∶2.9 | 1∶2.9 |

综上所述，各典型水流下游纵向围堰不同拆除方案河床冲刷形态基本一致，从围堰稳定安全考虑，建议适当调整枢纽调度方案。

### 6.6.4　左岸岸边流速

下游左岸岸边流速测点布置如图 6.44 所示，各试验工况流速值见表 6.11。

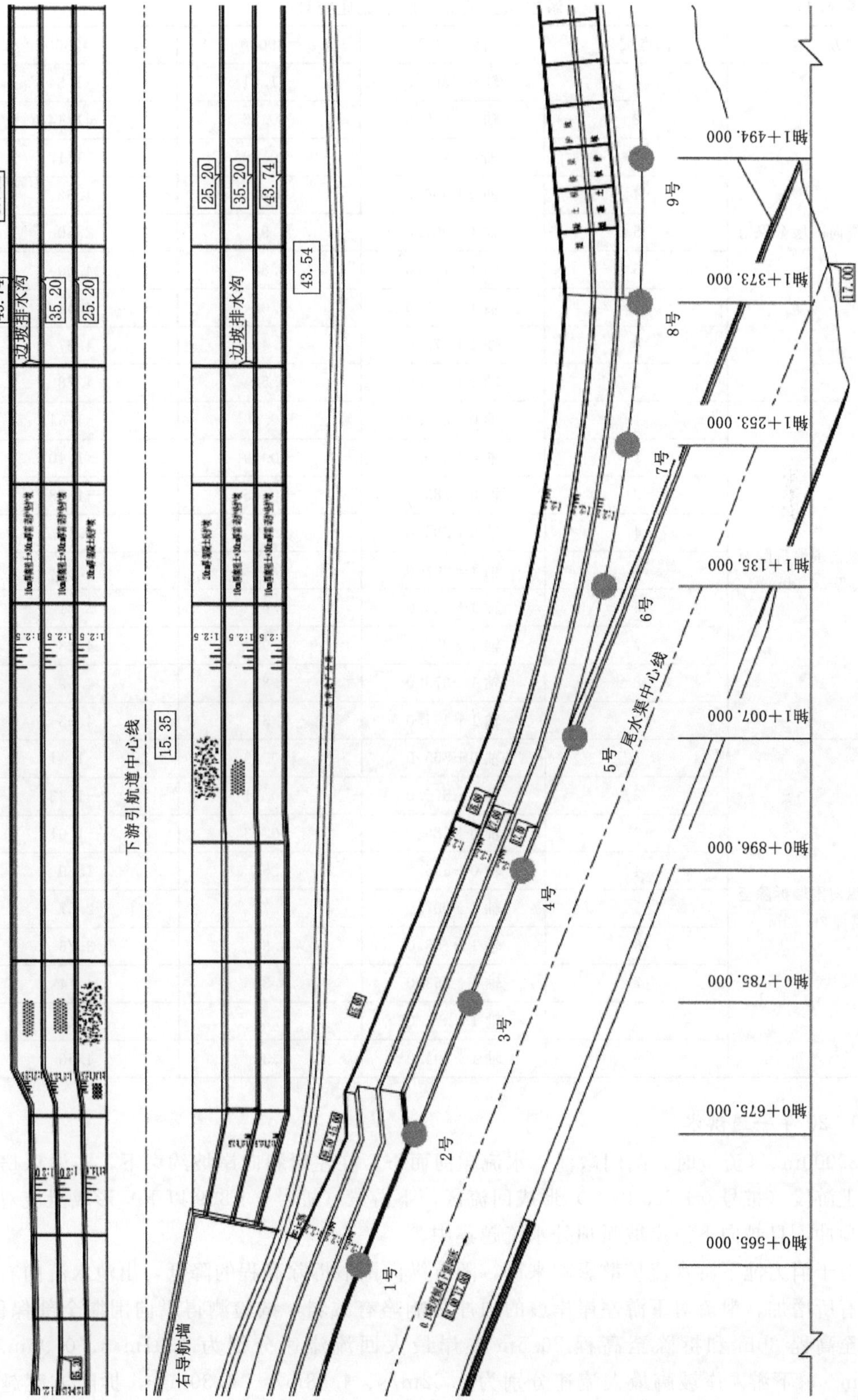


图 6.44 下游左岸岸边流速测点布置

表6.11 下游左岸护坡坡脚底部流速统计

| 方 案 | 测点编号 | 测点位置 | $Q_{5\%}=39000m^3/s$ | $Q_{1\%}=42300m^3/s$ |
|---|---|---|---|---|
| 下游纵向围堰全保留 | 1 | 轴 0+565.0 | −1.01 | −1.54 |
| | 2 | 轴 0+675.0 | −0.86 | −1.44 |
| | 3 | 轴 0+785.0 | −0.69 | −1.17 |
| | 4 | 轴 0+896.0 | 1.68 | 1.52 |
| | 5 | 轴 1+007.0 | 2.91 | 2.80 |
| | 6 | 轴 1+135.0 | 3.88 | 4.00 |
| | 7 | 轴 1+253.0 | 4.09 | 4.44 |
| | 8 | 轴 1+373.0 | 4.43 | 4.67 |
| | 9 | 轴 1+494.0 | 4.52 | 4.78 |
| 下游纵向围堰拆除至高程 30.00m | 1 | 轴 0+565.0 | −0.96 | −1.51 |
| | 2 | 轴 0+675.0 | −0.79 | −1.40 |
| | 3 | 轴 0+785.0 | −0.65 | −1.08 |
| | 4 | 轴 0+896.0 | 1.62 | 1.47 |
| | 5 | 轴 1+007.0 | 2.84 | 2.69 |
| | 6 | 轴 1+135.0 | 3.69 | 3.81 |
| | 7 | 轴 1+253.0 | 3.99 | 4.28 |
| | 8 | 轴 1+373.0 | 4.32 | 4.59 |
| | 9 | 轴 1+494.0 | 4.38 | 4.63 |
| 下游纵向围堰拆除至高程 26.50m | 1 | 轴 0+565.0 | −0.89 | −1.41 |
| | 2 | 轴 0+675.0 | −0.71 | −1.33 |
| | 3 | 轴 0+785.0 | −0.63 | −1.01 |
| | 4 | 轴 0+896.0 | 1.55 | 1.39 |
| | 5 | 轴 1+007.0 | 2.76 | 2.57 |
| | 6 | 轴 1+135.0 | 3.63 | 3.76 |
| | 7 | 轴 1+253.0 | 3.89 | 4.14 |
| | 8 | 轴 1+373.0 | 4.26 | 4.48 |
| | 9 | 轴 1+494.0 | 4.30 | 4.56 |

1. 20 年一遇洪水

$39000m^3/s$ 流量时，闸门敞泄，水流顺河而下，在左岸斜向岸坡约束下，左岸厂房尾水渠上游段（桩号 0+785 以上）形成回流区，下游段（桩号 0+869 以下）形成泄流对岸坡的顶冲，且越向下游岸坡弧顶处水流越集中。

对于消力池下游水流扩散影响来讲，随着纵向围堰拆除高程的降低，出池水流向右侧扩散有所增加，泄流对下游左岸岸坡的顶冲影响略有减弱，试验测得纵向围堰全部保留、拆除至高程 30m 和拆除至高程 26.5m 左岸最大回流流速分别为 1.01m/s、0.96m/s、0.89m/s，下游左岸坡脚最大流速分别为 4.52m/s、4.38m/s、4.30m/s，拆除方案越低岸坡坡脚底部流速越小。

2. 100 年一遇洪水

100 年一遇洪水流量为 42300m$^3$/s，受闸门调度影响，出消力池主流位于泄水闸左区与中区的中部，主流与左岸岸坡顶冲点位置略有下移，左岸厂房尾水渠上游段回流区的范围和强度进一步增大，而随着泄流量的增加，主流与下游岸坡顶冲段坡脚处的流速逐渐增大。

随着纵向围堰拆除高程的降低，出池水流向右侧扩散有所增加，泄流对下游左岸岸坡的顶冲影响略有减弱，试验测得纵向围堰全部保留、拆除至高程 30m 和拆除至高程 26.5m 左岸最大回流流速分别为 1.54m/s、1.51m/s、1.41m/s，下游左岸坡脚最大流速分别为 4.78m/s、4.63m/s、4.56m/s，纵向围堰拆除越低岸坡坡脚底部流速越小，但各方案间的岸坡坡脚流速值总体相差不大。

3. 小结

从典型试验条件的左岸岸坡流速分布来看，随着纵向围堰拆除高程的降低，中区右侧出池水流向右侧扩散有所增加，泄流对下游左岸岸坡的顶冲影响略有减弱，但对下游整体河势改变有限；试验测得 20 年一遇洪水和 100 年一遇洪水下游左岸岸坡底部最大流速分别为 4.52m/s 和 4.78m/s，现状左岸岸坡已采取了防护措施，考虑坡脚附近水流流态的复杂性，建议设计单位根据试验给出的左岸坡脚附近的底部流速复核岸坡防护的适应性。

## 6.7 上游右 5 孔增设拦沙坎试验

施放泄流能力控制工况 20 年一遇洪水（泄流量 39000m$^3$/s）开展拦沙坎对比试验，该工况下泄水闸敞泄，电厂不发电。

### 6.7.1 拦沙坎布置方案

根据前期已有研究成果及本次合同要求，试验在上游横向围堰拆除方案确定及纵向围堰全部保留的基础上，为避免上游横向围堰堰体拆除过程中及拆除完毕后，围堰填筑体冲刷进入到右区泄水闸内带来的不利影响，对布设于右区 5 孔泄水闸上游的拦沙坎高程 26.00m 和 28.00m 两种方案开展对比试验，分析拦沙坎设置对闸孔泄流影响，验证拦渣效果，综合对比提出推荐方案。其中，拦沙坎左起纵向围堰，右至厂房拦沙坎，上游面垂直，下游面坡比为 1∶0.27。

### 6.7.2 对泄流能力的影响

试验发现，在 20 年一遇洪水时，增设拦沙坎高程为 26.00m 和 28.00m 方案的上游水位均为 46.00m，拦沙坎对比方案对枢纽泄流基本没有影响。

### 6.7.3 坎顶流态及流速分布

图 6.45 为拦沙坎顶部流态，图 6.46 为拦沙坎顶部表底流速分布。

由图可见，两种对比方案拦沙坎附近水流流态无明显差别，即上游来流斜向进入带 26 孔泄水闸内，右侧厂房前端形成回流区，过坎流态顺直。水流以近似垂直拦沙坎方向集中进入右五孔泄水闸，拦沙坎坎顶流速左侧高于右侧，表层大于底层，坎顶流速 28.00m 方案大于 26.00m 方案。

图 6.45 拦沙坎附近流态对比
（$Q_{5\%}$＝39000m$^3$/s，坎顶高程 28.00m 方案）

图 6.46 拦沙坎附近流态对比
（$Q_{5\%}$＝39000m$^3$/s，坎顶高程 26.00m 方案）

### 6.7.4 拦渣效果

20 年一遇洪水，上游横向围堰拆除剩余部分冲刷及拦沙坎（高程 26.0m）前泥沙淤积形态如图 6.47 所示。

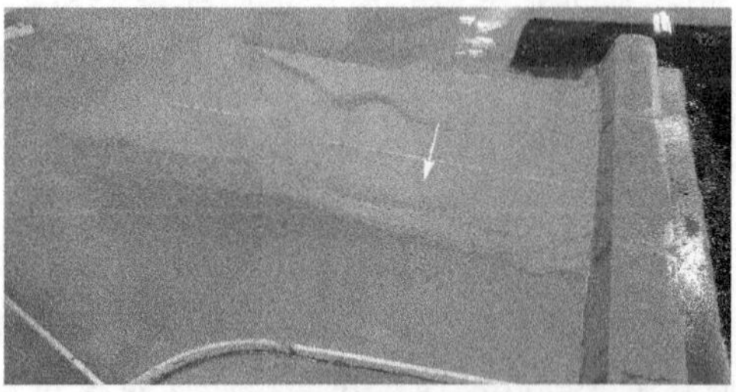

图 6.47 增设拦沙坎的拦沙效果
（$Q_{5\%}$＝39000m$^3$/s）

由图可见，上游横向围堰冲刷主要集中于围堰的上游侧，冲刷体沿程平铺堆积，仅有少量冲刷体能够越过混凝土塑性墙；左侧横向围堰与纵向围堰交接处堰体冲刷为冲沟形态，量值不大，并沿堰体后侧顺纵向围堰堆积，冲刷体尚不会移动至拦沙坎前；横向围堰下游坡比（1：1.5）略大于堆积体水下休止角，在围堰过水及水体长期浸泡下，横向围堰下游坡存在塌体至平衡的过程，但也不会至拦沙坎处。试验表明，增设高程为 26.00m 的拦沙坎方案能够起到拦沙作用。

拦沙坎顶是一种在横向围堰上增设的具有拦截功能的设施。它能够截留泥沙，阻止其通过围堰而进入下游河道，同时水流继续流过，减少了泥沙在河道中的传输和沉积。拦沙坎顶的设置可以引导水流通过特定的通道和高度，从而调整水流速度。加快水流速度有助于泥沙的悬移和输送，减少泥沙在拦沙坎顶上的沉积。拦沙坎顶的引导作用可以导致水流在围堰上方发生分流现象。当泥沙悬移在分流区域时，由于流速减慢，泥沙有较大可能性沉积在拦沙坎顶上，而主流水则继续通过分流通道。这种分流和淤积平衡的机制可以减少泥沙在河道中的淤积程度。拦沙坎顶作为泥沙的拦截设施，可以方便地进行清淤工作。周期性地对拦沙坎顶进行清淤操作，清除堆积的泥沙，恢复其拦沙功能，减少泥沙淤积的问题。

增设拦沙坎顶高程为 26.00m 和 28.00m 两种对比方案对枢纽泄流、过坎流态基本没有影响，顶高程为 26.00m 方案能够起到拦沙效果，综上所述，上游横向围堰增设拦沙坎顶可以通过拦截泥沙、调整流速、分流和淤积平衡等机制，有效降低河道中的泥沙淤积。这对于维护河道通畅、减少泥沙对水利设施的损害、改善水文环境等方面具有重要意义。建议将其作为推荐方案。

## 6.8 本 章 小 结

本章就大藤峡水利枢纽工程建设即将竣工，考虑对围堰措施进行科学拆除过程，依靠已有围堰布置和通过模拟施工场地基岩情况，综合考虑泄流能力、流态、冲刷、施工难度、工程投资、工期等因素，对上游横向围堰、上游纵向围堰及下游纵向围堰的拆除方案进行合理提出、讨论及科学决策过程。现得出以下结论：

(1) 从围堰堰顶流速分布以及围堰拆除量综合考虑，建议上游横向围堰拆除方案采用不等高拆除方案（围堰左侧 SW0＋199.60～SW0＋349.60 段拆除至高程 25.00m，右侧拆除至高程 31.17m）。

(2) 上游纵向围堰拆除方案的各拆除方案枢纽泄流能力均满足设计要求，且闸孔过流能力随上游纵向围堰拆除长度增加而增大，随着纵向围堰拆除长度的增加，纵向围堰附近的绕流强度逐渐减弱，左中区闸孔过流更加均匀。

典型洪水推荐方案横向围堰拆除剩余部分冲刷主要集中于围堰的上游侧以及混凝土塑性墙下游段横向围堰与纵向围堰交接处，冲刷体或者在堰顶沿程平铺，或者顺墙堆积，移动至拦沙坎处量较小；横向围堰下游坡存在塌体至平衡的过程，为保持下游坡的稳定，建议放缓横向围堰下游坡比。

(3) 下游纵向围堰拆除方案的各试验典型水流条件下，随着下游纵向围堰拆除高度的降低，中区右侧水流向右侧扩散量略有增加，但对出池水流流态及下游河势的整体影响较小。

典型试验条件的左岸岸坡流速分布表明，随着纵向围堰拆除高程的降低，中区右侧出池水流向右侧扩散增加后，泄流对下游左岸岸坡的顶冲影响略有减弱，但对下游整体河势改变有限。

# 第7章 工 程 调 度

## 7.1 大藤峡枢纽工程调度概述

大藤峡枢纽的工程任务为防洪、航运、发电、补水压咸、灌溉等综合利用。在工程运用上，发电调度服从水资源调度；水资源调度服从航运（生态）调度；当坝址流量小于95% 通航保证率流量时，下泄流量不小于生态基流流量；在汛期均应服从防洪调度。按大藤峡防洪任务要求，每年6—8月水库水位控制在47.6m汛限水位运行，之前的5月水库控制最高水位为59.6m，水库腾空泄流加大幅度限制为每小时1000$m^3/s$，正常情况下，随着流量加大，水位逐渐降低，若按连续腾空考虑，其最大泄流量约达28000$m^3/s$，其最大流量在低水位47.6m附近出现。

### 7.1.1 枢纽工程调度研究进展

水库调度原则包括汛期调度、汛前腾空防洪库容调度和发电调度。大藤峡水库防洪任务是与龙滩水库联合调度有效调节西江洪水，将梧州站100年一遇洪水削减为50年一遇，兼顾削减梧州100年一遇以上洪水，结合飞来峡水库运用使广州市达到防御1915年洪水（相当200年一遇）能力，将西江中下游和西北江三角洲重点城市防洪标准由50年一遇提高到100年一遇，并适当提高浔江、西江和西北江三角洲其他堤防保护区防洪标准。

### 7.1.2 大藤峡枢纽工程调度的特点

在枢纽一期建成投运后，首要面临的挑战是如何有效运营和调度。为了更好地协调工程初期运行阶段的防洪安全和枢纽一期的高效运行，大藤峡公司制定了大藤峡水利枢纽工程初期运行阶段的调度运行方案，并得到了水利部珠江水利委员会的批准。该方案明确了初期运行的任务，并制定了实际调度操作和运行规则，为初期运行调度提供了指导。为加强水库调度管理，以下6个方面需要特别关注：

（1）规范水库调度管理流程。对枢纽初期运行阶段的调度类型、调度流程、调度公告发布等作出明确的要求。建立完善的水文监测系统，及时收集水位、流量等数据，并结合气象预报，进行准确的水文预报，为调度决策提供可靠依据。

（2）注重调度规程及操作管理制度建设。大藤峡公司制定了《大藤峡水利枢纽初期运行阶段水库调度规程》，明确了调度的依据、任务与调度原则、要求和调度条件、调度方式；制定了《闸门启闭操作管理制度》，对枢纽泄水闸门启闭操作的程序、方法、步骤等管理要求做出了明确规定。同时，根据SL 706—2015《水库调度规程编制导则》要求，完成《大藤峡水利枢纽初期运行阶段水库调度规程》的编制工作。确保水利枢纽在面对洪水威胁时能够及时做出响应，并运用适当的措施，如泄洪、蓄洪等，保护下游地区的防洪安全。

（3）加强预报预测及调度测算分析。跟踪枢纽入库流量预报，滚动调度测算，科学调整出库流量，严格控制水库水位，精准调度，实现枢纽水位控制目标，为通航、发电提供坚实的水调保障。根据水库的蓄水容量和出库能力，合理安排蓄水和放水计划，使得水资源得到最大程度的利用，并满足下游的需水要求。

（4）强化信息通报，及时报送水情水调信息。大藤峡公司OA系统上每天通报水库调度运行情况并每日定时向各相关部门及各施工单位及时发布枢纽泄流信息；完善数据交换平台，实现水情水调实时数据上传上报，满足上级防汛主管部门对大藤峡水利枢纽工程报汛工作的要求。建立健全的安全监控系统，对水利枢纽和周边设施进行实时监测，及时发现并应对潜在的安全问题，确保枢纽运行的稳定和安全。

（5）优化水库调度方式。通过加强跟踪枢纽入库流量预报情况，及时调整每天水库调度计划，满足白天船闸通航和夜间下游引航道出口口门区施工的需要。加大下泄流量时变幅按不超过1000$m^3/s$控制，减小下泄流量时变幅按不超过800$m^3/s$控制，日均出库流量均不低于1200$m^3/s$，保证下游航运及生态用水要求。关注水库水质情况，采取必要的措施，如水质监测、污染防治等，确保水库水质良好，不对周边环境和生态产生负面影响。

（6）不断完善预报调度系统。对现有水情系统进行升级改造，接入控制中心、中央气象台降雨数值预报数据，优化完善了洪水预报方案，可预测未来1～7d水库的入库流量过程，为水库调度提供来水预测。同时，根据预报的入库流量进行调洪演算，可制定出合理的水库调度方案。通过水库调度模型，制定出合理的水库调度方案。系统提供不控泄调度、指令调度、水位控制、初期运行调度规程等调度模式。2020—2023年是大藤峡水利枢纽工程初期运行阶段，可以通过初期运行阶段的调度实践，为枢纽正常运行期综合调度及流域水库群联合调度积累经验。加强与相关部门和利益相关方的沟通与合作，共享信息，形成联防联控机制，共同应对复杂的调度管理问题。通过加强水库调度管理的上述方面，可以保证枢纽一期工程初期运行的顺利进行，并确保防洪安全和高效运营的目标得以实现。

根据大藤峡防洪运行规则要求，在需要大藤峡水利枢纽拦洪时，必须在短时间内减少下泄量，下泄量的减少范围为3500～6000$m^3/s$。为满足这一要求，可以考虑在4～7h内完成减小泄量的任务。然而，当水位超过控制高水位时，又需要根据入库放流的需要进行操作。此时，之前的放流量与入库量的差也在3500～6000$m^3/s$的范围内。因此，同样可以在4～7h内按照入库放流的要求进行操作。具体而言，减少放流时间的水位范围为45.0～61.0m，放流流量范围在20000～45000$m^3/s$。在这个范围内，需要在这段时间内降低下泄量以满足拦洪的需求。另外，加大放流时的水位范围为57.6～61.0m，放流流量范围在30000～50000$m^3/s$。在这种情况下，需要在4～7h内改变操作，增加放流量以满足入库放流的要求。

在2020年3月10日9时，大藤峡水利枢纽开始下闸蓄水，历时4d，至3月14日9时。期间，水库的库水位从27.8m上升到预定的42.00m高程，蓄水总量为5.5亿$m^3$。在蓄水升至42.00m高程后，水库进行了出入库平衡的调节，以维持库水位稳定在42.00m。经过适当的调度，水库于3月25日9时顺利按计划将水位蓄升至高程44.00m，实现了阶段性蓄水的目标。在初期蓄水调度过程中，通过结合下游桂平水文站断面对出库流量进行实测，并对闸门泄流曲线进行复核，以确保出库流量的准确性和稳定性。然而，在4月1—6日期间，由于受到高空槽和弱冷空气的共同影响，大藤峡水利枢纽上游流域发生了持续强降雨情况，范围广泛，持续时间较长。由于这次强降雨的影响，大藤峡水利枢纽的入库流量逐渐上升，从3日的4800$m^3/s$逐步增加至4日的6000$m^3/s$、5日的7060$m^3/s$、6日的9300$m^3/s$，以及7日的9750$m^3/s$。洪峰流量达到10700$m^3/s$（发生在7日17时），然后逐渐开始退水。由于及时而适当的调度措施，水库在整个洪水过程中成功地将库水位保持在合理的范围内进行运行。

进入2020年4月，大藤峡水利枢纽的库水位经过统计和分析得知，月平均水位为43.82m。在该月份内，最高水位达到了44.36m，而最低水位为43.18m。这些水位数据反映了该水利枢纽在这段时间内的水位波动情况。同时，月平均入库流量为4820$m^3/s$，这表示在整个4月期间，每秒平均有4820$m^3$的水流入水库。期间的最大入库流量达到了10700$m^3/s$，这意味着在某个时刻水流进入水库的速度非常大。相反，最小入库流量仅为2400$m^3/s$，表明某些时候水流进入水库的速度相对较小。在出库方面，水库的平均出库流量为4810$m^3/s$。这意味着水库每秒平均释放4810$m^3$的水量。其中，水库溢洪道流出的水量占4640$m^3/s$。

大藤峡水利枢纽是一座日调节水库，其建设与发电生产同时进行，船闸则需要连续运行。这种情况下，对水文预报的准确性和提前期的要求都非常高，因此调度的难度也相应增加。为了应对这些难题，大藤峡公司提出了一系列明确的解决思路。首先，计划通过初期运行调度实践来不断积累调度经验，以不断提升水库调度管理水平。同时，还计划加快推进预报调度系统的升级，力争将洪水预报调度决策系统建成整个流域的典范。此外，为了为枢纽的初期运行调度奠定自动化基础，计划完成水调数据共享交换平台的建设，并推动初期运行水库调度自动化系统的建设，为初期运行阶段的运行调度提供支持。大藤峡公司还计划统筹谋划多目标调度自动化系统的建设，为枢纽的运行调度决策提供支持。在建立完善的洪水预报体系后，为了充分发挥大藤峡水利枢纽的水资源利用效益，在后汛期将考虑通过开展汛末蓄水方案的研究，在适当的时机提前蓄水。通过预报调度系统的建设，大藤峡水利枢纽将为初期运行提供调度自动化的保障，并为枢纽在正常运行期间的防洪优化调度和流域梯级综合优化调度的实施打下坚实的基础。这些措施和计划将有助于提高大藤峡水利枢纽的运行效率和调度管理水平。

在大藤峡水利枢纽的建设过程中对工程咨询和初步设计阶段就对调度风险、可行性和可操作性等问题提出了很多质疑。这促使大藤峡公司、珠江水利科学研究院专题小组对水库调度进行了从整个流域的角度进行统筹和系统研究，而不仅仅局限于本工程的深入研究。基于初步设计的基础，目前完成了一系列研究工作，包括初期运行阶段工程调度运行方案的研究，以及综合调度和流域水库群联合调度研究、西北江流域防洪联合优化调度研究、防洪优化研究、减少库区临时淹没的研究、水资源配置优化调度研究、发电优化调度研究、汛期综合优化调度研究和工程调度运行方案优化建议研究等。在这些研究中，防洪和发电之间的关系得到了综合考虑，力求最大程度发挥枢纽的防洪效益。大藤峡公司还致力于尽量减少防洪库容的使用频率，避免过多地使用防洪库容；努力减少库区超蓄淹没范围和淹没时长，以减少库区的淹没情况；并确保重点防洪保护对象的防洪安全，同时兼顾其他防洪保护对象的需求。对于未来，在红水河梯级开发条件下，广西电网计划深入研究洪水资源化，系统地提出确保防洪安全前提下的红水河流域洪水资源化利用方式和实现途径。同时，由于大藤峡水利枢纽所处的红水河已经有运行中的水电站，并且与广西电网有电力和水力联系，双方之间的联系将更加紧密。为了让电网获得更多的动能效益，广西电网计划进行联合补偿调节计算，使各水电站实现最有利的水库供、蓄水方式，提高水电站群的总保证出力和发电量，并使水电站群的运行方式符合电网供电要求。研究结论表明，通过优化调度，大藤峡水利枢纽在防洪、发电和水资源配置等方面可以获得可观的效益。通过不断积累水库初期运行调度实践经验，提升水库调度管理水平，并依托正在建设的“智慧大藤峡”项目对预报调度系统进行升级，以及建设多目标优化调度系统，所取得的信息化成果将为社会和环境带来巨大的效益。

### 7.1.3 枢纽调度形式

本枢纽的工程任务为防洪、航运、发电、补水压咸、灌溉等综合利用。在工程运用上，发电调度服从水资源调度；水资源调度服从航运（生态）调度；当坝址流量小于95%通航保证率流量时，下泄流量不小于生态基流流量；在汛期均应服从防洪调度。各任务的调度规则如下。

#### 7.1.3.1 防洪调度

根据不同频率的洪水事件，制定相应的水库调度策略，以应对各种规模和发生概率的洪水。大藤峡枢纽各频率洪水调度，坝前水位为61.00m，最小下泄流量为21550$m^3/s$，汛期调洪调度成果见表7.1。

表7.1 汛期调洪调度成果

| 洪水频率/% | 枢纽总泄量/($m^3/s$) | 坝上游最高水位/m | 坝下2+649水位/m | 设计标准 |
|---|---|---|---|---|
| 50 | 23400 | 44.00 | 37.45 | |
| 20 | 30600 | 44.00 | 39.57 | |
| 10 | 35300 | 44.85 | 40.84 | 通航标准 |
| 5 | 39000 | 46.15 | 41.90 | |
| 4 | 37000 | 57.60 | 41.29 | |
| 3.33 | 38200 | 57.60 | 41.61 | |
| 2 | 39900 | 57.60 | 42.06 | |
| 1 | 42300 | 61.00 | 42.67 | 消能设计标准 |
| 0.5 | 45500 | 61.00 | 43.49 | |
| 0.2 | 49400 | 61.00 | 44.47 | |
| 0.1 | 54600 | 61.00 | 45.76 | 混凝土坝、土石坝设计标准 |
| 0.02 | 66200 | 61.10 | 48.57 | 混凝土坝校核标准 |
| 0.01 | 70700 | 64.10 | 49.64 | 土石坝校核标准 |

1. 起调条件

大藤峡水库防洪调度直接以坝址、大湟江口和梧州站的流量或洪水上涨趋势作为水库起调的判别条件。不考虑洪水预报的水库起调条件为：在西江洪水处于涨势的情况下，坝址流量大于 39300m³/s（20 年一遇设计洪峰流量），水库即开始拦蓄洪水。

2. 控泄要求

依据龙滩水库防洪库容使用情况确定大藤峡水库的泄量。

为了更好地兼顾对浔江两岸中小洪水的调洪效果，当坝址流量小于 43500m³/s，水库水位控制 61.00m；如果同时大湟江口流量小于 44600m³/s（20 年一遇），梧州流量小于 48500m³/s（30 年一遇），控制大藤峡水库水位不超过 57.60m，水库水位达到 57.60m，按入库流量下泄。

3. 腾空条件

腾空条件的首要前提是确保洪水处于退水状态。当洪峰过去，河流水位开始下降，并达到一定的回退水位后，可以判定洪水处于退水状态。在确定洪水处于退水状态后，需要根据枢纽设计和管理要求，确保腾出一定的安全库容空间，以应对可能到来的洪水事件。这意味着水库需要保留足够的蓄水容量，以便在新的洪峰到来时能够接纳和调度洪水。

当洪水处于退水状态，水库水位位于正常蓄水位 61.00m 或以下时，大藤峡水库在结束拦蓄洪水后的腾空条件为：当梧州前 12h 流量≤44900m³/s（10 年一遇）且大湟江口前 12h 流量≤36900m³/s（5 年一遇）时，水库按入库流量增加 3500m³/s 下，泄腾空库容至 47.60m。

#### 7.1.3.2　航运用水调度

大藤峡水库在航运调度上，要求控制最小连续流量不小于 700m³/s，最大通航流量 23500m³/s。同时，在航运保证率以内的防洪和发电运行中，满足航运对水位变率要求是十分重要的。水位变化直接关系船舶的安全航行和水路交通的顺畅运行。水位变率是指单位时间内水位的变化速率，它反映了水位的波动情况。对于航运来讲，大幅度和迅速的水位变化可能会对船只的操作和航行安全产生不利影响，甚至导致事故的发生。因此，要求在航运保证率以内的防洪和发电运行，水利枢纽管理人员合理调度水库操作，平衡水位变化，满足航运对水位变率要求。

#### 7.1.3.3　水资源配置调度

大藤峡水利枢纽水资源配置，可在每年 10 月至次年 2 月的枯水季节期间，由黔江武宣、郁江贵港、北流河金鸡、桂江京南、蒙江太平站（以下简称 5 个测站）测报西江梧州站流量，由大藤峡水库按照梧州流量达到 2100m³/s 或 1800m³/s 进行补水。资源配置调度规则见表 7.2。

表 7.2　　大藤峡水资源配置调度规则

| 时段 | 测报梧州流量 | 水库水位 | 大藤峡调度规则 |
|---|---|---|---|
| 压咸时段 | $Q \geqslant 2100m^3/s$ | $Z=61.00m$ | 发电调度 |
| | | $47.60m \leqslant Z < 61.00m$ | 在满足梧州流量 2100m³/s 前提下减少下泄量，水库回蓄，下泄流量不小于航运基流 700m³/s |
| | $Q < 2100m^3/s$ | $47.60m \leqslant Z \leqslant 61.00m$ | 加大泄量，满足梧州 2100m³/s 压咸流量要求 |

续表

| 时段 | 测报梧州流量 | 水库水位 | 大藤峡调度规则 |
|---|---|---|---|
| 非压咸时段 | $Q\geqslant 1800m^3/s$ | $Z=61.00m$ | 发电调度 |
| | | $47.60m\leqslant Z<61.00m$ | 在满足梧州流量 $1800m^3/s$ 前提下减少下泄量，水库回蓄，下泄流量不小于航运基流 $700m^3/s$ |
| | $Q<1800m^3/s$ | $47.60m\leqslant Z\leqslant 61.00m$ | 加大泄量，满足梧州 $1800m^3/s$ 生态流量要求 |

注：压咸时段为各月（农历月）的二十八—初四和十二—十八；各月（阴历月）除压咸时段外的其他时间为非压咸时段。

（1）若在各月（农历月）的二十八—初四和十二—十八需要压咸时期，5 个测站测报的梧州站流量小于压咸流量 $2100m^3/s$，大藤峡加大泄量以满足梧州站压咸流量的要求；若 5 个测站测报梧州站流量大于 $2100m^3/s$，且大藤峡水位低于正常蓄水位 61.00m 时，大藤峡水库在满足梧州流量大于 $2100m^3/s$ 的前提下减小下泄量，水库回蓄，但下泄量不小于航运基流 $700m^3/s$。

（2）水资源配置调度下的压咸时段是指在进行水资源调度的过程中，采取措施控制盐水（即含盐量较高的海水或咸水）向水源地淡水的渗入过程。

当进行水资源调度时，往往需要从河流、湖泊或地下水源等地方获取淡水供应，以满足农业灌溉、城市供水和工业用水的需求。然而，在某些地区，可能会存在着盐水的入侵现象，即盐水从近海或河口区域渗入水源地，使得水源地的水质变咸。

为了保证水源地的淡水资源能够持续供应且水质不受盐水的影响，进行水资源配置调度时需要合理安排调度时段，尤其是在压咸时段进行调度。压咸时段通常是指盐水渗入水源地的时间段，这段时间可能与潮汐变化、季节性变化或河流流量变化等因素有关。在压咸时段，水资源调度工作主要集中在减少或阻止盐水的渗入，确保水源地的水质符合供水要求。

若在每个月（农历月）非压咸时段内，5 个测站测报梧州站流量小于 $1800m^3/s$，大藤峡加大泄量满足梧州站生态流量要求；若 5 个测站测报梧州站流量大于 $1800m^3/s$，且大藤峡水位低于正常蓄水位 61.00m 时，大藤峡水库在满足梧州站流量大于 $1800m^3/s$ 的前提下减小下泄量，水库回蓄，下泄量不小于航运基流 $700m^3/s$。

### 7.1.4 分区调度顺序

分区调度顺序是指按照一定的规则和顺序对闸门进行启闭操作，以实现对水流的调节和控制。根据《初设报告》，$Q_{闸}<5000m^3/s$ 时，开启右区闸孔泄流；在 $5000m^3/s<Q_{闸}<15000m^3/s$ 时，开启顺序为右区—中区；在 $15000m^3/s<Q_{闸}<25000m^3/s$ 开启顺序为右区—中区—左区；在 $25000m^3/s<Q_{闸}$，开启顺序为右区—中区—左区—中区—左区—右区。这种分区调度顺序可能在特定的水利工程中使用，具体的选择可能取决于工程设计、水流分布和调节要求等因素。

通过分区调度顺序的设定，可以控制闸门的启闭顺序，逐个分区地调节水流。这种顺序可能基于对水流分布的理解和调查，以保证对每个分区进行适当的水流调节，并避免可能的不稳定或危险情况。

需要注意的是，不同的水利工程可能采用不同的分区调度顺序，根据具体工程的要求和条件进行调整和确定。因此，在实际应用中，会根据具体情况进行分析和选择最合适的分区调度顺序。

### 7.1.5　下游水位流量关系

试验尾水按初步设计报告中的坝址下游桩号 2+649 的水位—流量关系表（平均值）控制，见表 7.3、图 7.1。

表 7.3　　坝轴线下游 2+649 水位—流量关系表（85 高程）

| 水位/m | 流量/($m^3$/s) | 水位/m | 流量/($m^3$/s) |
|---|---|---|---|
| 22.30 | 650 | 34.44 | 15900 |
| 23.05 | 1050 | 35.39 | 18000 |
| 24.00 | 1650 | 36.34 | 20200 |
| 24.95 | 2400 | 37.29 | 22900 |
| 25.90 | 3250 | 38.24 | 25800 |
| 26.85 | 4250 | 40.13 | 32600 |
| 27.80 | 5350 | 42.03 | 39800 |
| 28.75 | 6500 | 43.93 | 47200 |
| 29.70 | 7800 | 45.83 | 54900 |
| 30.64 | 9200 | 47.73 | 62700 |
| 31.59 | 10800 | 49.62 | 70600 |
| 32.54 | 12400 | 51.52 | 79000 |
| 33.49 | 14100 | — | — |

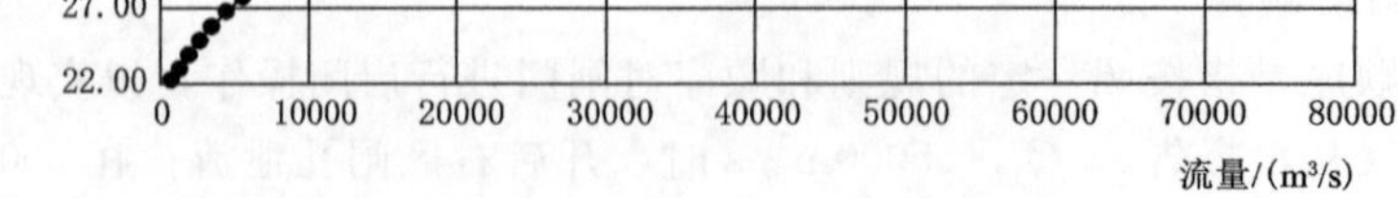


图 7.1　坝址下游桩号 2+649.00 水位—流量关系曲线

## 7.2　闸门运行调度模型设计

### 7.2.1　模型范围

在模拟中，需要定义适当的边界条件，包括冲击流体的流速、流量、温度等参数，以及基岩与流体之间的相互作用模型。试验模拟坝址上游 3.0km，下游 2.8km，共 5.8km

的河道范围，尾水控制断面为坝下桩号 2+649.00。

经计算，模型长度约 80m（含上下游过渡段），模型宽度约 16m，模型占地面积约 1280m²。

### 7.2.2 动床模拟

要对基岩的抗冲流速进行模拟，需要收集基岩的相关参数：首先，需要收集基岩的物理力学性质参数，如压缩强度、抗剪强度、密度、孔隙度等。这些参数可以通过实地勘察、实验室测试或文献调研获得。在建立好数值模型和确定边界条件后，可以进行数值计算。通过施加冲击流体的加载，模拟基岩的响应，并分析其抗冲流速。

试验对基岩依据岩石的抗冲流速进行了模拟。泄水闸消力池下游基岩抗冲流速为 4.5m/s，通过伊兹巴什公式 $v=(5\sim7)d^{0.5}$ 算得冲料的粒径为 6.4～9.0mm，试验选取中值粒径为 6.4mm 的石子模拟。

## 7.3 闸门分区首启及开度对比

在水利工程中，闸门是控制水流的重要设备。分区首启及开度对比是一种常用的测试和评估方法，旨在确定不同闸门分区的开度对水流分布和调节效果的影响。闸门的开度会影响水流通过闸门的速度和方向，进而影响水流的分配、河道的稳定性和工程的安全性等因素。为了在实际工程中确定最佳闸门开度，需要进行分区首启及开度对比。分区首启是将闸门分割成多个区域进行逐个启闭，每次启闭一个区域的闸门，观察该区域的开度对水流分布的影响。通过分区首启，可以了解每个区域的闸门开度对水流的调控效果，以及各个区域的相互作用和干涉情况。同时，进行开度对比可以比较不同闸门开度下的水流分布和调节效果。通过逐渐调整闸门开度，并观察水流的变化，可以找到最佳的开度配置，以实现最理想的水流分配和调节效果。

分区首启及开度对比的主要目的是优化闸门的调节性能，确保水流能够按照设计要求进行调控。通过这种方法可以找到最佳的闸门开度配置，减少水流的能量损失，提高水流分配的均匀性，确保河道的稳定性和工程的安全运行。总之，分区首启及开度对比是为了评估不同闸门分区开度对水流分布和调节效果的影响，从而找到最佳的闸门开度配置，实现最佳的水流调控效果。

大藤峡船闸泄水闸及厂房布置见图 7.2，枢纽工程河床共布置 26 孔泄水闸，自左侧往右侧（面向下游）编号依次为 1～26 号，其中 2～25 号 24 个为低孔，1 号、26 号 2 个为高孔。泄水闸分设三区，左区为 1～9 号泄水闸；中区为 10～21 号泄水闸；右区为 22～26 号泄水闸。厂房在泄水闸两侧，左岸 3 台机组，右岸 5 台机组，单台设计流量 886.04m³/s。

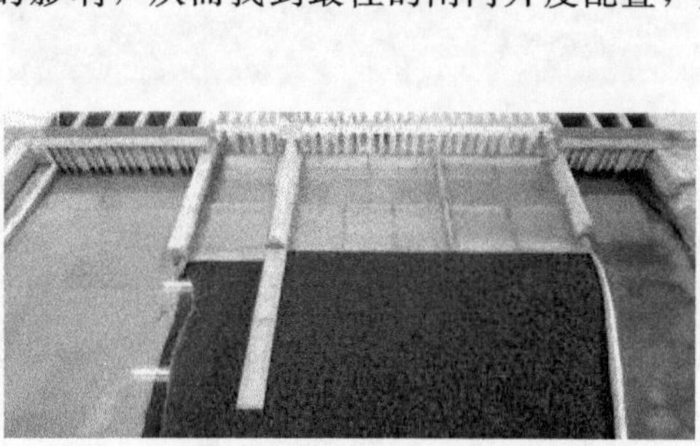

图 7.2 泄水闸及发电机组布置示意图

参考《大藤峡水利枢纽工程闸门运行调度方案优化水工水力学模型试验研究报告

(2019 年)》《大藤峡水利枢纽工程初期运行阶段工程调度运行方案研究报告 (2020 年)》，在库区水位 54.6m 时，不同开度发生泄流拍打门铰的可能性较小，依据不同库水位的闸门开度泄流量关系，试验以闸门开度 5.4m (闸孔高度的 0.3 倍)、9.0m (0.5 倍)、12.6m (0.7 倍) 作为对比条件，相应的泄水开孔数为 5、4、3。各试验工况见表 7.4。

表 7.4 闸门开度与孔数对比试验工况

| 序号 | 闸孔开启高度/m | 闸门数量 | 备注 |
|---|---|---|---|
| 1 | 5.4 | 5 | 上游水位 54.6m，闸孔泄流量 3912$m^3$/s，泄流不足时高孔配合调度 |
| 2 | 9.0 | 4 | |
| 3 | 12.6 | 3 | |

试验以不同分区的调度方案对比，分析各分区首启的优劣；同时各分区的调度试验中，以不同的闸门开度下的调度方案对比，分析各开度调度闸门泄洪的优劣。试验以方便调度、减少危害为原则。

### 7.3.1 首启右区

#### 7.3.1.1 0.3 倍开度 (5.4m)

泄流流态如图 7.3 所示，消力池下游河床冲刷形态如图 7.4 所示。闸门按照 0.3 倍开度开启时，右区所有闸孔参与泄流，由于右侧边孔的 26 号为高孔，其泄流能力弱于其他 4 个低孔，闸孔出流后主流贴左侧挡墙，受一级消力池尾坎约束，一级消力池右侧形成较强的回流，进一步压缩主流宽度；经二级消力池水流调整后，出池主流过渡至中右侧区域。出池后，两侧挡墙约束减弱，水流逐渐向右岸厂房尾水渠及中区消力池下游河道扩散。

图 7.3 泄流流态 (开启 22～26 号孔，开度 5.4m)

图 7.4 消力池下游冲刷形态 (开启 22～26 号孔，$e$=5.4m)

试验测得消力池下游河道断面流速在 3.16～4.25m/s，流速沿程逐渐减小，由于消力池下游河道流速小于基岩的抗冲流速，试验未发现出池水流对下游基岩产生冲刷破坏。

闸门 0.5 倍开度共进行了 3 组对比试验，即开启左侧的 22～25 号孔、右侧的 23～26 号孔及两侧的 22 号-23 号-25 号-26 号孔。

#### 7.3.1.2 0.5 倍开度 (9.0m)

1. 开启左侧 22～25 号孔

闸孔泄流流态如图 7.5 所示，消力池下游河床冲刷形态如图 7.6 所示。以左侧闸孔开启为主，相应的左侧泄流能力较强，一级消力池内主流贴左侧挡墙，右侧形成回流；在一级消力池尾坎约束下，二级消力池主流逐渐过渡至消力池中部，出池水流也以中部为主，主流向两侧扩散较小。

图 7.5 泄流流态（开启 22～25 号孔，$e=9\text{m}$）

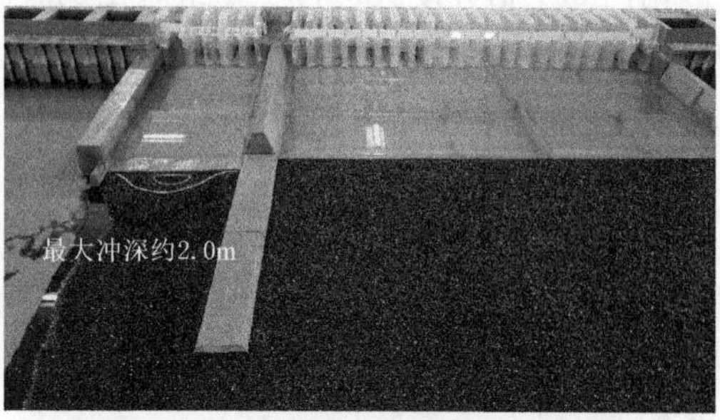


图 7.6 消力池下游冲刷形态（开启 22～25 号孔，$e=9\text{m}$）

试验测得消力池下游河道断面流速在 4.62～5.24m/s，大于基岩的抗冲流速，流速沿程逐渐降低，中区消力池下游河道流速较小。

试验测得右区消力池下游中部基岩最大冲深约 2.0m。

2. 23～26 号孔（右侧 4 孔）

闸孔泄流流态如图 7.7 所示。以右侧闸孔开启为主，主流贴一级消力池右侧边墙下泄，左侧回流相对较弱；在一级消力池尾坎约束下，主流在二级消力池内转左折转；然后在边墙约束下，出池水流又过渡至中部及右侧，下游河道主流流向较为居中，向左右两侧扩散较少。试验测得消力池下游河道断面流速在 2.02～4.32m/s，小于基岩的抗冲流速，流速沿程逐渐降低，中区消力池下游河道流速较小。

3. 22 号-23 号-25 号-26 号孔（对称开启 4 孔）

闸孔泄流流态如图 7.8 所示。该组合虽为对称开孔，但因 26 号高孔泄流能力相对较弱，右区闸孔泄流能力左侧强于右侧。闸孔出流后主流贴左侧围堰，右侧回流较强。经一级消力池尾坎和二级消力池水流调整后，出池主流仍维持在右区的左侧，向两侧扩散较小。

图 7.7 泄流流态（开启 23～26 号孔，$e=9\text{m}$）

图 7.8 泄流流态（开启 22 号-23 号-25 号-26 号孔，$e=9\text{m}$）

试验测得消力池下游河道断面流速在 2.70～4.44m/s，小于基岩的抗冲流速，且流速沿程逐渐降低，中区消力池下游河道流速较小。

#### 7.3.1.3　0.7 倍开度（12.6m）

闸门 0.7 倍开度共进行了 4 组对比试验。即隔孔开启 22 号-24 号-26 号孔、右侧集中开启 24 号-25 号-26 号孔、以中部为主开启 23 号-24 号-26 号孔与 23 号-25 号-26 号孔，其中 26 号开度约为 4.5m。

1. 隔孔开启 22 号-24 号-26 号

闸孔泄流流态如图 7.9 所示。该组合间隔单孔对称开启闸门，由于 22 号低孔泄流能力强于 26 号高孔，主流贴左侧围堰，右侧形成回流；虽经二级消力池调整，但出池水流仍以左侧为主，向两侧扩散较小。

图 7.9　泄流流态（开启 22 号-24 号-26 号孔，$e$=12.6m）

试验测得消力池下游河道断面流速在 2.45～4.31m/s，小于基岩的抗冲流速，流速沿程逐渐降低，中区消力池下游河道流速较小。

2. 右侧 24 号-25 号-26 号集中开启

闸孔泄流流态如图 7.10 所示，消力池下游河床冲刷形态如图 7.11 所示。该组合闸孔泄流集中于消力池右侧，一级消力池左侧为回流区，过一级消力池尾坎后仍集中于右侧，直至下游河道。

图 7.10　开启 24 号-25 号-26 号孔，$e$=12.6m）

图 7.11　消力池下游冲刷形态（开启 24 号-25 号-26 号孔，$e$=12.6m）

试验测得的消力池下游河道断面流速在 1.62～5.23m/s，主流集中于消力池右侧，局部断面流速大于基岩抗冲流速，流速沿程逐渐降低，中区消力池下游河道流速较小。

试验测得的下游河道基岩最大冲深约 2.0m。

3. 以中部为主开启 23 号-24 号-26 号

闸孔泄流流态如图 7.12 所示。该开启方式下，23 号、24 号闸孔出流更为集中，消力池内主流贴向左侧边墙，并在一级消力池右侧形成回流。出消力池水流也以左侧为主，水流集中。

试验测得的消力池下游河道断面流速在0.78～4.39m/s，主流集中于消力池下游左侧河道，断面流速小于基岩抗冲流速，流速沿程逐渐降低，中区消力池下游河道流速较小。

4. 23号-25号-26号

闸孔泄流流态如图7.13所示。本工况以中间两孔泄流为主，辅以右侧高孔，一级消力池内主流位于中部偏右，左侧边墙附近略有回流；经一级消力池尾坎整体后，二级消力池内主流向左侧折转，出池断面水流相对平稳，主流略偏向左侧。

图7.12 泄流流态（开启23号-24号-26号孔，$e=12.6$m）

图7.13 泄流流态（开启23号-25号-26号孔，$e=12.6$m）

试验测得的消力池下游河道断面流速在1.98～3.17m/s，向下游河道断面流速分布逐渐均匀，且小于基岩抗冲流速，引起下游河床冲刷的可能性较小。

由此可知，闸门开度为12.6m时，底孔单宽泄流量相对较大，闸孔以左侧或者右侧开启为主时，主流总会在一级消力池内偏向开启一侧，另一侧形成回流，虽经一级消力池尾坎与二级消力池调整，流态略有改善，但出池水流仍以开启侧为主；而以中间隔孔、辅助高孔（23号-25号-26号）开启时，主流基本位于消力池中央，出池断面流速相对均匀。

各对比方案，消力池下游河床最大冲深在2.0m以内，不同开启方式产生的河床冲刷对消力池稳定影响较小。

综上所述，右区闸门开度为12.6m时，消力池内及出池流态较差，断面流速分布不均，避免集中开启时可减少对下游河床产生的冲刷深度，减轻对消力池及挡墙稳定的危害。

综上所述，右区由4个低孔和1个高孔组成，采用非对称布置，边孔26号为高孔，泄流能力略于低孔，可调节余地相对较小。受两侧边墙制约，消力池内主流易贴向泄流量大的一侧，另一侧形成回流，消力池内流态较差。由于消力池布置较长，防护范围大，泄流暂不会对下游基岩产生危害的冲刷。具体试验小结如下（见表7.5）：

（1）在闸门对称开启时，如22～26号5孔、22号-23号-25号-26号4孔、22号-24号-26号3孔，主流在消力池内贴向左侧边墙，其中0.3倍开启时，出池水流流速小且断面流速较为均匀。

（2）在闸门开启位置偏左时，如22～25号的4孔、23号-24号-26号的3孔，消力池及下游主流贴向左侧边墙。

(3) 在闸门开启位置偏右时，如 23～26 号 4 孔、23 号-25 号-26 号 3 孔、24 号-25 号-26 号 3 孔，大部分情况一级消力池内主流贴向右侧边墙，在二级消力池折冲至左侧边墙，出池后较为居中。其中，24 号-25 号-26 号的 3 孔集中泄流时，主流一直贴右侧边墙至下游河道。

(4) 从消力池下游河道流速分布来讲，大部分开启方式下游河道主流流速小于或略大于岩石的抗冲流速，从减小下游河床冲刷考虑，建议闸门调度时将泄流分散或避免在左侧连续开孔且开度 9m 以上、避免在右侧连续开孔且开度在 12.6m 以上，来避免泄流对下游基岩产生明显冲刷。

表 7.5　　首启右区试验成果小结

| 右　区 | | | | | | 水流条件 | 对消力池下游基岩冲刷 | 备注 |
|---|---|---|---|---|---|---|---|---|
| 右岸机组 | 26 号 | 25 号 | 24 号 | 23 号 | 22 号 | | | |
| √ | 5.4m | 5.4m | 5.4m | 5.4m | 5.4m | 水流贴向左侧边墙<br>右侧回流较强 | 无明显冲刷 | 5 孔 |
| √ | | 9m | 9m | 9m | 9m | 水流紧贴左侧边墙<br>右侧回流较强 | 最大冲深约 2.0m | 4 孔 |
| √ | 9m | 9m | 9m | 9m | | 水流紧贴右侧边墙<br>回流较弱 | 无明显冲刷 | |
| √ | 9m | 9m | | 9m | 9m | 水流紧贴左侧边墙<br>右侧回流较强 | 无明显冲刷 | |
| √ | 4.5m | | 12.6m | | 12.6m | 水流紧贴左侧边墙<br>右侧回流较强 | 无明显冲刷 | 3 孔 |
| √ | 4.5m | 12.6m | 12.6m | | | 水流紧贴右侧边墙<br>左侧回流较强 | 最大冲刷约 2.0m | |
| √ | 4.5m | | 12.6m | 12.6m | | 水流紧贴右侧边墙<br>左侧回流较强 | 无明显冲刷 | |
| √ | 4.5m | 12.6m | | 12.6m | | 水流较为顺直<br>两侧回流较弱 | 无明显冲刷 | |

### 7.3.2　首启中区

泄水闸中区由 10～21 号共 12 个低孔组成。闸孔数量多，调度可选择的组合多，本次试验对各组合进行分类，开展对中区泄流规律的试验研究。为减小泄流集中及对两侧边墙的影响，试验以中区首启闸孔分别为 10 号、11 号、12 号三大组进行方案对比，各组试验在间隔单孔开启方案的基础上，调整开孔方案。具体试验如下。

#### 7.3.2.1　0.3 倍开度 (5.4m)

中区 0.3 倍开度对比试验共进行了 12 组，见表 7.6。为减小泄流集中及对两侧边墙的影响，试验以中区首启闸孔分别为 10 号、11 号、12 号三大组进行方案对比，各组试验在间隔单孔开启方案的基础上，调整开孔方案。具体试验如下。

表 7.6　　首启中区试验成果小结（0.3 倍开度，5 孔，12 组）

| 中区 | | | | | | | | | | | | 水流条件 | 对基岩冲刷 |
|---|---|---|---|---|---|---|---|---|---|---|---|---|---|
| 21 号 | 20 号 | 19 号 | 18 号 | 17 号 | 16 号 | 15 号 | 14 号 | 13 号 | 12 号 | 11 号 | 10 号 | | |
| | | | 5.4m | | 5.4m | | 5.4m | | 5.4m | | 5.4m | 主流较顺直，回流较弱 | 无明显冲刷 |
| | | 5.4m | | | 5.4m | | 5.4m | | 5.4m | | 5.4m | 同上 | 无明显冲刷 |
| | 5.4m | | | | 5.4m | | 5.4m | | 5.4m | | 5.4m | 20 号孔出流贴右侧边墙，回流范围大强度弱 | 无明显冲刷 |
| | 5.4m | | | 5.4m | | | 5.4m | | 5.4m | | 5.4m | 同上 | 无明显冲刷 |
| | 5.4m | | 5.4m | | | 5.4m | | | 5.4m | | 5.4m | 三股水流汇集，回流较强 | 无明显冲刷 |
| | | 5.4m | | 5.4m | | 5.4m | | 5.4m | | 5.4m | | 主流较顺直，回流较弱 | 无明显冲刷 |
| | 5.4m | | 5.4m | | | 5.4m | | 5.4m | | 5.4m | | 主流较顺直，回流较强 | 无明显冲刷 |
| | 5.4m | | 5.4m | | 5.4m | | | 5.4m | | 5.4m | | 略偏向右侧，回流较强 | 无明显冲刷 |
| | 5.4m | | 5.4m | | 5.4m | | 5.4m | | 5.4m | | | 主流较顺直，回流较弱 | 无明显冲刷 |
| 5.4m | | | 5.4m | | 5.4m | | 5.4m | | 5.4m | | | 边孔出流贴边墙，主流略偏向右侧，回流较强 | 无明显冲刷 |
| 5.4m | | 5.4m | | | 5.4m | | 5.4m | | 5.4m | | | 同上 | 无明显冲刷 |
| 5.4m | | 5.4m | | 5.4m | | | 5.4m | | 5.4m | | | 边孔孔出流贴边墙，主流偏向右侧，回流多且强度大 | 无明显冲刷 |

1. 首启 10 号孔

(1) 10 号-12 号-14 号-16 号-18 号（间隔单孔）。闸孔泄流流态，如图 7.14 所示。

闸孔出流在一级消力池内形成两股主流，其中 10 号与 12 号两孔出流流向相对顺直，沿中隔墙下泄，14 号、16 号、18 号三孔出流向左折转，两股主流汇聚，在二级消力池处主流明显集中，整体流向居中，无明显回流。出池水流主流位于中区中部，中区泄流出池后对右区水流的影响相对左区较大，右区河道流速达 1m/s，左区河道流速均较小。

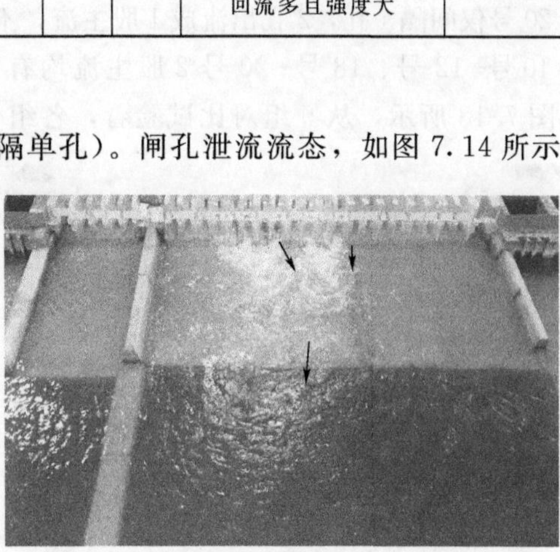

图 7.14　中区闸孔泄流流态（10 号-12 号-14 号-16 号-18 号，$e=5.4$m）

消力池及下游河道整体水流流态较好，对消力池下游基岩无明显冲刷。

(2) 10 号-12 号-14 号-16 号-19 号。闸孔泄流流态，如图 7.15 所示。

在第一组间隔单孔方案的基础上，将 18 号孔调整为 19 号孔，即右侧闸孔间距由 1 孔调整为 2 孔。试验可见，闸孔位置调整后，消力池主流由 2 股变为 3 股，但在消力池末端主流向中部汇聚，形成均匀出流。

(3) 10号-12号-14号-16号-20号。闸孔泄流流态如图7.16所示。

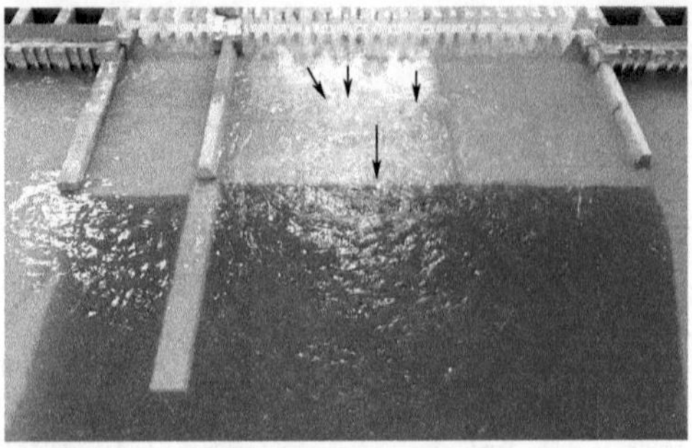

图7.15　中区闸孔泄流流态（10号-12号-14号-16号-19号，$e$=5.4m）

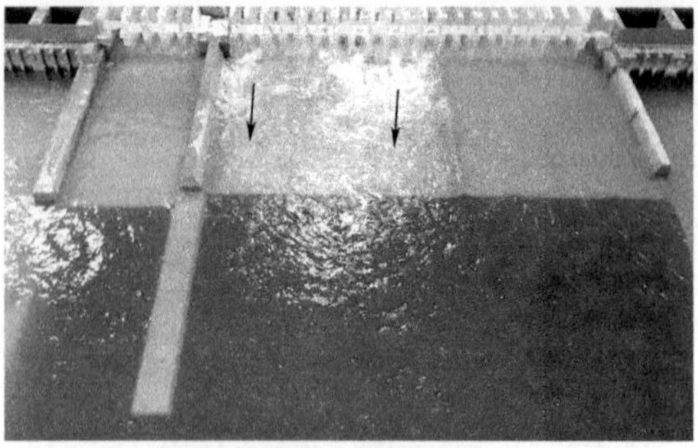

图7.16　中区闸孔泄流流态（10号-12号-14号-16号-20号，$e$=5.4m）

在第一组间隔单孔方案的基础上，将18号孔调整为20号孔，即右侧闸孔间距调整为3孔，增加局部开孔间距，分析孔间距对泄流流态的影响。开孔位置调整后，右侧的20号孔出流贴边墙下泄，与左侧的10号-12号、14号-16号主流无明显关联，左侧4孔主流较快集中，顺直下泄。由此可见，开孔间距过大后，孔间关联消失，独立性增强。

(4) 10号-12号-14号-17号-20号。闸孔泄流流态如图7.17所示。左侧的10号-12号-14号的3孔采用间隔单孔开启，右侧的14号-17号-20号采用间隔2孔开启。闸孔调整后，17号两侧均为间隔2孔，出流被14号出流吸引，与20号出流相互影响很小。

(5) 10号-12号-15号-18号-20号。由10号-12号-15号-18号-20号孔组成，18号与20号仅间隔1孔，2孔出流成1股主流，不再贴右侧围堰下泄，反而流向左偏，15号距两侧的10号-12号、18号-20号2股主流均有2孔间距，无明显偏向，自成1股主流。结果如图7.18所示，从5组对比试验看，各组合方案泄流均不会对下游基岩产生冲刷。

图7.17　中区闸孔泄流流态（10号-12号-14号-17号-20号，$e$=5.4m）

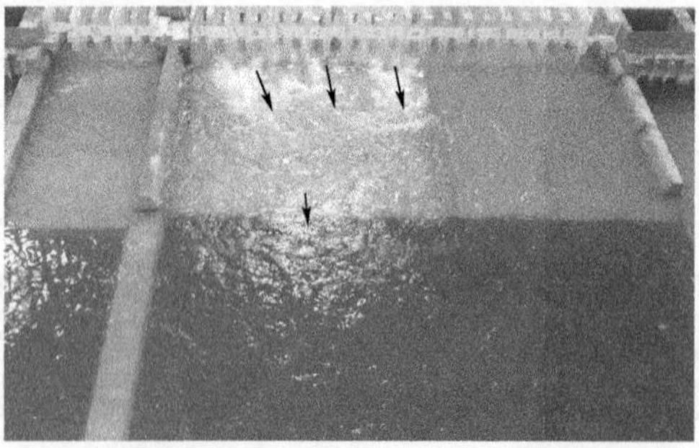

图7.18　中区闸孔泄流流态（10号-12号-15号-18号-20号，$e$=5.4m）

左侧10号-12号的主流流向较为顺直，不易受其余闸孔出流影响；中区中部的14号-16号2孔成1股主流，左折至10号-12号主流，当14号-16号右侧有闸孔开启时，若间隔1、2孔，后者出流将被吸引至14号-16号主流，同时14号-16号出流变为“缓慢”左折至10号-12号主流；若右侧间隔3孔开孔，后者与14号-16号出流无明显相互影响，14号-16号出流“迅速”左折至10号-12号主流；开启20号闸孔时，宜在其左侧间隔1孔处调用闸孔，改变其流向至中区中部。

2. 首启11号孔

闸孔泄流流态如图7.19～图7.21所示。

图7.19 中区闸孔泄流流态（11号-13号-15号-17号-19号，$e$=5.4m）

图7.20 中区闸孔泄流流态（11号-13号-15号-18号-20号，$e$=5.4m）

（1）11号-13号-15号-17号-19号。

11号、13号出流向右折转，15号、17号、19号出流向左折转，在一级消力池末端汇聚后，顺直进入到二级消力池内，较为均匀的进行下游河道。相比10号-12号-14号-16号-18号试验中，10号、12号闸孔出流贴壁下泄，左右两股集中出流，泄流对中隔墙的影响减小。

图7.21 中区闸孔泄流流态（11号-13号-16号-18号-20号，$e$=5.4m）

（2）11号-13号-15号-18号-20号。

该组合下一级消力池内形成左侧11号、13号、15号闸孔集中出流和右侧的18号、20号闸孔集中出流的2股主流，在一级消力池调整及水流过渡情况下，二级消力池内两股水流向中部汇聚，并沿中部出池进入到下游河道内。

（3）11号-13号-16号-18号-20号。

该组合下消力池水流流态与上组基本一致，一级消力池内形成左侧的11号、13号闸门集中水流和右侧的16号、18号、20号闸门集中水流，在一级消力池调整及水流过渡情况下，二级消力池内两股水流向中部汇聚，并沿中部出池进入到下游河道内。

综上所述，以11号闸孔作为首启调度时，在闸孔间隔1孔或者2孔开启情况下，消力池内主流将以间隔未开启的2孔作为分界，形成不同的集中出流，但受一级消力池调整及水流沿程过渡，二级消力池内不同集中出流向中部汇聚，并沿中部出池进入到下游河道内。

3. 首启12号孔

（1）12号-14号-16号-18号-20号。

闸孔泄流流态如图7.22所示。左侧的12号、14号与右侧的18号、20号闸孔出口向中部汇聚，经一级消力池尾坎和二级消力池调整后，主流位于中区中部出池，出池主流流速在3.07～4.41m/s。

（2）12 号-14 号-16 号-18 号-21 号。

闸孔泄流流态，如图 7.23 所示。

图 7.22　中区闸孔泄流流态（12 号-14 号-16 号-18 号-20 号，$e$=5.4m）

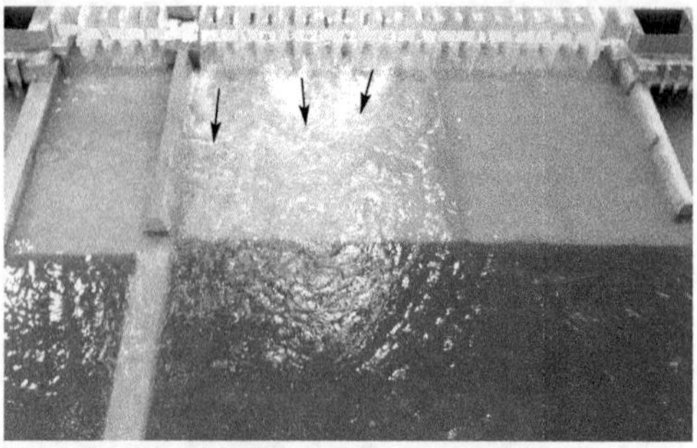

图 7.23　中区闸孔泄流流态（12 号-14 号-16 号-18 号-21 号，$e$=5.4m）

将右侧隔孔宽度调整为 2 孔，该组合下，消力池内分成左中右三股，右侧的 21 号闸孔水流直接贴向右侧围堰下泄，并未被左侧 4 孔出流吸引，中间 4 孔经一级消力池尾坎和二级消力池调整后，主流位于中区中部出池。

（3）12 号-14 号-16 号-19 号-21 号。

闸孔泄流流态，如图 7.24 所示。

该组合下，左侧 12 号、14 号、16 号闸孔出流在一级消力池内集中，经一级消力池尾坎和二级消力池调整后，主流位于中区中部出池。右侧的 19 号、21 号闸孔水流集中，沿右侧边墙下泄。

（4）12 号-14 号-17 号-19 号-21 号。

闸孔泄流流态，如图 7.25 所示。

图 7.24　中区闸孔泄流流态（12 号-14 号-16 号-19 号-21 号，$e$=5.4m）

图 7.25　中区闸孔泄流流态（12 号-14 号-17 号-19 号-21 号，$e$=5.4m）

该组合下，一级消力池内形成 3 股集中水流，左侧的 12 号、14 号闸孔集中水流，中部的 17 号、19 号闸孔集中水流以及右侧贴边墙的 21 号闸孔出流，其中 12 号、14 号与 17 号、19 号闸孔出流经一级消力池尾坎调整，在二级消力池内汇聚，右侧的 21 号闸孔出流仍沿边墙下泄。

由图可知，闸孔间隔开启时，各闸出流在一级消力池内向中部汇聚，经尾坎和二级消力池调整后，沿消力池中部进入到下游河道内。闸孔间隔 2 孔开启时，一级消力池内将以间隔 2 孔为中心形成多股水流，经过一级、二级消力池调整，主流汇聚于消力池中部后进入到下游河道内。21 号闸孔参与泄流时，将形成沿右侧边墙的贴壁水流，主流不宜扩散。

#### 7.3.2.2　0.5 倍开度（9.0m）

9.0m 开度 4 孔调度，试验主要以 15 号闸孔为中心进行两侧对称调度，并对以 10 号孔为首启的，间隔开启进行对比，见表 7.7。

表 7.7　首启中区试验成果小结（0.5 倍开度，4 孔，6 组）

| 中区 | | | | | | | | | | | | 水流条件 | 对消力池下游基岩冲刷 |
|---|---|---|---|---|---|---|---|---|---|---|---|---|---|
| 21 号 | 20 号 | 19 号 | 18 号 | 17 号 | 16 号 | 15 号 | 14 号 | 13 号 | 12 号 | 11 号 | 10 号 | | |
| | | | | | 9m | | 9m | | 9m | | 9m | 主流流向较为顺直<br>无明显回流 | 无明显冲刷 |
| | | | | 9m | 9m | | 9m | 9m | | | | 主流偏向右侧<br>回流范围大，强度较弱 | 无明显冲刷 |
| | | | 9m | | 9m | | 9m | | 9m | | | 主流流向略偏右侧<br>无明显回流 | 无明显冲刷 |
| | | 9m | | | 9m | | 9m | | | 9m | | 主流偏向右侧<br>回流较强 | 无明显冲刷 |
| | 9m | | | | 9m | | 9m | | | | 9m | 三股水流汇集下泄<br>回流较强 | 无明显冲刷 |
| | 9m | | | 9m | | | | 9m | | | 9m | 两股水流汇集下泄<br>回流较强 | 无明显冲刷 |

（1）13 号-14 号-16 号-17 号。

闸孔泄流流态，如图 7.26 所示。

该组合下，闸孔出流迅速向中部汇聚，在一级消力池中部合为一股，经一级消力池尾坎调整，二级消力池内主流向右侧偏转，出池主流基本位于 16～20 号闸孔对应的下游河道内。连续开孔，消力池及出池水流集中、扩散性差。

12 号-14 号-16 号-18 号

闸孔泄流流态，如图 7.27 所示。

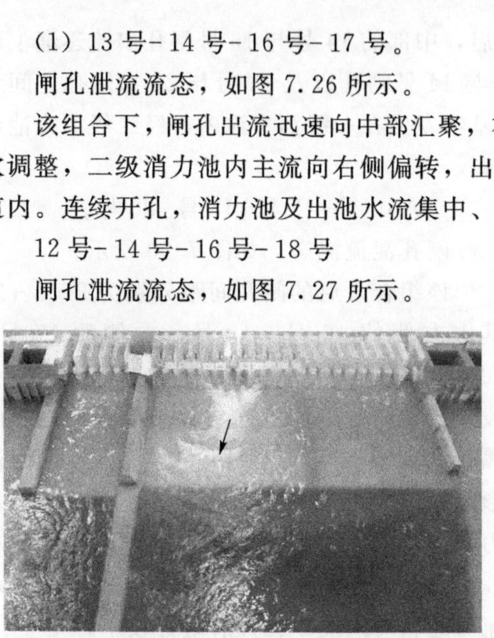

图 7.26　泄流流态（开启 13 号-14 号-16 号-17 号，$e=9.0$m）

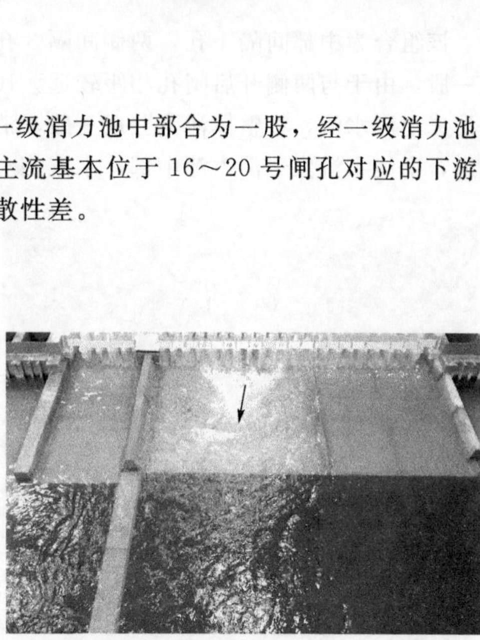

图 7.27　泄流流态（开启 12 号-14 号-16 号-18 号，$e=9.0$m）

该组合为中部闸孔间隔开启，水流相对分散，一级消力池末端及二级消力池内主流向中部汇集，经消力池后扩散，主流位于中部偏右侧，消能效果较好，试验测得消力池出口断面流速在 1.48～4.38m/s。

11 号-14 号-16 号-19 号

闸孔泄流流态，如图 7.28 所示。

该组合为中部间隔 1 孔，两侧间隔 2 孔开启，水流出闸后较为分散，边孔受外侧回流挤压后向中部偏移，消能基本发生在一级消力池内，经二级消力池调整后，出池水流位于消力池中部，水流相对顺畅。

(2) 10 号-14 号-16 号-20 号。

闸孔泄流流态，如图 7.29 所示。

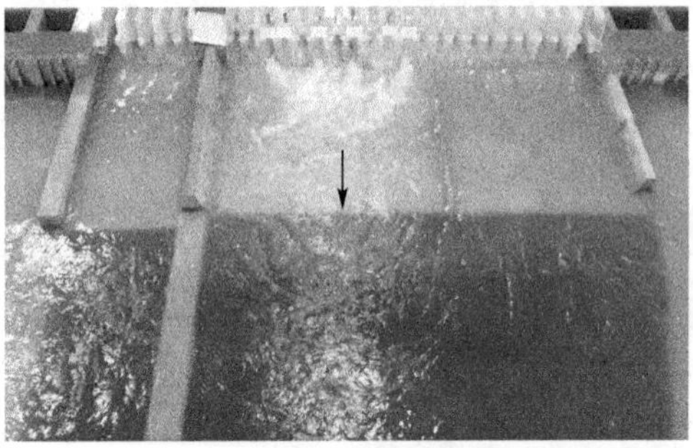

图 7.28　泄流流态（开启 11 号-14 号-16 号-19 号，$e$=9.0m）

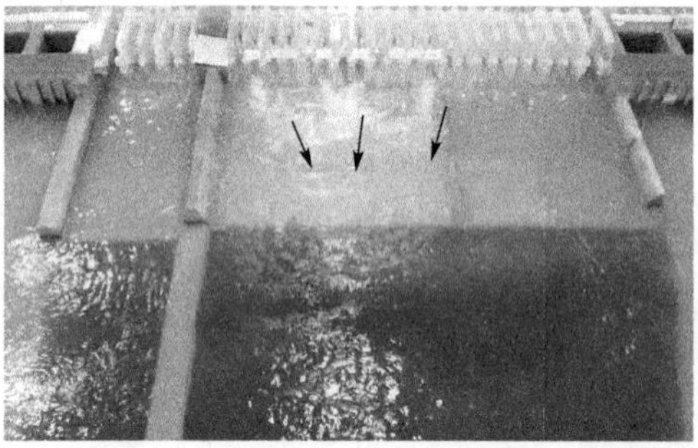

图 7.29　泄流流态（开启 10 号-14 号-16 号-20 号，$e$=9.0m）

该组合为中部间隔 1 孔，两侧间隔 3 孔开启，中部的 14 号与 16 号闸孔出流逐渐汇聚成一股，由于与两侧开启闸孔相距较远，10 号与 14 号闸孔以及 16 号与 20 号闸孔之间水域形成上溯水流，将整体泄流分成三股，消能基本发生在一级消力池内，经二级消力池调整后，出池水流位于消力池中部，水流相对顺畅。

图 7.30　泄流流态（开启 10 号-13 号-17 号-20 号，$e$=9.0m）

(3) 10 号-13 号-17 号-20 号。

闸孔泄流流态，如图 7.30 所示。

该组合开启的闸孔间距分别为 2-3-2，其中左侧的 10 号、13 号，右侧的 17 号-20 号闸孔分别在一级消力池末端处汇聚成一股主流，两股主流流向均较为顺直，由于间隔较大，13 号与 17 号闸孔之间有较强回流形成，消能主要发生在一级消力池及二级消力池前端，试验测得消力池出口断面流速在 2.02～4.04m/s，因出流更为分散，出池水流流速相对间隔单孔开启组合较小。

(4) 10 号-12 号-14 号-16 号。

该组合下，水流流态与 12 号-14 号-16 号-18 号方案基本一致，孔出流相对分散，一级消力池末端及二级消力池内主流向中部汇集，经消力池后扩散，主流位于中部偏右侧，试验测得消力池出口断面流速在 1.33～4.31m/s。闸孔泄流流态，如图 7.31 所示。

图 7.31 泄流流态（开启 10 号-12 号-14 号-16 号孔，$e$=9.0m）

综上可见，连续开孔（13 号-14 号-16 号-17 号），消力池内主流集中，消能效果差；间隔 1 孔开启（12 号-14 号-16 号-18 号），闸孔出流较为分散，两侧回流小，满足消能要求；开启间隔孔数增加后，闸孔出流较为分散，主流消能基本发生在一级消力池末端与二级消力池前端，出池水流小，但间隔过大后，孔间易形成回流，消力池内流态差。建议以间隔 1～2 孔开启为宜，1 孔最优。

#### 7.3.2.3 0.7 倍开度（12.6m）

闸孔 0.7 倍开度时需开启 3 孔泄水闸，中区泄水闸多、开孔数量少，试验分别以 10 号、11 号、12 号、13 号和 14 号闸孔作为首启，共进行了 12 组合的对比，见表 7.8。

表 7.8 首启中区试验成果小结（0.7 倍开度，3 孔，12 组）

| 中区 | | | | | | | | | | | | 水流条件 | 下游冲刷 |
|---|---|---|---|---|---|---|---|---|---|---|---|---|---|
| 21 号 | 20 号 | 19 号 | 18 号 | 17 号 | 16 号 | 15 号 | 14 号 | 13 号 | 12 号 | 11 号 | 10 号 | | |
| | | | | | | | 12.6m | | 12.6m | | 12.6m | 主流沿左侧隔墙，流向顺直 | 最大约 1.5m |
| | | | | | | 12.6m | | 12.6m | | | 12.6m | 主流偏向右侧 | 无明显冲刷 |
| | | | | | 12.6m | | | 12.6m | | | 12.6m | 主流偏向右侧 | 无明显冲刷 |
| | | | | | 12.6m | | 12.6m | | | | 12.6m | 右侧及孔间形成低强度回流 | 无明显冲刷 |
| | | | | 12.6m | | | 12.6m | | | | 12.6m | 主流偏向右侧、右侧及孔间形成低强度回流 | 无明显冲刷 |
| | | | 12.6m | | | | 12.6m | | | | 12.6m | 主流顺直下泄、右侧及孔间形成低强度回流 | 无明显冲刷 |
| | | | | | | 12.6m | | 12.6m | | 12.6m | | 主流偏向右侧 | 无明显冲刷 |
| | | | | 12.6m | | | 12.6m | | | 12.6m | | 主流偏向右侧 | 无明显冲刷 |
| | | | | | 12.6m | | 12.6m | | 12.6m | | | 主流偏向右侧 | 无明显冲刷 |
| | | | 12.6m | | | 12.6m | | | 12.6m | | | 主流较顺直下泄 | 无明显冲刷 |
| | | | | 12.6m | | 12.6m | | 12.6m | | | | 主流略偏向右侧 | 无明显冲刷 |
| | | | 12.6m | | 12.6m | | 12.6m | | | | | 主流略偏向右侧 | 无明显冲刷 |

1. 首启 10 号孔

(1) 10 号-12 号-14 号。

闸孔泄流流态，如图 7.32 所示，下游河道冲刷形态，如图 7.33 所示。该组合间隔单孔开启，出闸水流沿左侧挡水墙顺直下泄，右侧区域回流较小。水流出池后水流依旧顺直，向两侧略有扩散。试验测得消力池出口断面流速在1.88～5.11m/s，局部流速大于岩石抗冲流速，10～14号闸孔对应的消力池下游河道产生局部冲刷，最大冲深约1.5m。

图7.32 泄流流态（开启10号-12号-14号，$e$=12.6m）

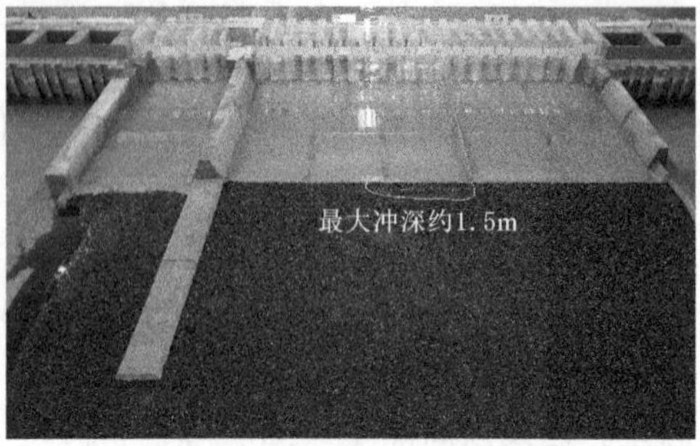


图7.33 消力池下游冲刷形态（开启10号-12号-14号，$e$=12.6m）

（2）10号-13号-15号。

闸孔泄流流态，如图7.34所示。该组合下，13号、15号闸孔出流在一级消力池前端汇聚成一股，同时10号闸孔出流在一级消力池中部也被吸引，汇聚后主流向右偏，主流沿消力池右侧出池。

（3）10号-13号-16号。

闸孔泄流流态，如图7.35所示。该组合为闸孔间隔2孔开启，流态与10号-13号-15号组合基本一致，但出池水流较前方案分散。

图7.34 泄流流态（开启10号-13号-15号，$e$=12.6m）

图7.35 泄流流态（开启10号-13号-16号，$e$=12.6m）

（4）10号-14号-16号。

闸孔泄流流态，如图7.36所示。10号闸孔与右侧的14号、16号闸孔间隔增加后，相互独立性增强，消力池内形成左右两个主流，其中14号、16号闸孔出流集中，且流向明显右偏，10号出流流向则相对更为顺直。

（5）10号-14号-17号。

闸孔泄流流态，如图7.37所示。14号、17号闸孔出流汇聚成一股顺直下泄，10号闸孔出流较为独立，两股水流之间有回流形成。

图 7.36　泄流流态（开启 10 号-14 号-16 号，$e$=12.6m）

图 7.37　泄流流态（开启 10 号-14 号-17 号，$e$=12.6m）

（6）10 号-14 号-18 号。

闸孔泄流流态，如图 7.38 所示。间隔 3 孔开启，闸孔出流较为分散，一级消力池末端汇聚，闸孔之间有明显回流形成，但流向较为顺直。

图 7.38　泄流流态（开启 10 号-14 号-18 号，$e$=12.6m）

从各对比试验来看，闸门大开度开启时，出闸水流入池后更易集中，沿程扩散程度小，出池水流也较为集中；增加开孔间间距后，闸孔出流较为分散，但闸孔之间的未开孔下游易形成回流。

2. 首启 11 号孔

首启 11 孔主要进行间隔 1 孔和间隔 2 孔的试验对比，闸孔泄流流态，如图 7.39、图 7.40 所示。

图 7.39　泄流流态（开启 11 号-13 号-15 号，$e$=12.6m）

图 7.40　泄流流态（开启 11 号-14 号-17 号，$e$=12.6m）

（1）11 号-13 号-15 号。

该组合间隔单孔开启，出闸水流在一级消力池内向中部汇聚，经二级消力池调整，主流偏向右侧出消力池，出池水流较集中。

图 7.41　泄流流态（开启 12 号-14 号-16 号，$e=12.6$m）

（2）11 号-14 号-17 号。

该组合间隔两孔开启，出闸水流较间隔单孔分散，经二级消力池调整，主流偏向右侧出消力池，出池水流分散。

对比试验看，闸门大开度开启，出闸水流集中且易偏向右侧。

3. 首启 12 号闸

首启 12 孔主要进行间隔 1 孔和间隔 2 孔的试验对比，闸孔泄流流态，如图 7.41、图 7.42 所示，间隔 2 孔开启下游河道流态，如图 7.43 所示。

图 7.42　泄流流态（开启 12 号-15 号-18 号，$e=12.6$m）

图 7.43　泄流流态（开启 13 号-15 号-17 号，$e=12.6$m）

（1）12 号-14 号-16 号。该组合间隔单孔开启，出闸水流在一级消力池内向中部汇聚，经二级消力池调整，主流偏向右侧出消力池，出池水流较集中。

（2）12 号-15 号-18 号。该组合间隔两孔开启，出闸水流较隔孔分散，经二级消力池调整，主流基本位于消力池中部，出池水流分散。试验测得消力池出口断面河道流速在 1.35～4.43m/s。

闸门大开度开启时，从消力池流态及下游河道流速分布开，闸孔开启间隔 2 孔优于间隔开启。

4. 首启 13 号闸孔、14 号闸孔

主要进行隔孔开启试验对比，闸孔泄流流态，如图 7.44 所示。

13 号-15 号-17 号与 14 号-16 号-18 号。两种开启方式下，出闸水流在一级消力池中部汇聚，经尾坎后，在二级消力池内向右折转，出池水流集中。

图 7.44　泄流流态（开启 14 号-16 号-18 号，$e=12.6$m）

由此可知，各方案区别主要在消力池右侧边墙附近的回流、闸孔间回流及出池水流对下游河道基岩的影响。综合来讲，以 0.3 倍、0.5 倍闸门开度方案为宜，首启 10 号孔，向右间隔 1 孔开启最佳。具体规律如下：

（1）0.3 倍方案：多孔小开度的组合水流分散，整体流态较好，主流流向不易偏向一侧，同时对下游基岩均无明显冲刷；为避免泄流与右侧围堰形成回流，闸孔首启以左侧 10 号孔为宜，顺序向右间隔开启；为避免闸孔之间形成回流，间距不宜超过 2 孔。

（2）0.5 倍方案：通过间隔开孔，4 孔方案均对下游基岩无明显冲刷；主流流向较易偏向右侧，选择左侧 10 号孔向右间隔 1 孔开启，或中部开启 2 孔并在之间有 2 孔以上间隔时，有利于摆正流向；开孔间隔 2 孔及以上、开孔位置靠近右侧围堰时易形成回流；宜从 10 号孔首启，向右间隔 1 孔开启。

（3）0.7 倍方案：主流流向易偏向右侧，10 号孔出流易贴向中隔墙，间隔 1 孔时，有利于摆正流向，但同时因开度大、水流集中，对下游河道基岩容易产生冲刷；间隔 2 孔及以上时，开启闸孔间较易形成回流，且与右侧围堰间相隔较近；宜从 10 号孔首启，向右间隔 1 孔开启，或从 11 号孔首启，向右间隔 2 孔开启。

### 7.3.3 首启左区

#### 7.3.3.1 0.3 倍开度（5.4m）

左区设 8 个低孔（2～9 号）及 1 个高孔（1 号），左区可调用闸孔数量较多，且 1 号高孔靠近边墙，在首启左区试验中，调用 2～8 号低孔泄洪。

左区虽较右区闸孔数量较多，但相比中区闸孔较少，试验中较难以间隔单孔调用方案为基础方案展开对比。为研究左区泄流规律，以选用左区居中闸孔对称开启的方案作为基础，根据泄流流态调整闸孔调度方案，展开多组对比试验。

左区 0.3 倍开度对比试验共进行了 7 组，见表 7.9。

表 7.9 首启左区试验成果小结（0.3 倍开度，5 孔，7 组）

| 左区 | | | | | | | | | | 水流条件 | 对消力池下游基岩冲刷 |
|---|---|---|---|---|---|---|---|---|---|---|---|
| 9 号 | 8 号 | 7 号 | 6 号 | 5 号 | 4 号 | 3 号 | 2 号 | 1 号 | 左岸机组 | | |
| | 5.4m | | 5.4m | 5.4m | 5.4m | | 5.4m | | √ | 主流偏向左侧，冲墙明显，左侧回流强 | 无明显冲刷 |
| | 5.4m | 5.4m | | 5.4m | 5.4m | | 5.4m | | √ | 主流偏向左侧，顺左边墙末端下泄，左侧回流强 | 无明显冲刷 |
| 5.4m | | 5.4m | | 5.4m | 5.4m | | 5.4m | | √ | 主流偏向左侧，顺左边墙末端下泄，左侧回流强 | 无明显冲刷 |
| 5.4m | 5.4m | 5.4m | | 5.4m | 5.4m | | | | √ | 主流略偏向左侧，左侧回流弱 | 无明显冲刷 |
| 5.4m | 5.4m | 5.4m | | 5.4m | | 5.4m | | | √ | 主流略偏向左侧，左侧回流弱 | 无明显冲刷 |

续表

| 左区 | | | | | | | | | | 水流条件 | 对消力池下游基岩冲刷 |
|---|---|---|---|---|---|---|---|---|---|---|---|
| 9号 | 8号 | 7号 | 6号 | 5号 | 4号 | 3号 | 2号 | 1号 | 左岸机组 | | |
| 5.4m | | 5.4m | 5.4m | 5.4m | 5.4m | | | | √ | 主流偏向左侧，顺左边墙末端下泄，左侧回流较弱 | 无明显冲刷 |
| 5.4m | | 5.4m | 5.4m | 5.4m | | 5.4m | | | √ | 主流偏向左侧，顺左边墙末端下泄，左侧回流较弱 | 无明显冲刷 |

1. *以左侧开孔为主*

(1) 2号-4号-5号-6号-8号。

该组合以中间的4号-5号-6号闸孔泄流为主，两边各间隔辅助一孔。试验发现，各闸孔出流在一级消力池前端向中部汇聚，右侧形成大范围的顺时针强度较弱的回流水体，回流压迫8号闸孔泄流，回流断面大；左侧1号高孔下游区域形成小范围强度较高的逆时针回流，回流压迫2号闸孔泄流，回流来水断面较窄，使得位于二级消力池前端的主流向左拖移，主流斜向贴左侧挡墙出池。

图7.45 泄流流态1（开启2号-4号-5号-6号-8号，$e=5.4$m）

(2) 2号-4号-5号-7号-8号与2号-4号-5号-7号-9号。

将右侧开孔位置右移后，右侧2个闸孔出流进入到消力池后，与左侧主流汇聚，在二级消力池内主流流向左侧边墙，并贴左侧挡水墙出池。

以上试验表明，在以左侧闸孔开启为主时，在1号高孔下游的一级消力池内形成较强的回流，在回流作用下，出池主流被集中拖移至左岸挡墙。

图7.46 泄流流态2（开启2号-4号-5号-6号-8号，$e=5.4$m）

图7.47 泄流流态3（开启2号-4号-5号-6号-8号，$e=5.4$m）

2. *以右侧开孔为主*

各组合方案消力池水流流态，如图7.48所示，消力池下游流速分布，如图7.49所示。

图 7.48 泄流流态（开启 4 号-5 号-7 号-8 号-9 号，$e$=5.4m）

图 7.49 泄流流态（开启 3 号-5 号-7 号-8 号-9 号，$e$=5.4m）

图 7.50 泄流流态（开启 4 号-5 号-6 号-7 号-9 号，$e$=5.4m）

图 7.51 泄流流态（开启 3 号-5 号-6 号-7 号-9 号，$e$=5.4m）

（1）4 号-5 号-7 号-8 号-9 号。

该组合以右侧的 7 号-8 号-9 号闸孔泄流为主。试验发现，出闸水流分成较为集中的两股，并在一级消力池内汇聚，经一级消力池尾坎和二级消力池调整，顺直下泄，出池水流主要集中在 5～9 号泄水闸下游，下游河道水流较为平顺。

（2）3 号-5 号-7 号-8 号-9 号。

该组合仍以右侧的 7 号-8 号-9 号闸孔泄流为主。试验发现，出闸水流迅速集中为两股，并在一级消力池内汇聚，经一级消力池尾坎和二级消力池调整，顺直下泄，出池水流主要集中在 4～9 号泄水闸下游，主流较上一组合略向消力池中部偏移，下游河道水流较为平顺。

（3）4 号-5 号-6 号-7 号-9 号。

该组合基本以中部的 4 号-5 号-6 号-7 号闸孔泄流为主。试验发现，出闸水流迅速集中为一股，在左侧逆时针回流吸水和右侧顺时针回流压迫作用下，二级消力池内主流向左折转，贴左侧导墙末端斜向出池。

（4）3 号-5 号-6 号-7 号-9 号。

在左侧开启闸孔左移一孔后，1～2 号闸孔下游形成的逆时针回流迅速将 3 号闸孔出流压制在 4～5 号闸孔下游，1～3 号闸孔下游的一级消力池内较强的回流，将中部集中的主流拖移至左侧挡水墙，形成局部顶冲，然后沿左侧边墙出池。

以左区右侧闸中开启为主时，在消力池调整下出池水流基本能顺直下泄，但随着左侧闸孔数量增大或左移，左侧边墙附近形成的较强回流将把主流吸至左侧挡墙附近，沿左侧边墙出池。左区 0.3 倍闸孔开度时，以左侧闸孔为主时，主流易贴左侧边墙出池；以右侧闸孔为主时，出池水流相对顺直。因此，对于左区 0.3 倍闸门开度，试验建议以右侧闸孔开启为主。

#### 7.3.3.2 0.5 倍开度（9.0m）

左区 0.5 倍开度对比试验共进行了 4 组，见表 7.10，如图 7.52～图 7.57 所示。

表 7.10 首启左区试验成果小结（0.5 倍开度，4 孔，4 组）

| 左区 | | | | | | | | | | 水流条件 | 对消力池下游基岩冲刷 |
|---|---|---|---|---|---|---|---|---|---|---|---|
| 9号 | 8号 | 7号 | 6号 | 5号 | 4号 | 3号 | 2号 | 1号 | 左岸机组 | | |
| 9m | 9m | 9m | 9m | | | | | | √ | 主流顺直下泄，无明显回流 | 最大冲深约 8.0m |
| 9m | | 9m | | 9m | | 9m | | | √ | 主流偏向左侧，顺左边墙末端下泄，左侧回流范围大，强度弱 | 最大冲深约 1.5m |
| | 9m | | 9m | | 9m | | 9m | | √ | 主流偏向左侧，冲墙明显，左侧回流强 | 无明显冲刷 |
| | | 9m | 9m | | 9m | 9m | | | √ | 主流偏向左侧，冲墙明显，左侧回流强 | 无明显冲刷 |

（1）6 号-7 号-8 号-9 号。

该组合以左区右侧四孔为主，出闸水流主要集中在 6～9 号闸孔下游顺直下泄，沿程扩散较小，出池水流集中，试验测得 6～9 号闸孔对应的下游河道流速在 4.95～8.06m/s，远大于河床抗冲流速，1～5 号闸孔对应的下游河道流速仅为 1.77m/s。动床试验显示，左区右侧消力池下游最大冲深达 8.0m。

（2）3 号-5 号-7 号-9 号。

该组合以右侧为主，闸孔间隔开启，出闸水流逐渐向中部 4～8 号闸孔下游的消力池汇聚，受左侧较强回流牵引，主流折转至中部偏右侧，试验测得 2～6 号闸孔对应的下游河道流速在 4.91～4.96m/s，略大于河床抗冲流速，右侧下游河道流速为 1.49m/s。动床试验显示，左区左侧消力池下游最大冲深 1.5m。

（3）2 号-4 号-6 号-8 号。

该组合开启的闸孔基本位于左区消力池的中部，采用隔孔开启方式，出闸水流向消力池中部汇聚，受左侧较强回流牵引，主流向左侧折转，然后沿左侧边墙进入到下游河道。以中部闸孔间隔开启对泄流消能是有利的。

（4）3 号-4 号-6 号-7 号。

该组合为中部闸孔集中开启，出闸水流迅速向中部汇聚，流速较大，在二级消力池处主流同样左偏，流向左侧边墙，并形成强回流区。

左区 0.5 倍闸门开度时，以中部闸孔间隔开启最优。

图 7.52 泄流流态（开启 6 号-7 号-8 号-9 号，$e=9.0$m）

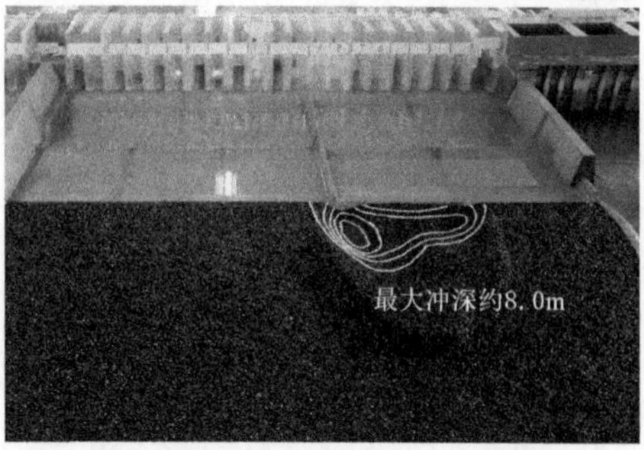


图 7.53 消力池下游冲刷形态（开启 6 号-7 号-8 号-9 号，$e=9.0$m）

图 7.54 泄流流态（开启 3 号-5 号-7 号-9 号，$e=9.0$m）

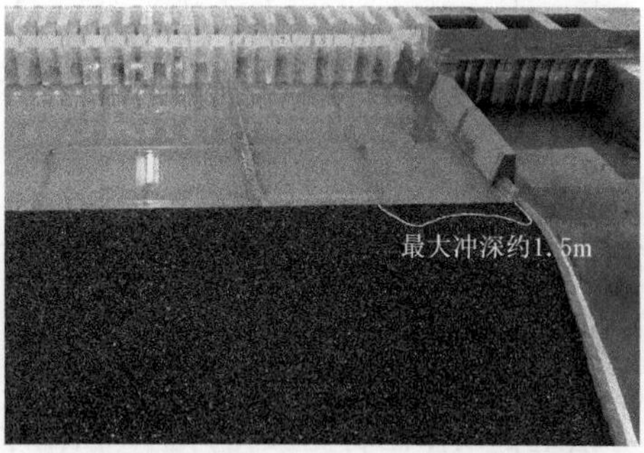


图 7.55 消力池下游冲刷形态（开启 3 号-5 号-7 号-9 号，$e=9.0$m）

图 7.56 泄流流态（开启 2 号-4 号-6 号-8 号，$e=9.0$m）

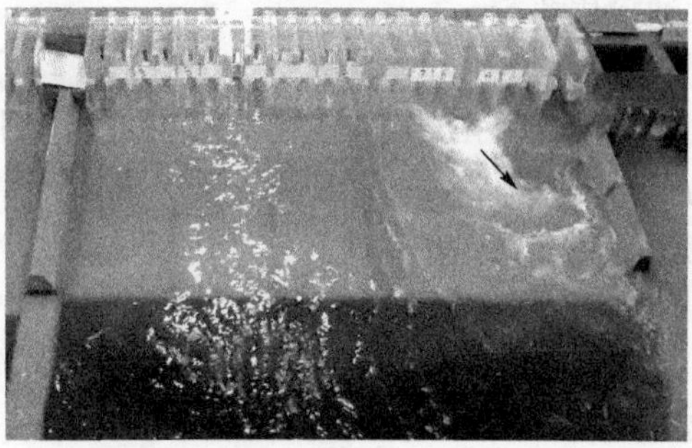

图 7.57 泄流流态（开启 3 号-4 号-6 号-7 号，$e=9.0$m）

#### 7.3.3.3 0.7 倍开度（12.6m）

左区 0.7 倍开度对比试验共进行了 7 组，见表 7.11。

表 7.11　　首启左区试验成果小结（0.7倍开度，3孔，7组）

| 左区 | | | | | | | | | | 水流条件 | 对消力池下游基岩冲刷 |
|---|---|---|---|---|---|---|---|---|---|---|---|
| 9号 | 8号 | 7号 | 6号 | 5号 | 4号 | 3号 | 2号 | 1号 | 左岸机组 | | |
| 12.6m | 12.6m | 12.6m | | | | | | | √ | 主流顺直下泄<br>无明显回流 | 最大冲深约 8.5m |
| 12.6m | | 12.6m | 12.6m | | | | | | √ | 主流略偏向左侧<br>左侧回流弱 | 最大冲深约 2.5m |
| 12.6m | | 12.6m | | 12.6m | | | | | √ | 主流略偏向左侧<br>左侧回流弱 | 最大冲深约 2.0m |
| 12.6m | | | 12.6m | 12.6m | | | | | √ | 主流偏向左侧，<br>顺左边墙末端下泄<br>左侧回流范围大，强度弱 | 最大冲深约 1.5m |
| 12.6m | | | 12.6m | | 12.6m | | | | √ | 主流偏向左侧，<br>顺左边墙末端下泄<br>左侧回流范围大，强度弱 | 无明显冲刷 |
| 12.6m | | | 12.6m | | | 12.6m | | | √ | 主流偏向左侧，冲墙明显<br>左侧回流强 | 无明显冲刷 |
| | 12.6m | | 12.6m | | 12.6m | | | | √ | 主流偏向左侧，<br>顺左边墙末端下泄<br>左侧回流范围大，强度弱 | 无明显冲刷 |

1. *以右侧闸孔为主*

（1）7号-8号-9号。

该组合以左区右侧三孔为主，出闸水流主要集中在7～9号闸孔下游，沿与中区消力池隔墙顺直下泄，沿程扩散较小，出池水流集中，试验测得7～9号闸孔对应的下游河道流速可达8.68m/s，远大于河床抗冲流速，1～4号闸孔对应的下游河道流速仅为1.77m/s，5～6号闸孔对应的下游河道流速仅为3.94m/s。动床试验显示，左区右侧消力池下游最大冲深达8.5m。

（2）6号-7号-9号。

该组合闸孔开启位置适当左移，出闸水流在7～8号闸孔下游汇聚，并在左侧回流带动下，向左侧偏移，主流逐渐脱离与中区消力池隔墙，出池水流基本位于4～8号闸孔对应下游河道处，存在向左斜冲水流。

（3）5号-7号-9号。

该组合为右侧闸孔隔孔开启，出闸水流相对分散，考虑到闸孔开度大、泄流能力强、出闸流速大以及左侧逆时针的回流影响，5号闸孔出流在左侧回流压迫下，与7号和9号泄流汇聚，经消力池调整主流流向左偏，主流脱离两侧挡水墙。试验测得消力池下游河床冲刷主要位于4～7号闸孔对应断面，最大冲深位于6号闸门对应断面，最大冲深约2.0m，

0.7倍闸孔开度且以右侧开启为主时，出池水流较为集中，下游河床将产生局部冲刷，开启方式以隔孔开启为优，不建议右侧3孔集中开启。

图 7.58 泄流流态（开启 7 号-8 号-9 号，$e$=12.6m）

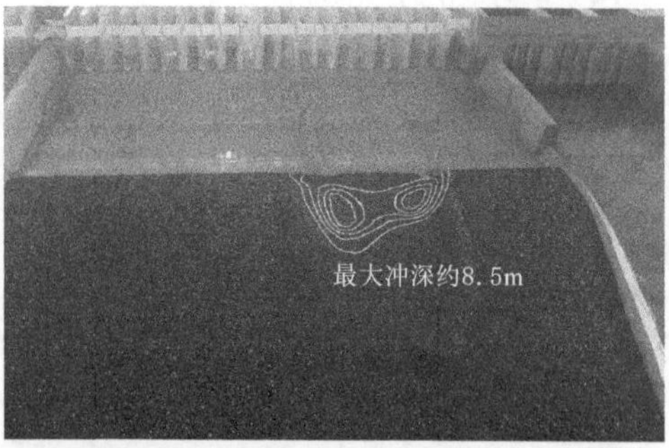


图 7.59 消力池下游冲刷形态（开启 7 号-8 号-9 号，$e$=12.6m）

图 7.60 泄流流态（开启 6 号-7 号-9 号，$e$=12.6m）

图 7.61 泄流流态（开启 5 号-7 号-9 号，$e$=12.6m）

2. 以中部闸孔为主

(1) 5 号-6 号-9 号。

该组合以左区的中间闸孔为主，其中，5 号、6 号出闸水流迅速集中为一股，并在一级消力池前部将右侧的 9 号闸孔出流牵引至中部汇聚，再经消力池消能调整及左侧回流拖移，主流向左斜向出池。

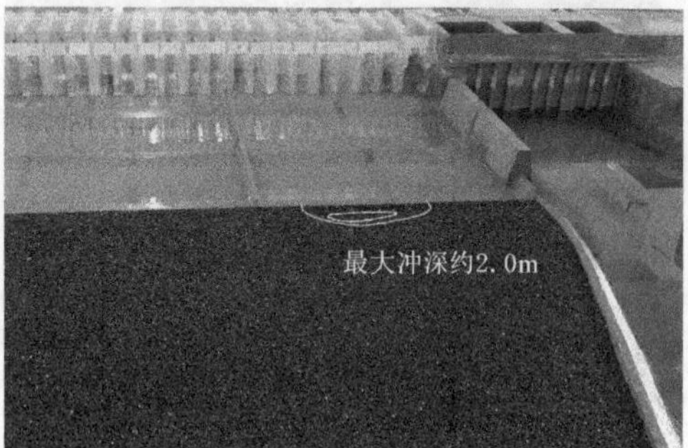


图 7.62 消力池下游冲刷形态（开启 5 号-7 号-9 号，$e$=12.6m）

(2) 4 号-6 号-9 号。

由于出闸单宽流量大，开孔位置重心左移后并未形成明显的分散水流，受两侧回流区影响，在消力池内主流向左侧偏移，并向左斜向出池。与上一组合区别在于出池位置更加靠近左侧边墙的末端。

(3) 3 号-6 号-9 号。

该组合为间隔两孔开启，开孔位置重心进一步左移。试验发现，隔孔数量增加后，一级消力池前部水体碰撞、混掺的强度增加，但闸孔泄流的单宽流量大、两侧回流限制，进入二级消力池内主流仍然向左侧折转，并顶冲左侧边墙，主流也以贴左侧边墙下泄为主。

(4) 4 号-6 号-8 号。

该组合为中部闸孔间隔一孔开启，入池水流迅速向 6 号闸孔所在的中部汇聚，进入二级消力池内主流仍然向左侧折转，并顶冲左侧边墙，主流也以贴左侧边墙下泄为主。

0.7 倍闸孔开度时，单宽泄流量大，消能略差，以左区中部开启为主时，主流进入到二级消力池后易形成向左折转且顶冲左侧边墙的流态，出池水流以斜向或贴左侧挡墙为主，因此，不建议以中部及左侧闸孔开启为主。

图 7.63 泄流流态（开启 5 号-6 号-9 号，$e$=12.6m）

图 7.64 泄流流态（开启 4 号-6 号-9 号，$e$=12.6m）

图 7.65 泄流流态（开启 3 号-6 号-9 号，$e$=12.6m）

图 7.66 泄流流态（开启 4 号-6 号-8 号，$e$=12.6m）

由此可知，左区闸门首启方案共对比了 18 种组合，调度方案在左区泄流流态与消力池下游河道基岩冲刷两者之间较难协调，0.3 倍方案最佳，0.5 倍方案次之，宜从右侧的 9 号孔首启，向左开启闸孔为宜，具体规律小结如下：

(1) 主流流向易偏向左侧，在开孔位置选取上，宜选用右侧闸孔，首启以 9 号孔为宜，顺序自右向左。

(2) 连续开启左区右侧闸孔利于调整泄流流向至顺直，但对下游河床冲刷较大。

(3) 推荐左区调度方式为选择多孔小开度，同时以 9 号孔首启向右侧依次开启闸门，待右侧闸孔开启较多时，再考虑调用左侧闸孔。随泄流量增加开启较多闸门后，再进一步增加闸门开度。

本节为左中右三区的首启分区试验及闸门开度对比试验，得出主要结论如下：

（1）分区首启选择：

1）以中区为最佳，可调整空间大、消力池流态相对顺直、下游冲刷小。

2）右区次之，可调整空间小，流态易贴边，合理选用闸门调度方案可减小出池水流对下游河床冲刷的影响。

3）左区较难协调水流流态与下游冲坑的关系。

（2）闸门开度（0.3倍/0.5倍/0.7倍）：

1）左区以0.3倍为佳，0.5倍流态较差。

2）中区以0.3倍为最佳，0.5倍次之，均以中区左侧向右开启为宜。

3）右区可调空间小，各开度消力池及下游河道流态相差不大。

（3）闸门开启顺序：

1）左区闸门开启顺序宜自右向左。

2）中区闸门开启顺序宜自左向右。

3）右区闸门开启顺序宜中间向两侧。

（4）闸门间隔：

1）开启间隔以1孔为宜，不宜超过2孔。

2）中区宜间隔1孔开启。

3）左区宜以小开度连续开启右侧3个闸门后，再间隔1孔开启左侧闸门。

## 7.4 典型洪水过程闸门调度

在水利工程中，运行期枢纽调度原则是指根据不同的季节和水文情况，制定合理的水库、水闸等水利枢纽的调度计划。这些原则旨在最大限度地发挥水利枢纽的调节和利用效益，确保水资源的合理利用和水环境的保护。

初定非汛期、次汛期、主汛期是根据季节和水文情况划分的不同时期，具体含义如下：①非汛期：指在一年中降雨量较少、河流水位较低、水流相对平稳的时期。在非汛期，水库或水闸可能不需要进行大规模的水量调节，主要目标是维持适当的水位，保证下游用水和生态环境需要；②次汛期：介于非汛期和主汛期之间的时期。在次汛期，降雨量会较非汛期有所增加，但还未达到主汛期的高峰。水库或水闸需要适度地储存水源，以满足日后干旱期或主汛期的水量需求；③主汛期：一年中降雨量较多、河流水位急剧上升、水流较快的时期。在主汛期，水库或水闸需要进行大规模的蓄水和泄洪措施，以控制洪峰，保护下游地区的安全，并为农田灌溉和城市供水提供足够的水量。通过根据不同时期制定合理的调度原则，水利枢纽能够更好地适应不同的水文条件和水资源需求，实现水利工程的高效运行和多功能利用。

针对非汛期、次汛期和主汛期（5年一遇洪水以内）不同时段洪水过程开展闸门调度过程试验，分析调度原则的合理性，提出闸门优化调度建议。

根据7.1.3节运行期枢纽调度原则：“非汛期闸前控制水位为61.0m（正常蓄水位）。当$Q_{三站}$超过8000$m^3/s$后，水库提前腾空，库水位由57.6m降至54.6m；超过11000$m^3/s$后，库水位再降至47.6m；超过20000$m^3/s$后，库水位降至44.0m。次汛期闸前控制水位为 59.6m。当 $Q_{三站}$ 超过 5000$m^3/s$ 后，水库提前腾空，库水位由 59.6m 降至 53.6m；超过 14000$m^3/s$ 后，库水位再降至 47.6m；超过 20000$m^3/s$ 后，库水位降至 44.0m。主汛期闸前控制水位为 47.6m，当 $Q_{三站}$ 超过 20000$m^3/s$ 后，水库提前腾空，库水位由 47.6m 降至 44.0m"，确定非汛期、次汛期、主汛期的试验工况见表 7.12。

**表 7.12　　典型洪水过程闸门调度试验工况**

| 时段 | 工况 | 总流量 /($m^3/s$) | 库水位 /m | 发电流量 /($m^3/s$) | 泄水闸泄量 /($m^3/s$) | 2+649 水位 /m | 备注 |
|---|---|---|---|---|---|---|---|
| 非汛期 | 1 | 11000 | 47.6 | 7088 | 3912 | 31.71 | |
| | 2 | 14000 | 47.6 | 7088 | 6912 | 33.43 | |
| | 3 | 17000 | 47.6 | 7088 | 9912 | 34.94 | |
| | 4 | 20000 | 47.6 | 7088 | 12912 | 36.25 | |
| 次汛期 | 1 | 11000 | 53.6 | 7088 | 3912 | 31.71 | |
| | 2 | 14000 | 53.6 | 7088 | 6912 | 33.43 | |
| 主汛期 | 1 | 20000 | 44.0 | 0 | 20000 | 36.25 | |
| | 2 | 23400 | 44.0 | 0 | 23400 | 37.45 | 2 年一遇 |
| | 3 | 28000 | 44.0 | 0 | 28000 | 38.85 | |
| | 4 | 30600 | 44.0 | 0 | 30600 | 39.57 | 5 年一遇 |

（1）11000$m^3/s$<$Q_{三站}$≤14000$m^3/s$ 时，非汛期上游水位采用 47.6m，次汛期上游水位采用 53.6m。

（2）14000$m^3/s$<$Q_{三站}$≤20000$m^3/s$ 时，非汛期、次汛期与主汛期调度一致，上游水位采用 47.6m，参照非汛期调度试验成果。

（3）$Q_{三站}$>20000$m^3/s$ 时，次汛期与主汛期调度一致，参照主汛期调度试验成果。

### 7.4.1　调度方案

初设确定的分区调度原则：先局部开启右区—中区—左区，然后再进一步开启中区—左区—右区，直至所有闸门全部开启。具体如下：

（1）当 $Q_{闸}$<5000$m^3/s$ 时，首先右区宣泄洪水。

（2）当 5000$m^3/s$<$Q_{闸}$<15000$m^3/s$ 时，再开启中区泄流。

（3）当 15000$m^3/s$<$Q_{闸}$<25000$m^3/s$ 时，在开启右区和中区的基础上，开启左区闸孔。

（4）当 $Q_{闸}$>25000$m^3/s$ 时，随着泄流量的增大，加开闸门的顺序为：先开启中区闸孔，然后开启左区闸孔，再开启右区闸孔。

按上述调度原则，试验仍以右区—中区—左区的顺序开展调度优化试验，根据 4 章中不同开度消力池下游水流流态及冲刷影响，以及各闸门开度不存在拍打门梁情况的东北院试验成果。在不影响工程安全情况下，初定闸门开度为 9～18m 两档，即 24 个底孔全部开至 9m 后，再逐步开至 18m，同时利用两侧高孔调节上游水位。

### 7.4.2　非汛期调度

经非汛期闸门调度试验对比，建议闸门调度开启顺序为：22 号～26 号-10 号-12 号-

14 号-16 号-18 号-11 号-13 号-15 号-17 号，闸门开度为 9.0m，26 号高孔用于上游水位调节，如图 7.67、图 7.68 所示。

图 7.67 泄流流态（22～25 号、10～18 号开度 9m，26 号开度 9m）

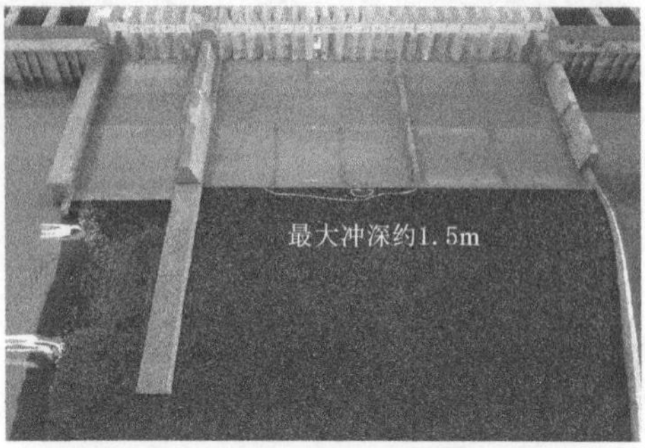


图 7.68 消力池下游冲刷形态（22～25 号、10～18 号开度 9m，26 号开度 9m）

### 7.4.3 次汛期调度

次汛期遵循非汛期的闸门调度方案即可。即建议次汛期闸门调度开启顺序为：22 号～26 号-10 号-12 号-14 号-16 号-18 号-11 号-13 号-15 号-17 号，闸门开度为 9.0m。

### 7.4.4 主汛期调度

考虑主汛期调度试验与非汛期调度试验的衔接。存在以下两个问题。

问题 1：闸孔出流后水流回拍闸门

闸孔出流流态，如图 7.69、图 7.70 所示。2～6 号、22～25 号闸孔出流困难，闸孔内水流流向往复流，击打闸门。

图 7.69 6 号闸孔水流回拍闸门（7 号、9～21 号开度 18m，其余开度 9m）

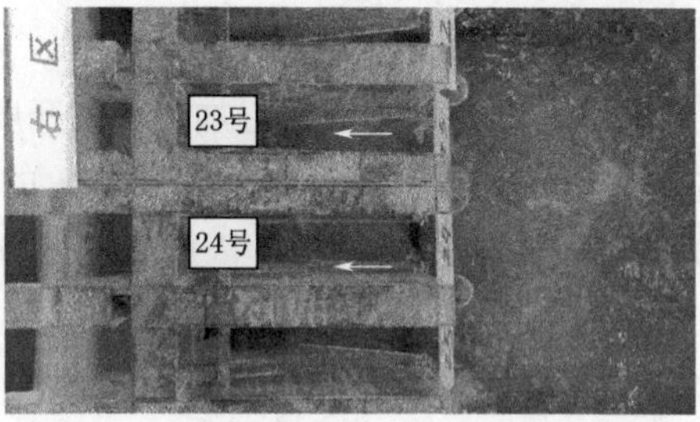


图 7.70 右区闸孔水流回拍闸门（7 号、9～21 号开度 18m，其余开度 9m）

问题 2：上游纵向围堰附近绕流明显

闸孔上游流态，如图 7.71 所示。

（1）上游纵向围堰长 325m，顶高程 54.3m，保留 50m 不拆，其余 275m 拆除至顶高程 36.0m。汛期流量超过 20000m$^3$/s 时，上游库水位降为 44.0m，泄水闸均匀开启后，各闸孔出流均匀，此时上游纵向围堰处出现明显的绕流现象，绕流一方面闸孔泄流能力；另一方面改变泄水闸中区消力池流态。

图 7.71　上游纵向围堰处绕流（7号、9～21号开度18m，其余开度9m）

（2）在（1）的基础上，将7号与9号闸孔开度与2号、4号闸孔对调，其余不变。

闸孔泄流流态，如图7.72所示。

考虑解决2～6号闸孔出流回拍闸门问题，将7号与9号闸孔开度与2号、4号闸孔对调后，2～4号闸孔出流顺畅，5～9号闸孔出流困难、水流回拍闸门。同时，22～25号闸孔水流回拍闸门问题仍然存在，上游纵向围堰处绕流问题也仍然存在。

（3）24个低孔均调整为12.6m开度。闸孔泄流流态，如图7.73所示。

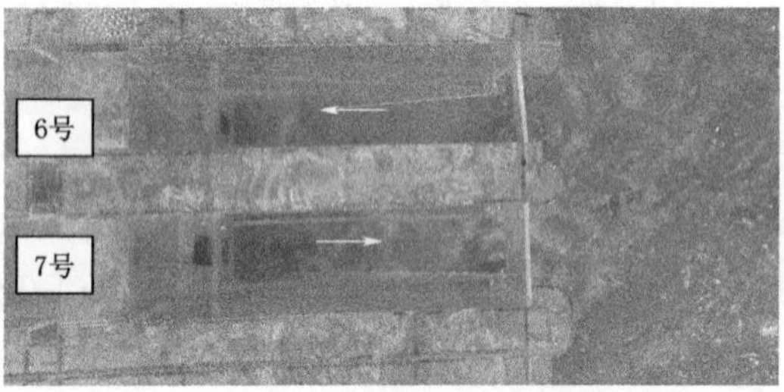


图 7.72　6-7号闸孔水流回拍闸门（2号、4号、10～21号开度18m，其余开度9m）

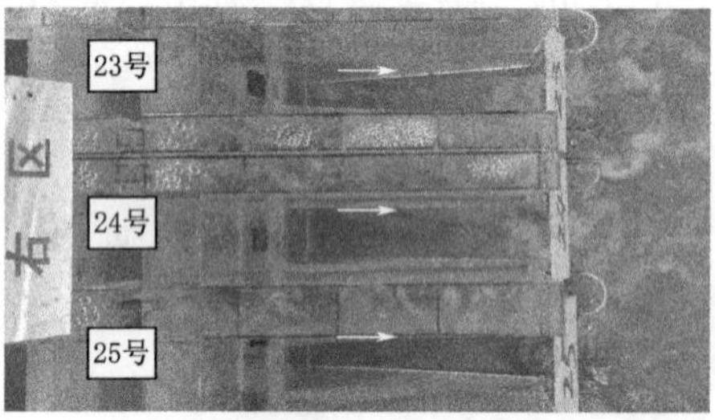


图 7.73　右区闸孔出流顺畅（2～25号开度12.6m，高孔调节库水位）

考虑加入一级开度12.6m来提高泄水闸闸孔过流能力，以解决水流拍打闸门问题。结合试验，该工况需将所有24个低孔均加开至12.6m，2个高孔调节库水位。右区、左区水流拍打闸门问题均解决，加入一级开度12.6m对解决水流拍打闸门问题是有利的。

（4）新增工况，流量26000m$^3$/s，库水位44.0m，2+649水位38.30m。

工况3中方案（3）通过加入一级开度12.6m解决了水流拍打闸门问题，但工况2（$Q$=23400m$^3$/s）、工况3（$Q$=28000m$^3$/s）的流量—水位条件相差较大，在上游流量过程中可能无法确保开度较大的孔数，因此，增加泄流量26000m$^3$/s进行验证。调度方案见表7.13。

**表 7.13　　闸门调度方案（流量26000m$^3$/s，库水位44.0m）**

| 序号 | 右区 | | | | | | 中区 | | | | | | | |
|---|---|---|---|---|---|---|---|---|---|---|---|---|---|---|
| | 右岸机组 | 26 | 25 | 24 | 23 | 22 | 21 | 20 | 19 | 18 | 17 | 16 | 15 | 14 |
| 0 | × | √ | 9m | 9m | 9m | 9m | 9m | 18m | 9m | 18m | 18m | 18m | 18m | 18m |
| a | × | √ | 9m | 9m | 9m | 9m | 12.6m | 12.6m | 12.6m | 12.6m | 12.6m | 12.6m | 12.6m | 12.6m |

| 序号 | 中区 | | | | 左区 | | | | | | | | | |
|---|---|---|---|---|---|---|---|---|---|---|---|---|---|---|
| | 13 | 12 | 11 | 10 | 9 | 8 | 7 | 6 | 5 | 4 | 3 | 2 | 1 | 左岸机组 |
| 0 | 18m | 18m | 18m | 18m | 9m | 9m | 9m | 9m | 9m | 9m | 9m | 9m | √ | × |
| a | 12.6m | 12.6m | 12.6m | 12.6m | 12.6m | 12.6m | 12.6m | 9m | 12.6m | 9m | 12.6m | 9m | √ | × |

闸孔泄流流态，如图 7.74 所示。

图 7.74　右区泄水闸水流回拍闸门（3 号、5 号、7～21 号开度 12.6m，其余开度 9m）

结合前述试验成果，选择中区 10～21 号、左区 3 号、5 号、7～9 号闸孔开度为 12.6m。中区、左区无水流拍打闸门问题，由于右区 22～25 号闸孔开度为 9m，下游水位高，仍存在水流拍打闸门问题。增加开度 12.6m 仅能在一定程度上降低出现水流拍打闸门现象的概率，并不能完全解决问题。

（5）工况 4，流量 $30600m^3/s$，库水位 44.0m，2＋649 水位 39.57m。

泄水闸泄量 $30600m^3/s$，结合 $Q=28000m^3/s$ 加开 6 个低孔至 18m 开度。

根据现调度方案，加开 2～6 号、8 号开度至 18m，即 2～21 号开度 18m，22～25 号开度 9m，1～26 号调节库水位。调度方案见表 7.14。

**表 7.14　　1 闸门调度方案（流量 $30600m^3/s$，库水位 44.0m）**

| 序号 | 右区 | | | | | | 中区 | | | | | | | |
|---|---|---|---|---|---|---|---|---|---|---|---|---|---|---|
| | 右岸机组 | 26 | 25 | 24 | 23 | 22 | 21 | 20 | 19 | 18 | 17 | 16 | 15 | 14 |
| 0 | × | √ | 9m | 9m | 9m | 9m | 18m | 18m | 18m | 18m | 18m | 18m | 18m | 18m |

| 序号 | 中区 | | | | | | 左区 | | | | | | | |
|---|---|---|---|---|---|---|---|---|---|---|---|---|---|---|
| | 13 | 12 | 11 | 10 | 9 | 8 | 7 | 6 | 5 | 4 | 3 | 2 | 1 | 左岸机组 |
| 0 | 18m | 18m | 18m | 18m | 18m | 18m | 18m | 18m | 18m | 18m | 18m | 18m | √ | × |

闸孔泄流流态如图 7.75 所示，消力池下游流速分布如图 7.76 所示。

图 7.75　泄流流态（2～21 号开度 18m，22～25 号开度 9m）

图 7.76　右区泄水闸水流回拍闸门（2～21 号开度 18m，22～25 号开度 9m）

中区、左区水流下泄流向较为顺直，靠近边墙处回流流速较小。中区主流位于中区中部、左侧，左区主流位于左区中部、右侧。主流在消力池下游河道流速约为 4.5～5.0m/s，形成范围较宽的冲坑，冲深约 1.0m。

右区 22～25 号闸孔开度为 9m，出流较困难，存在水流回拍闸门问题。右区下游河道流速较小，对基岩无明显冲刷。

图 7.77 消力池下游冲刷形态（2～21 号开度 18m，22～25 号开度 9m）

（6）工况 5，流量 39000m³/s，库水位 46.15m，2+649 水位 41.90m。

泄水闸泄量为 39000m³/s，敞泄，闸门调度方案见表 7.15。

闸孔泄流流态如图 7.78 所示，消力池下游流速分布如图 7.79 所示。

闸门敞泄时，各分区水流下泄流向较为顺直，靠近边墙处流速较小，存在回流。右区主流位于右区中部、左侧；中区主流位于中区中部、左侧，左区主流位于左区中部、右侧。主流在消力池下游河道流速约为 4.5～5.3m/s，形成范围较宽的冲坑，冲深约 1～1.5m。

**表 7.15　　闸门调度方案（流量 39000m³/s，库水位 46.15m）**

| 序号 | 右区 | | | | | | 中区 | | | | | | | |
|---|---|---|---|---|---|---|---|---|---|---|---|---|---|---|
| | 右岸机组 | 26 | 25 | 24 | 23 | 22 | 21 | 20 | 19 | 18 | 17 | 16 | 15 | 14 |
| 0 | × | √ | 18m | 18m | 18m | 18m | 18m | 18m | 18m | 18m | 18m | 18m | 18m | 18m |
| 序号 | 中区 | | | | 左区 | | | | | | | | | |
| | 13 | 12 | 11 | 10 | 9 | 8 | 7 | 6 | 5 | 4 | 3 | 2 | 1 | 左岸机组 |
| 0 | 18m | 18m | 18m | 18m | 18m | 18m | 18m | 18m | 18m | 18m | 18m | 18m | √ | × |

（a）泄流流态（敞泄）

（b）泄流流态（右区24号孔）

（c）泄流流态（中区20号孔）

图 7.78（一）　主汛期调度工况 5 泄流流态

(d) 泄流流态(中区15号孔)

(e) 泄流流态(左区8号孔)

(f) 泄流流态(左区3号孔)

图 7.78(二) 主汛期调度工况 5 泄流流态

图 7.79 工况 5 消力池下游冲刷形态(敞泄)

由此可知，本节根据现有调度原则，拟定了具体闸门调度方案进行对比，得出以下结论：

(1) 根据现有调度规则，非汛期调度、次汛期调度均能得出较好的闸门调度方案。推荐非汛期与次汛期闸门开启顺序为 22 号～25 号-10 号-12 号-14 号-16 号-18 号-11 号-13 号-15 号-17 号，开启闸门开度为 9.0m。

(2) 根据现有调度原则，结合试验方案对比，得出主汛期调度开孔顺序为 22 号～25 号-10 号-12 号-14 号-16 号-18 号-20 号-11 号-13 号-15 号-17 号-19 号-21 号-9 号-7 号-5 号-3 号-8 号-6 号-4 号-2 号，闸门开度为 9.0m 及加开至 18.0m。但泄流量在 26000～28000$m^3/s$ 将出现泄流回打闸门情况。

(3) 在主汛期调度过程中加入一级 12.6m 开度，可一定程度上缓解水流回打闸门的问题，但在上游流量过程中，该问题仍然存在。

(4) 在汛期调度过程中，随着泄流量增加，中区所有泄水闸孔打开，上游纵向围堰处出现明显的绕流现象。

表 7.16 **非汛期调度方案**

| 工况 | 流量/(m³/s) | 库水位/m | 右区 | | | | | | 中区 | | | | | | | | | | | | 左区 | | | | | | | | | |
|---|---|---|---|---|---|---|---|---|---|---|---|---|---|---|---|---|---|---|---|---|---|---|---|---|---|---|---|---|---|---|
| | | | 右岸机组 | 26 | 25 | 24 | 23 | 22 | 21 | 20 | 19 | 18 | 17 | 16 | 15 | 14 | 13 | 12 | 11 | 10 | 9 | 8 | 7 | 6 | 5 | 4 | 3 | 2 | 1 | 左岸机组 |
| 1 | 11000 | 47.6 | √ | √ | 9m | 9m | 9m | 9m | | | | | | | | | | | | | | | | | | | | | × | √ |
| 2 | 14000 | 47.6 | √ | √ | 9m | 9m | 9m | 9m | | | | | | | | 9m | | 9m | | 9m | | | | | | | | | × | √ |
| 3 | 17000 | 47.6 | √ | √ | 9m | 5m | 9m | 9m | | | | 9m | | 9m | | 9m | | 9m | 9m | 9m | | | | | | | | | × | √ |
| 4 | 20000 | 47.6 | √ | √ | 9m | 9m | 9m | 9m | | | | 9m | 9m | 9m | 9m | 9m | 9m | 9m | 9m | 9m | | | | | | | | | × | √ |

表 7.17 **次汛期调度方案**

| 工况 | 流量/(m³/s) | 库水位/m | 右区 | | | | | | 中区 | | | | | | | | | | | | 左区 | | | | | | | | | |
|---|---|---|---|---|---|---|---|---|---|---|---|---|---|---|---|---|---|---|---|---|---|---|---|---|---|---|---|---|---|---|
| | | | 右岸机组 | 26 | 25 | 24 | 23 | 22 | 21 | 20 | 19 | 18 | 17 | 16 | 15 | 14 | 13 | 12 | 11 | 10 | 9 | 8 | 7 | 6 | 5 | 4 | 3 | 2 | 1 | 左岸机组 |
| 1 | 11000 | 53.6 | √ | √ | 9m | 9m | 9m | 9m | | | | | | | | | | | | | | | | | | | | | × | √ |
| 2 | 14000 | 53.6 | √ | √ | 9m | 9m | 9m | 9m | | | | | | | | | | 9m | | 9m | | | | | | | | | × | √ |

注：140000m³/s＜$Q_{三站}$≤20000m³/s 时，库水位调整至 47.6m，调度参照非汛期试验成果；$Q_{三站}$＞20000m³/s 时，库水位调整至 44.0m，调度参照主汛期试验成果。

表 7.18 **主汛期调度方案**

| 工况 | 流量/(m³/s) | 库水位/m | 右区 | | | | | | 中区 | | | | | | | | | | | | 左区 | | | | | | | | | |
|---|---|---|---|---|---|---|---|---|---|---|---|---|---|---|---|---|---|---|---|---|---|---|---|---|---|---|---|---|---|---|
| | | | 右岸机组 | 26 | 25 | 24 | 23 | 22 | 21 | 20 | 19 | 18 | 17 | 16 | 15 | 14 | 13 | 12 | 11 | 10 | 9 | 8 | 7 | 6 | 5 | 4 | 3 | 2 | 1 | 左岸机组 |
| 非汛期 | 20000 | 47.6 | √ | √ | 9m | 9m | 9m | 9m | | | | 9m | 9m | 9m | 9m | 9m | 9m | 9m | 9m | 9m | | | | | | | | | × | √ |
| 汛期 | 20000 | 44 | × | √ | 9m | 9m | 9m | 9m | 9m | 9m | 9m | 9m | 9m | 9m | 9m | 9m | 9m | 9m | 9m | 9m | 9m | 9m | 9m | | 9m | | 9m | | √ | × |
| 2年一遇 | 23400 | | × | √ | 9m | 9m | 9m | 9m | 9m | 9m | 9m | 9m | 9m | 9m | 9m | 9m | 9m | 9m | 9m | 9m | 9m | 9m | 9m | 9m | 9m | 9m | 9m | 9m | √ | × |
| | 28000 | | × | √ | 9m | 9m | 9m | 9m | 18m | 18m | 18m | 18m | 18m | 18m | 18m | 18m | 18m | 18m | 18m | 18m | 18m | 9m | 18m | 9m | 9m | 9m | 9m | 9m | √ | × |
| 5年一遇 | 30600 | | × | √ | 9m | 9m | 9m | 9m | 18m | 18m | 18m | 18m | 18m | 18m | 18m | 18m | 18m | 18m | 18m | 18m | 18m | 18m | 18m | 18m | 18m | 18m | 18m | 18m | √ | × |
| 20年一遇 | 39000 | 46.15 | × | √ | 18m | 18m | 18m | 18m | 18m | 18m | 18m | 18m | 18m | 18m | 18m | 18m | 18m | 18m | 18m | 18m | 18m | 18m | 18m | 18m | 18m | 18m | 18m | 18m | √ | × |

注：$Q_{三站}$≤20000m³/s 时，库水位调整至 47.6m，调度参照非汛期试验成果。

闸孔调度："√"表示高孔/机组开启，"×"表示高孔/机组关闭，1～26号孔为高孔，小幅度调节库水位。

## 7.5 优化方案调整

### 7.5.1 解决方法及优化原则

汛期调度过程，泄流量超过20000m³/s，闸前控制水位为44.0m，随着出库流量的增加，闸后水位上涨，上下游水位差加大，如泄流量28000m³/s，闸后水位约39.0m，上下游水头差仅为5m。而闸孔开度9m时，弧形闸门底沿高程为31m，闸孔为淹没出流，淹没水深约8m，闸门出流阻力大，底部水流进入到消力池内，表层水流随着下游水体的晃动，形成间歇的拍打闸门的回流现象，试验测得最大回水幅度位12m，见图7.80。

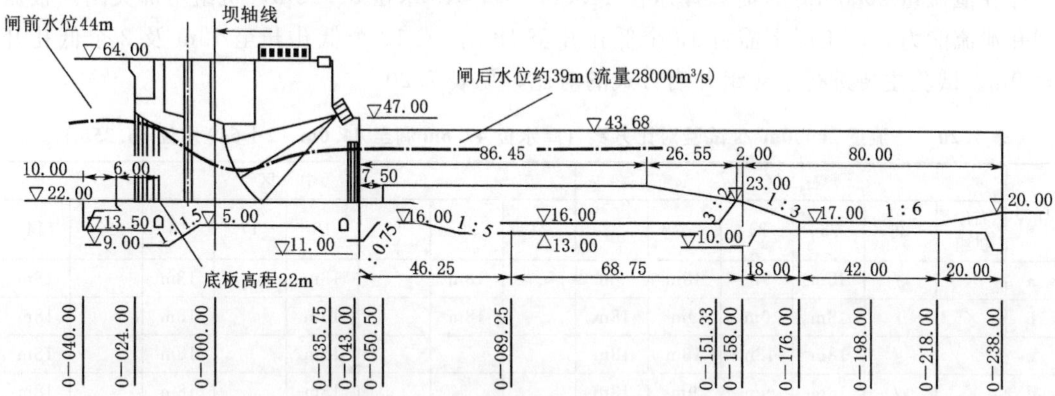


图7.80 水流拍打闸门现象原因分析

针对汛期调度过程中出现的水流回打闸门问题，提出两点解决方法。

(1) 直接加大闸孔的闸门开度（至12.6m、18m），增加闸孔的泄流能力。

(2) 大开度、小开度闸门相邻交错开启，利用大开度闸孔协助小开度闸孔泄流。

以中区10～20号为例，具体见表7.19。

**表7.19** 解决方法示意表

| 闸孔编号 | 20 | 19 | 18 | 17 | 16 | 15 | 14 | 13 | 12 | 11 | 10 |
|---|---|---|---|---|---|---|---|---|---|---|---|
| 原方案 | 18m | 18m | 18m | 18m | 18m | 18m | 9m | 9m | 9m | 9m | 9m |
| 方法1 | 18m | 18m | 18m | 18m | 18m | 18m | 18m | 18m | | | |
| 方法2 | 18m | 9m | 18m | 9m | 18m | 9m | 18m | 9m | 18m | 9m | 18m |

考虑到汛期与非汛期/次汛期调度方案的衔接，调整泄流量20000m³/s工况闸门调度顺序。避开小开度调度闸孔，仅在较小流量过程中（下游水位较低，上下游水头差较大）保留9m开度闸孔。

同时，考虑关闭部分中区右侧边孔（如19～21号），直至敞泄开启，以增加单孔出流能力，同时解决如下问题：

(1) 解决上游纵向围堰附近的绕流问题。

（2）降低泄水闸中区消力池右侧边墙附近的回流强度。

（3）压缩左区、中区横向调度范围，加大闸孔协同出流的概率，降低水流拍打闸门风险。

考虑中区、左区共同调度，兼顾右区调度，不再完全遵循原有逐个分区调度原则。

（1）左区、中区共同调度可增加闸孔协同出流的概率；同时分散了水流，减少汛期水流对消力池下游基岩的冲刷。

（2）右区横向范围小，易形成闸孔协同出流的情况。

### 7.5.2 优化方案一

开度选择：在非汛期与次汛期已开闸门 9m 基础上，汛期 20000$m^3$/s 时，直接将闸门开至 18m；剩余未开启的闸孔则一次性开至 18m；高孔调节库水位。

由汛期流量 $Q$=20000$m^3$/s 工况作为推荐方案进行优化方案推导，再根据衔接情况最后确定非汛期试验工况四的调整方案。

在泄流量 20000$m^3$/s 时，库水位 44.0m，2+649 水位 36.25m，机组全部关闭。根据闸孔泄流能力，该工况下需将 13 个低孔开至 18m，或 12 个低孔开至 18m 及 2 个低孔开至 9m。试验主要进行了 4 组开启方式的对比，见表 7.20。

**表 7.20　流量 20000$m^3$/s 试验对比方案（库水位 47.6m 调至 44.0m，2+649 水位 36.25m）**

| 序号 | 右区 | | | | | | 中区 | | | | | | | |
|---|---|---|---|---|---|---|---|---|---|---|---|---|---|---|
| | 右岸机组 | 26 | 25 | 24 | 23 | 22 | 21 | 20 | 19 | 18 | 17 | 16 | 15 | 14 |
| a | × | √ | 18m | 9m | 18m | 9m | | 18m | | 18m | | 18m | | 18m |
| b | × | √ | 18m | 9m | 9m | 18m | | 18m | | 18m | | 18m | | 18m |
| c | × | √ | 18m | 18m | 18m | 18m | | | | 18m | | 18m | | 18m |
| d | × | √ | 18m | 9m | 9m | 18m | | | | 18m | | 18m | | 18m |

| 序号 | 中区 | | | | 左区 | | | | | | | | | |
|---|---|---|---|---|---|---|---|---|---|---|---|---|---|---|
| | 13 | 12 | 11 | 10 | 9 | 8 | 7 | 6 | 5 | 4 | 3 | 2 | 1 | 左岸机组 |
| a | | 18m | | 18m | | 18m | | 18m | | 18m | | 18m | √ | × |
| b | | 18m | | 18m | | 18m | | 18m | | 18m | | 18m | √ | × |
| c | | 18m | | 18m | | 18m | | 18m | | 18m | | 18m | √ | × |
| d | | 18m | 18m | 18m | | 18m | | 18m | | 18m | | 18m | √ | × |

图 7.81　泄流流态（2～20 号双数孔，23 号、25 号开度 18m，22 号、24 号开度 9m）

（1）a 组右区 22 号、24 号低孔开度 9m，23 号、25 号低孔开度 18m；中区、左区共同调度，10 号－12 号－14 号－16 号－18 号－20 号－8 号－6 号－4 号－2 号 10 个低孔开度为 18m。

枢纽泄流流态，如图 7.81～图 7.83 所示。消力池流态整体较好。右区左侧 22 号闸孔出流受左侧边墙回流压制，出流较困难；中区、左区形成多股水流出流；中区消力池右侧局部形成较强回流。

（2）b组在a组基础上，将右区23号与22号闸孔开度对调，即23号、24号闸孔开度9.0m，22号、25号闸孔开度18.0m，中区、左区调度方式不变。

枢纽泄流流态，如图7.83所示。通过调整右区闸门调度，右区出流对闸门无明显影响，流态得到改善。

（3）c组在b组基础上，右区22～25号开度全部调整为18m；关闭中区20号闸孔，维持10号-12号-14号-16号-18号-8号-6号-4号-2号，9个低孔开度为18m。

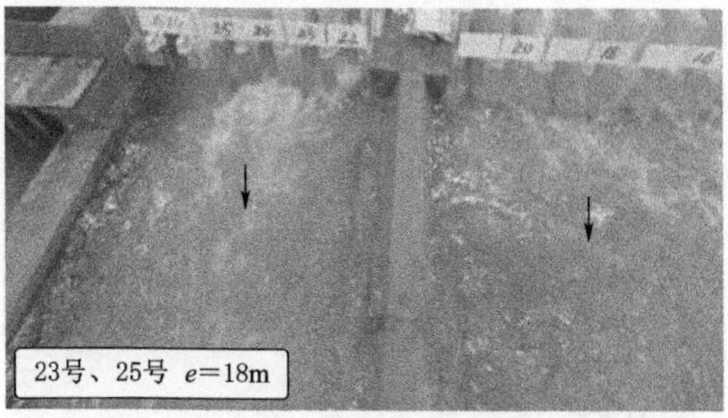


图7.82 a组局部泄流流态

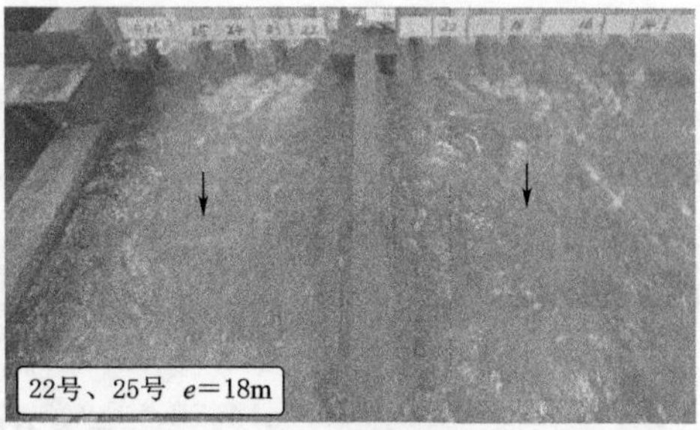


图7.83 b组局部泄流流态

枢纽泄流流态如图7.84所示，下游河床冲刷形态如图7.85所示。

（a）c组泄流流态（2～18号双数孔、22～25号开度18m）

（b）原方案上游围堰处绕流

（c）现方案绕流问题基本解决

图7.84 优化方案一泄流流态（$Q=20000\text{m}^3/\text{s}$）

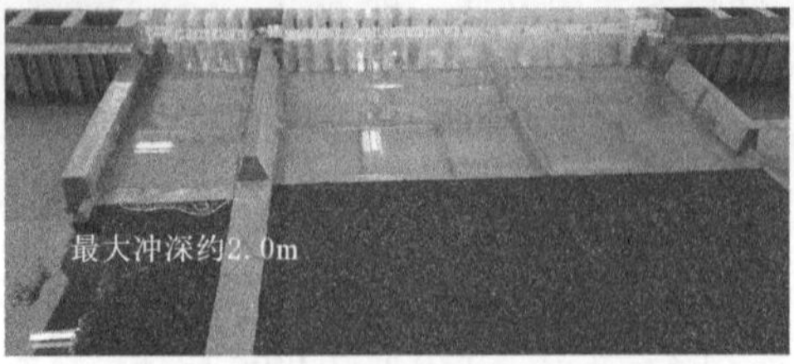


图 7.85 c组消力池下游冲刷形态（2～18号双数孔、22～25号开度18m）

该方案整体流态较好，解决了水流流态方面多个问题，例如：中区19～21号闸孔关闭后，上游纵向围堰附近横流与中区消力池右侧回流影响降低。但由于右区闸孔开度大、泄流量大、泄流集中，消力池下游基岩产生了局部冲刷，最大冲深约2.0m。

（4）d组在b组方案的基础上，将20号闸门调整为11号闸孔，其他不变。

枢纽泄流流态如图7.86所示，下游河床冲刷形态如图7.87所示。消力池整体流态较好，流态问题基本解决，消力池出口断面主流流速在2.45～2.59m/s，下游基岩冲刷较小。

图 7.86 d组泄流流态（2～18号双数孔、22号、25号开度18m，23号、24号开度9m）

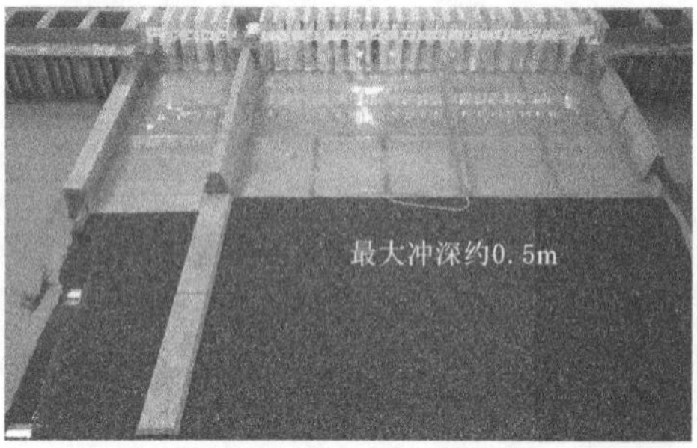


图 7.87 d组消力池下游冲刷形态（2～18号双数孔、22号、25号开度18m，23号、24号开度9m）

（5）小结。调度方案对比：d组方案通过减小右区泄流量有利于保护下游河床；关闭中区19～21号闸孔，可降低上游纵向围堰附近的横流与中区消力池右侧回流的影响，减小中区下游河床冲刷，避免消力池回水拍打闸门现象。可作为推荐方案。

考虑到优化调度方案一对下游基岩冲刷问题更为敏感，先进行泄流量26000m$^3$/s的试验。本工况相比泄流量23400m$^3$/s的试验要多开启2个低孔（开度18m），水流更为集中，对下游更为不利。本工况选择较合理的开孔位置后，反推泄流量23400m$^3$/s组闸门调度方案。

相比20000m$^3$/s，该工况下游水位抬高2.05m，考虑将右区剩余2个9m开度闸门加开至18m，同时在左区、中区加开3个低孔（开度18m）。试验工况见表7.21。

**表 7.21 流量26000m$^3$/s试验对比方案（库水位44.0m，2+649水位38.30m）**

| 序号 | 右区 | | | | | | 中区 | | | | | | | |
|---|---|---|---|---|---|---|---|---|---|---|---|---|---|---|
| | 右岸机组 | 26 | 25 | 24 | 23 | 22 | 21 | 20 | 19 | 18 | 17 | 16 | 15 | 14 |
| a | × | √ | 18m | 18m | 18m | 18m | | | | 18m | 18m | 18m | 18m | 18m |
| b | × | √ | 18m | 18m | 18m | 18m | | | | 18m | 18m | 18m | | 18m |
| c | × | √ | 18m | 18m | 18m | 18m | | | | 18m | 18m | 18m | | 18m |
| d | × | √ | 18m | 18m | 18m | 18m | | | 18m | 18m | | 18m | | 18m |

续表

<table>
<tr><th rowspan="2">序号</th><th colspan="4">中 区</th><th colspan="10">左 区</th></tr>
<tr><th>13</th><th>12</th><th>11</th><th>10</th><th>9</th><th>8</th><th>7</th><th>6</th><th>5</th><th>4</th><th>3</th><th>2</th><th>1</th><th>左岸机组</th></tr>
<tr><td>a</td><td>18m</td><td>18m</td><td>18m</td><td>18m</td><td></td><td>18m</td><td></td><td>18m</td><td></td><td>18m</td><td></td><td>18m</td><td>√</td><td>×</td></tr>
<tr><td>b</td><td></td><td>18m</td><td>18m</td><td>18m</td><td>18m</td><td>18m</td><td></td><td>18m</td><td></td><td>18m</td><td>18m</td><td>18m</td><td>√</td><td>×</td></tr>
<tr><td>c</td><td></td><td>18m</td><td>18m</td><td>18m</td><td></td><td>18m</td><td>18m</td><td>18m</td><td></td><td>18m</td><td>18m</td><td>18m</td><td>√</td><td>×</td></tr>
<tr><td>d</td><td></td><td>18m</td><td>18m</td><td>18m</td><td></td><td>18m</td><td>18m</td><td>18m</td><td></td><td>18m</td><td>18m</td><td>18m</td><td>√</td><td>×</td></tr>
</table>

（1）a 组右区 22～25 号闸孔开度 18m，中区 10～18 号闸孔开度 18m，左区保持 8 号-6 号-4 号-2 号闸孔开度 18m。

枢纽泄流流态如图 7.88 所示，下游河床冲刷形态如图 7.89 所示。

图 7.88　a 组泄流流态（22～25 号、10～18 号、8 号-6 号-4 号-2 号开度 18m）

图 7.89　a 组消力池下游冲刷形态（22～25 号、10～18 号、8 号-6 号-4 号-2 号开度 18m）

右区、中区、左区共形成 3 股主流。左区主流偏向右侧，流向中区左侧；中区主流略偏右侧，整体较为均匀；右区出流均匀。因为 10～18 号 9 个低孔连续开孔，水流集中，出池水流对下游基岩冲刷较为明显，在中区形成 3.0m、2.5m 深的冲坑，右区冲刷较小，左区无明显冲刷。

（2）b 组右区 22～25 号闸孔开度 18m，中区 10～12 号、14 号、16～18 号闸孔开度 18m，左区保持 9 号～8 号-6 号-4 号～2 号闸孔开度 18m。

枢纽泄流流态如图 7.90 所示，下游河床冲刷形态如图 7.91 所示。

图 7.90　b 组泄流流态（22～25 号、10～12 号、14 号、16～18 号、9～8 号-6 号-4 号～2 号开度 18m）

图 7.91　b 组消力池下游冲刷形态（22～25 号、10～12 号、14 号、16～18 号、9 号～8 号-6 号-4 号～2 号开度 18m）

左区、中区共同调度、分散加开闸孔后，右区、中区、左区共形成 4 股主流，中区 14 号、16～18 号 4 个低孔形成 1 股主流，中区、左区 8～12 号 5 个低孔形成 1 股主流，左区 6 号、2～4 号形成 1 股主流。相比 a 组水流更为分散，试验测得中区消力池出池后形成 2 个 2.5m 深的冲坑，右区、左区冲刷较小。

(3) c 组在 b 组基础上，调整左区 9 号为 7 号闸孔，闸孔开度均为 18m。

枢纽泄流流态如图 7.92 所示，下游河床冲刷形态如图 7.93 所示。为进一步分散加开的闸孔，将左区 9 号孔调整为 7 号孔，以减少连续开孔数。中区 14 号、16～18 号 4 个低孔形成 1 股主流，中区 10～12 号 3 个低孔、左区 6～8 号 3 个低孔、左区 2～4 号 3 个低孔分别形成 1 股主流。左区出流更为均匀，分至中区水流减少，中区出池水流相对更为居中。

图 7.92　c 组泄流流态（22～25 号、10～12 号、14 号、16～18 号、8 号～6 号-4 号～2 号开度 18m）

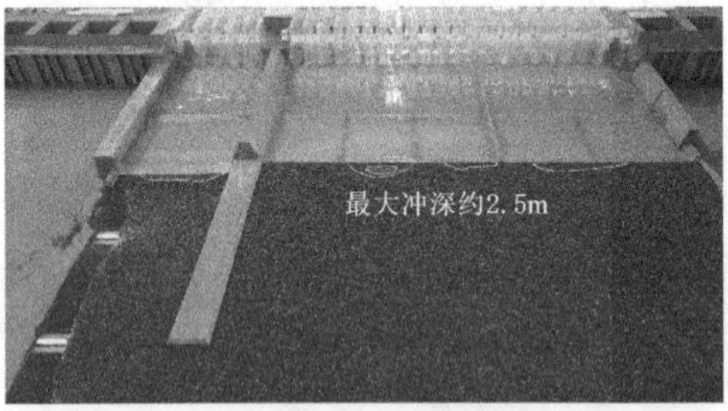


图 7.93　c 组消力池下游冲刷形态（22～25 号、10～12 号、14 号、16～18 号、8 号～6 号-4 号～2 号开度 18m）

试验测得消力池出口断面主流流速在 4.11～4.91m/s，下游基岩局部产生冲刷，中区中部河床最大冲深约 2.5m。

(4) d 组在 c 组的基础上，将 17 号闸孔调整为 19 号闸孔，开度均为 18.0m。

枢纽泄流流态如图 7.94 所示，下游河床冲刷形态如图 7.95 所示。

图 7.94　d 组泄流流态（22～25 号、10～12 号、14 号、16 号、18 号、19 号、8 号～6 号-4 号～2 号开度 18m）

图 7.95　d 组消力池下游冲刷形态（22～25 号、10～12 号、14 号、16 号、18 号、19 号、8 号～6 号-4 号～2 号）

将 17 号孔更换为 19 号孔后，中区开启闸孔较为分散，仅在中区的左侧 10～12 号 3 孔连续开启，且该位置靠近左区；左区有 2～4 号、6～8 号两个 3 孔连续开启闸门；故左区、中区出池水流在中区左侧及左区更为集中，下游基岩产生的冲刷集中在中区左侧和左区中部，最大冲深分别为 2.5m 和 2.0m。

本组工况得出主要结论：兼顾右区调度，中区、左区共同调度，有利于在改善流态的同时，分散水流，减弱下游冲刷；中区、左区共同调度时，先开远离分区远离边墙侧的闸孔、再开靠近边墙侧的闸孔，有利于分散水流且尽可能保持水流均匀；调用 19 号孔，对减弱冲刷的影响效果不显著。

通过上述两个流量试验的成果，确定该流量调度方案为：右区仍为 22～25 号，2 个低孔 18m 开度，中区、左区加开 17～7 号 2 个低孔。试验方案见表 7.22。

**表 7.22　　试验方案表（库水位 44.0m，2+649 水位 37.45m）**

| 序号 | 右区 | | | | | | 中区 | | | | | | | |
|---|---|---|---|---|---|---|---|---|---|---|---|---|---|---|
| | 右岸机组 | 26 | 25 | 24 | 23 | 22 | 21 | 20 | 19 | 18 | 17 | 16 | 15 | 14 |
| × | √ | 18m | 9m | 9m | 18m | | | | 18m | 18m | 18m | | 18m | |
| 序号 | 中区 | | | | 左区 | | | | | | | | | |
| | 13 | 12 | 11 | 10 | 9 | 8 | 7 | 6 | 5 | 4 | 3 | 2 | 1 | 左岸机组 |
| × | | 18m | 18m | 18m | | 18m | 18m | 18m | | 18m | | 18m | √ | × |

枢纽泄流流态如图 7.96 所示，下游河床冲刷形态如图 7.97 所示。

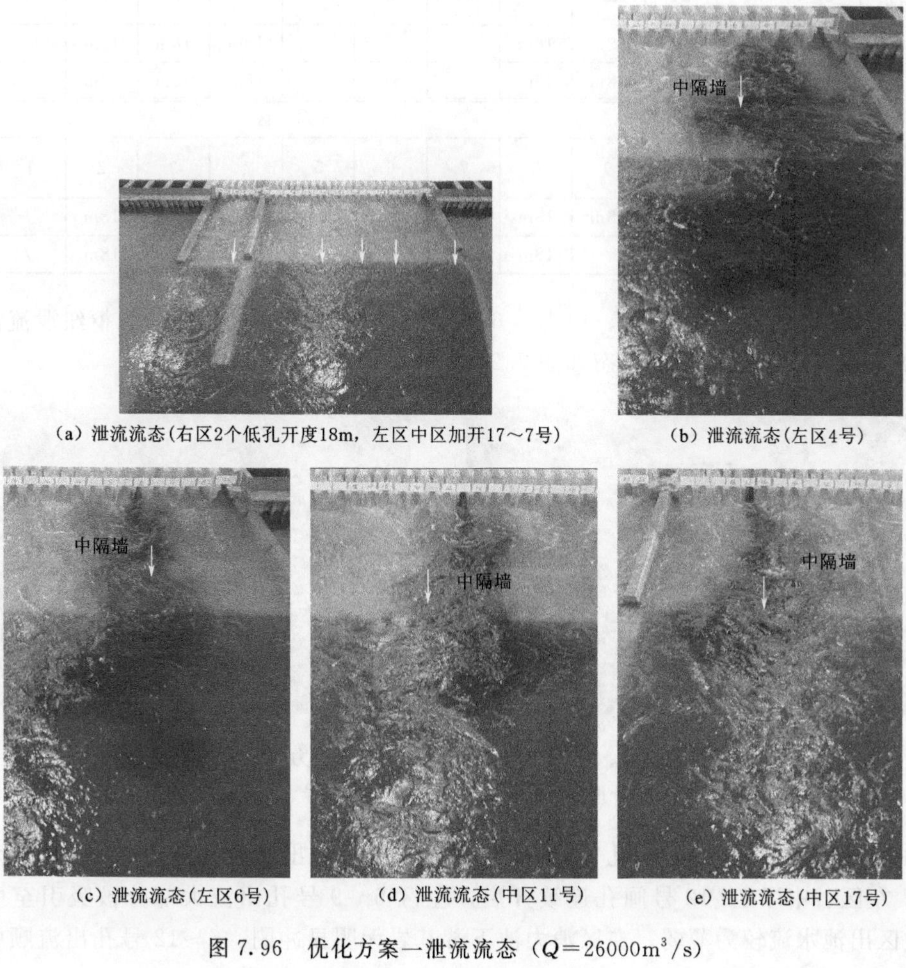


(a) 泄流流态(右区2个低孔开度18m，左区中区加开17～7号)　(b) 泄流流态(左区4号)

(c) 泄流流态(左区6号)　(d) 泄流流态(中区11号)　(e) 泄流流态(中区17号)

图 7.96　优化方案一泄流流态（$Q=26000m^3/s$）

图 7.97　消力池下游冲刷形态

右区中部的 23 号、24 号闸孔开度为 9m，出池水流对右区下游基岩无明显冲刷；左区 2 号、4 号闸孔出流略偏右侧，主流位于左区中部，6～8 号闸孔出流同样略偏右侧，主流位于左区右侧，出池后右偏流向中区左侧；中区左侧的 10～12 号闸孔连开，沿中隔墙较为顺直下泄，中区左侧基岩有所冲刷，14 号闸孔出流受 16～18 号闸孔出流吸引，主流集中于中区中部，对基岩产生冲刷，最大冲深约 2.5m。该方案整体流态较好，可作为推荐方案。

结合泄流量 26000$m^3/s$ 试验成果，选择加开左区闸孔，对比 9 号和 5 号闸孔两个方案，方案对比见表 7.23。

**表 7.23　　方案对比表**

| 序号 | 右区 | | | | | | 中区 | | | | | | | |
|---|---|---|---|---|---|---|---|---|---|---|---|---|---|---|
| | 右岸机组 | 26 | 25 | 24 | 23 | 22 | 21 | 20 | 19 | 18 | 17 | 16 | 15 | 14 |
| a | × | √ | 18m | 18m | 18m | 18m | | | | 18m | 18m | 18m | | 18m |
| b | × | √ | 18m | 18m | 18m | 18m | | | | 18m | 18m | 18m | | 18m |

| 序号 | 中区 | | | | 左区 | | | | | | | | | |
|---|---|---|---|---|---|---|---|---|---|---|---|---|---|---|
| | 13 | 12 | 11 | 10 | 9 | 8 | 7 | 6 | 5 | 4 | 3 | 2 | 1 | 左岸机组 |
| a | | 18m | 18m | 18m | 18m | 18m | 18m | 18m | | 18m | 18m | 18m | √ | × |
| b | | 18m | 18m | 18m | | 18m | 18m | 18m | 18m | 18m | 18m | 18m | √ | × |

a 组 22～25 号、16～18 号、14 号、6～12 号、2～4 号，开度 18.0m 枢纽泄流流态如图 7.98 所示，下游河床冲刷形态如图 7.99 所示。

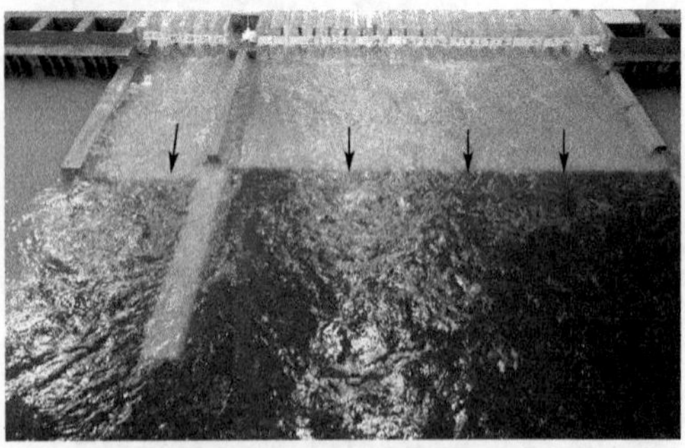

图 7.98　泄流流态（22～25 号、16～18 号、14 号、6～12 号、2～4 号，开度 18.0m）

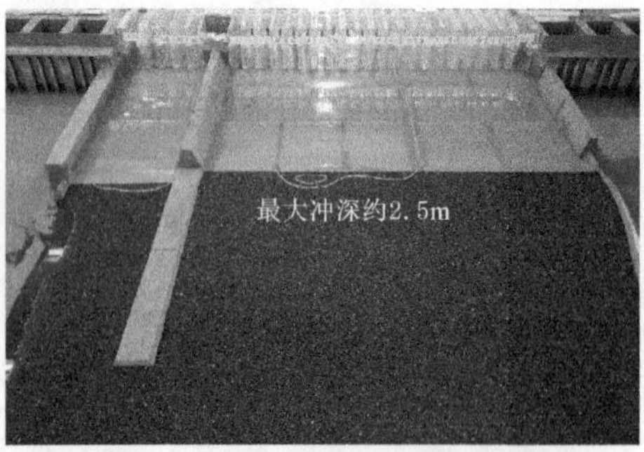


图 7.99　消力池下游冲刷形态（22～25 号、16～18 号、14 号、6～12 号、2～4 号，开度 18.0m）

14 号、16～18 号 4 个低孔出流集中于中区中部，出池水流对下游基岩最大冲深 2.5m。左区、中区 6～12 号闸孔连续开启，左区 6～9 号孔出流大部分被吸引至中区左侧，左区出池水流较为薄弱，左区消力池下游基岩无明显冲刷。6～12 号孔出流顺中隔墙下泄，对中区左侧下游基岩有所冲刷。

枢纽泄流流态如图 7.100 所示，下游河床冲刷形态如图 7.101 所示。

图 7.100 泄流流态（22～25 号、16～18 号、14 号、10～12 号、2～8 号，开度 18.0m）

图 7.101 消力池下游冲刷形态（22～25 号、16～18 号、14 号、10～12 号、2～8 号，开度 18.0m）

左区 2～8 号闸孔连续开启，出流集中；中区闸孔出池水流均匀、分散。下游基岩冲刷集中于左区及中区左侧，最大冲深分别为 3.0m 和 2.0m。

在 $28000m^3/s$ 试验基础上，结合 7.3.3 节首启左区试验成果，为避免左区水流过于集中，导致左区水流折向左区左侧边墙，同时为避免过早连续开启多孔，推荐增加 13 号和 15 号闸孔，开孔顺序为 15～13 号。试验方案见表 7.24。

表 7.24 试验方案表

| 序号 | 右区 | | | | | | 中区 | | | | | | | |
|---|---|---|---|---|---|---|---|---|---|---|---|---|---|---|
| | 右岸机组 | 26 | 25 | 24 | 23 | 22 | 21 | 20 | 19 | 18 | 17 | 16 | 15 | 14 |
| a | × | √ | 18m | 18m | 18m | 18m | | | | 18m | 18m | 18m | 18m | 18m |

| 序号 | 中区 | | | | | | | 左区 | | | | | | |
|---|---|---|---|---|---|---|---|---|---|---|---|---|---|---|
| | 13 | 12 | 11 | 10 | 9 | 8 | 7 | 6 | 5 | 4 | 3 | 2 | 1 | 左岸机组 |
| a | 18m | 18m | 18m | 18m | 18m | 18m | 18m | 18m | | 18m | 18m | 18m | √ | × |

枢纽泄流流态如图 7.102 所示，下游河床冲刷形态如图 7.103 所示。

图 7.102 泄流流态（22～25 号、6～18 号、2～4 号，开度 18.0m）

图 7.103 消力池下游冲刷形态（22～25 号、6～18 号、2～4 号，开度 18.0m）

消力池整体流态较好，中区主流位于中部；左区 6～9 号孔出流受中区下泄水流影响，流向偏右至左区右侧，2～4 号孔出流流向同样偏右侧，经一级消力池后左区主流位于左区中部及右侧。出池水流对下游基岩冲刷相对较小，集中在中区中部，最大冲深约1.0m。可作为推荐方案。

根据主汛期调度试验确定的推荐方案，调整非汛期调度试验中的工况4（泄流量20000m³/s，库水位47.6m，机组开启），以衔接主汛期调度试验中的工况1（泄流量20000m³/s，库水位44.0m，机组关闭）。

闸孔调度方案为：右区22～25号闸孔，中区10号-12号-14号-16号-18号闸孔，左区8号-6号-4号-2号闸孔，开度为9m。对比方案见表7.25。

**表7.25　衔接工况试验对比方案表**

| 序号 | 右区 | | | | | | 中区 | | | | | | | |
|---|---|---|---|---|---|---|---|---|---|---|---|---|---|---|
| | 右岸机组 | 26 | 25 | 24 | 23 | 22 | 21 | 20 | 19 | 18 | 17 | 16 | 15 | 14 |
| 非汛期 | √ | √ | 9m | 9m | 9m | 9m | | | | 9m | | 9m | | 9m |
| 主汛期 | × | √ | 18m | 9m | 9m | 18m | | | | 18m | | 18m | | 18m |

| 序号 | 中区 | | | | 左区 | | | | | | | | | |
|---|---|---|---|---|---|---|---|---|---|---|---|---|---|---|
| | 13 | 12 | 11 | 10 | 9 | 8 | 7 | 6 | 5 | 4 | 3 | 2 | 1 | 左岸机组 |
| 非汛期 | | 9m | | 9m | | 9m | | 9m | | 9m | | 9m | × | √ |
| 主汛期 | | 18m | 18m | 18m | | 18m | | 18m | | 18m | | 18m | √ | × |

图7.104　非汛期调度工况4泄流流态（22～25号、10号-12号-14号-16号-18号-8号-6号-4号-2号开度9m）

枢纽泄流流态如图7.104所示。

右区出流较为均匀，流向居中；中区出流流向略偏右侧；左区主流位于左区右侧。整体流态较好，且对消力池下游基岩无明显冲刷。

由此可知，本节通过调度对比试验得出推荐开孔顺序如下：

（1）非汛期泄流量20000m³/s，闸门调度：22号～26号-10号-12号-14号-16号-18号-8号-6号-4号，开度9m，高孔调水位。

（2）主汛期泄流量20000m³/s，闸门调度：22号-25号-10号-12号-14号-16号-18号-8号-6号-4号加大至18m开度，增加2号和11号闸孔，开度为18m。

（3）主汛期泄流量超过20000m³/s，闸孔顺序为17号-7号-3号-23号-24号-9号-15号-13号，开度为18m，随后开启剩余所有闸孔进入敞泄。

### 7.5.3 优化方案二

开度选择：在9m、18m开度之间增加12.6m开度进行过渡；高孔调节库水位。

该调度方案闸孔开启较多，水流更为均匀，对下游基岩冲刷相对更小，试验关注重点为调度过程中是否能够解决水流回拍闸门问题。

选择泄流量为20000m³/s，库水位44.0m，2+649水位36.25m，机组全部关闭。根据闸孔泄流能力，开度9m时，需开启21个低孔。闸门调度方案：关闭19～21号闸孔，其余全部开启，1号与26号高孔调节库水位。试验方案见表7.26。

表 7.26 试验方案（流量 $20000m^3/s$）

| 序号 | 右区 | | | | | | 中区 | | | | | | | |
|---|---|---|---|---|---|---|---|---|---|---|---|---|---|---|
| | 右岸机组 | 26 | 25 | 24 | 23 | 22 | 21 | 20 | 19 | 18 | 17 | 16 | 15 | 14 |
| a | × | √ | 9m | 9m | 9m | 9m | | | | 9m | 9m | 9m | 9m | 9m |

| 序号 | 中区 | | | | 左区 | | | | | | | | | |
|---|---|---|---|---|---|---|---|---|---|---|---|---|---|---|
| | 13 | 12 | 11 | 10 | 9 | 8 | 7 | 6 | 5 | 4 | 3 | 2 | 1 | 左岸机组 |
| a | 9m | 9m | 9m | 9m | 9m | 9m | 9m | 9m | 9m | 9m | 9m | 9m | √ | × |

枢组泄流流态如图 7.105 所示。

图 7.105 泄流流态（22～25 号、2～18 号，开度 9m）

右区因泄流能力不均匀，池内主流位于右区左侧，顺挡墙下泄，出池后水流扩散，主流逐渐从右区左侧过渡为均匀出流；中区、左区因 19～21 号孔关闭，中区右侧池内有弱回流；中区、左区池内主流位于中区中部、左侧及左区的右侧，流向顺直，出池后流向无明显改变，流态较为均匀。

泄流量 $23400m^3/s$，库水位 44.0m，2+649 水位 37.45m，机组关闭。该工况需将 13 个低孔加开至 12.6m。对比方案见表 7.27。

表 7.27 试验对比方案（流量 $23400m^3/s$）

| 序号 | 右区 | | | | | | 中区 | | | | | | | |
|---|---|---|---|---|---|---|---|---|---|---|---|---|---|---|
| | 右岸机组 | 26 | 25 | 24 | 23 | 22 | 21 | 20 | 19 | 18 | 17 | 16 | 15 | 14 |
| a | × | √ | 9m | 9m | 9m | 9m | | | | 12.6m | 12.6m | 12.6m | 12.6m | 12.6m |
| b | × | √ | 12.6m | 9m | 9m | 12.6m | | | | 12.6m | 12.6m | 12.6m | 12.6m | 12.6m |
| c | × | √ | 12.6m | 12.6m | 12.6m | 12.6m | | | | 12.6m | 9m | 12.6m | 9m | 12.6m |

| 序号 | 中区 | | | | 左区 | | | | | | | | | |
|---|---|---|---|---|---|---|---|---|---|---|---|---|---|---|
| | 13 | 12 | 11 | 10 | 9 | 8 | 7 | 6 | 5 | 4 | 3 | 2 | 1 | 左岸机组 |
| a | 12.6m | 12.6m | 12.6m | 12.6m | 12.6m | 9m | 12.6m | 9m | 12.6m | 9m | 12.6m | 9m | √ | × |
| b | 12.6m | 12.6m | 12.6m | 12.6m | 12.6m | 9m | 12.6m | 9m | 9m | 9m | 9m | 9m | √ | × |
| c | 9m | 12.6m | 9m | 12.6m | 9m | 12.6m | 9m | 12.6m | 9m | 12.6m | 9m | 12.6m | √ | × |

（1）a 组中区 10～18 号、左区 9 号-7 号-5 号-3 号闸孔加开至 12.6m。

该方案遵循原调度规则，先中区、再左区、后右区，中区、左区均无泄流回拍闸门问题。右区闸孔开度小，出流较为困难，存在泄流回拍闸门，如图 7.106 所示。

（2）b 组右区 22 号、25 号、中区 10～18 号、左区 9 号、7 号闸孔加开至 12.6m。

兼顾右区调度，先加开 22 号、25 号闸孔至 12.6m，同时协助右区 23 号、24 号闸孔出流。左区 2～6 号孔为 9m 开度，靠近左区左侧的闸孔出流困难，易出现水流拍打闸门现象，如图 7.107 所示。

（3）c组右区22～25号、中区10号、12号、14号、16号、18号、左区8号、6号、4号、2号闸孔增开至12.6m。

兼顾右区调度，中区、左区共同调度，在中区、左区两侧开始，间隔选择闸门加开至12.6m开度，右区、左区均无泄流回拍闸门问题，且整体流态较好，出池水流对下游基岩无明显冲刷如图7.108、图7.109所示。可作为推荐方案。

图7.106　右区泄水闸水流回拍闸门（加开22～25号、10～18号开度12.6m）

图7.107　右区泄水闸水流回拍闸门（加开22～25号、10～18号、9～7号开度12.6m）

图7.108　泄流流态（22～25号、10号-12号-14号-16号-18号-8号-6号-4号-2号，开度12.6m）

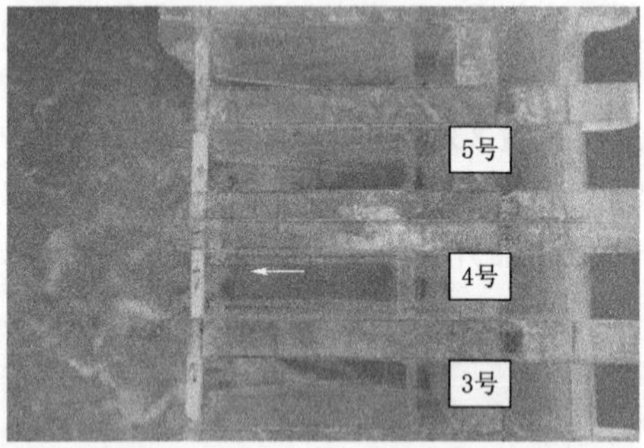


图7.109　左区无水流回拍闸门现象（22～25号、10号-12号-14号-16号-18号-8号-6号-4号-2号，开度12.6m）

方案对比：c组兼顾右区，左区、中区共同调度，3个分区均可以避免泄流回拍闸门，可作为推荐方案。

泄流量26000$m^3/s$，库水位44.0m，2+649水位38.30m，机组关闭。结合试验，除关闭的19～21号3个低孔外，剩余21个低孔全部加开至12.6m开度，1号、26号高孔调节库水位。对比见表7.28。

**表7.28　新增工况对比（流量26000$m^3/s$，库水位44.0m，2+649水位38.30m）**

| 序号 | 右区 | | | | | | 中区 | | | | | | | |
|---|---|---|---|---|---|---|---|---|---|---|---|---|---|---|
| | 右岸机组 | 26 | 25 | 24 | 23 | 22 | 21 | 20 | 19 | 18 | 17 | 16 | 15 | 14 |
| a | × | √ | 12.6m | 12.6m | 12.6m | 12.6m | | | | 12.6m | 12.6m | 12.6m | 12.6m | 12.6m |

| 序号 | 中区 | | | | 左区 | | | | | | | | | |
|---|---|---|---|---|---|---|---|---|---|---|---|---|---|---|
| | 13 | 12 | 11 | 10 | 9 | 8 | 7 | 6 | 5 | 4 | 3 | 2 | 1 | 左岸机组 |
| a | 12.6m | 12.6m | 12.6m | 12.6m | 12.6m | 12.6m | 12.6m | 12.6m | 12.6m | 12.6m | 12.6m | 12.6m | √ | × |

枢纽泄流流态如图 7.110 所示。

消力池内整体水流均匀，右区右侧靠近边墙处、中区右侧靠近围堰处及左区左侧靠近边墙处存在回流，强度较弱；出池后右区主流位于中部及左侧；中区主流位于中部及左侧；左区主流位于中部及右侧，流向较为顺直；泄水闸泄流无回拍闸门现象；出池水流对消力池下游基岩无明显冲刷，如图 7.110 所示。

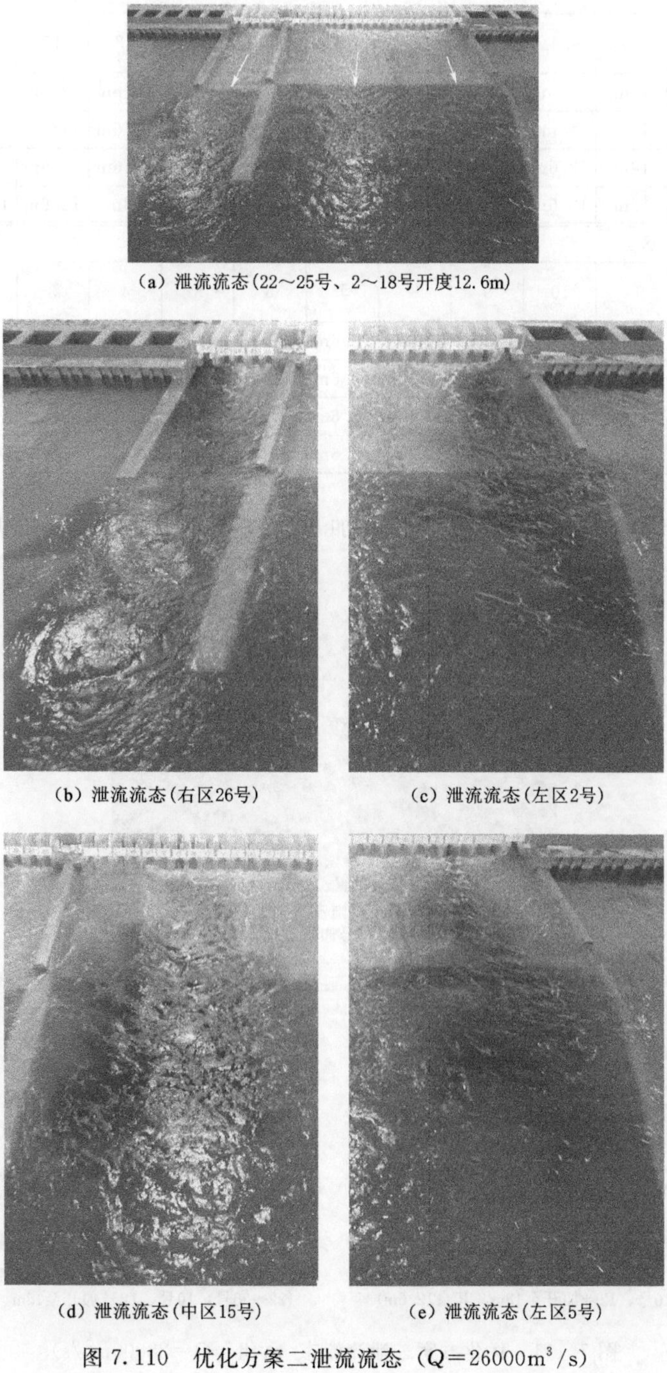

(a) 泄流流态(22～25号、2～18号开度12.6m)

(b) 泄流流态(右区26号)

(c) 泄流流态(左区2号)

(d) 泄流流态(中区15号)

(e) 泄流流态(左区5号)

图 7.110　优化方案二泄流流态 ($Q=26000m^3/s$)

泄流量 28000m$^3$/s，库水位 44.0m，2+649 水位 38.85m，机组关闭。结合试验，需将 6 个低孔加开至 18m。试验在中区、左区共同调度的同时，需兼顾右区调度。试验方案见表 7.29。

表 7.29　工况 3 对比（流量 28000m$^3$/s，库水位 44.0m，2+649 水位 38.85m）

| 序号 | 右区 | | | | | | 中区 | | | | | | | |
|---|---|---|---|---|---|---|---|---|---|---|---|---|---|---|
| | 右岸机组 | 26 | 25 | 24 | 23 | 22 | 21 | 20 | 19 | 18 | 17 | 16 | 15 | 14 |
| a | × | √ | 18m | 18m | 18m | 18m | | | | 12.6m | 12.6m | 12.6m | 12.6m | 12.6m |
| b | × | √ | 18m | 18m | 18m | 18m | | | | 12.6m | 18m | 12.6m | 12.6m | 12.6m |
| c | × | √ | 18m | 12.6m | 12.6m | 18m | | | | 12.6m | 12.6m | 18m | 12.6m | 18m |
| d | × | √ | 18m | 12.6m | 12.6m | 18m | | | | 18m | 12.6m | 12.6m | 12.6m | 18m |

| 序号 | 中区 | | | | 左区 | | | | | | | | | |
|---|---|---|---|---|---|---|---|---|---|---|---|---|---|---|
| | 13 | 12 | 11 | 10 | 9 | 8 | 7 | 6 | 5 | 4 | 3 | 2 | 1 | 左岸机组 |
| a | 12.6m | 18m | 12.6m | 18m | 12.6m | 12.6m | 12.6m | 12.6m | 12.6m | 12.6m | 12.6m | 12.6m | √ | × |
| b | 12.6m | 12.6m | 12.6m | 18m | 12.6m | 12.6m | 12.6m | 12.6m | 12.6m | 12.6m | 12.6m | 12.6m | √ | × |
| c | 12.6m | 18m | 12.6m | 18m | 12.6m | 12.6m | 12.6m | 12.6m | 12.6m | 12.6m | 12.6m | 12.6m | √ | × |
| d | 12.6m | 18m | 12.6m | 18m | 12.6m | 12.6m | 12.6m | 12.6m | 12.6m | 12.6m | 12.6m | 12.6m | √ | × |

（1）a 组 22～25 号、10 号、12 号闸孔加开至 18m，其余 12.6m 开度。

闸孔泄流流态如图 7.111 所示。

（a）泄流流态
（22～25号、10号、12号加开至18m，其余12.6m）

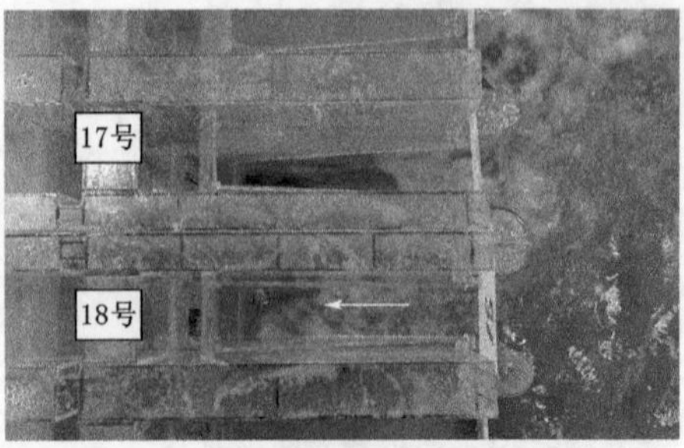


（b）18号闸孔水流流态
（22～25号、10号、12号加开至18m，其余12.6m）

（c）2~5号闸孔水流流态
（22～25号、10号、12号加开至18m，其余12.6m）

图 7.111　优化方案二泄流流态（a 组，$Q$=28000m$^3$/s）

兼顾右区调度，先将右区 22～25 号闸孔加开至 18m，再调度中区的 10 号、12 号闸孔。右区出池水流分散、均匀，对下游基岩无明显冲刷，整体流态较好。18 号闸孔受右侧回流压迫出流困难，存在水流回拍闸门的风险；左区 2～5 号闸孔出流顺畅，水流回拍闸门风险较低。

（2）b 组在 a 组的基础上，将 12 号闸孔开度调整为 12.6m，17 号闸孔调整为 18.0m。

闸孔泄流流态如图 7.112 所示。

在相邻闸孔协助下，开度为 12.6m 的 18 号闸孔出流得到改善，回拍闸门风险有所降低。

图 7.112　优化方案二泄流流态（b 组，$Q=28000m^3/s$）

（3）c 组 22 号、25 号、10 号、12 号、14 号、16 号闸孔加开至 18m，其余为 12.6m。

兼顾右区调度，将右区 22 号、25 号闸孔开度调整为 18m，辅助 23 号与 24 号闸孔出流；将中区 10 号、12 号、14 号、16 号闸孔开度调整为 18m，达到尽早多开启中区闸孔，加大中区闸孔互相协助出流，降低水流回拍闸门的目的。

闸孔泄流流态如图 7.113 所示。

该调度方案整体流态较好。右区主流位于右区中部及左侧，23 号、24 号闸孔泄流无回拍闸门现象产生；中区主流位于中区中部及左侧，右侧边墙处回流流速小，18 号闸孔出流相对有所改善，回拍闸门风险有所降低；左区主流位于左区中部及右侧，左区边墙处回流流速小，出池水流对消力池下游基岩无明显冲刷。

（4）d 组在 c 组基础上，将 16 号闸孔与 18 号闸孔开度对调，其余一致。

闸孔泄流流态如图 7.114 所示。

该方案整体流态较好，与组（3）流态相近，出池水流对消力池下游基岩无明显冲刷；18 号闸孔出流顺畅，回拍闸门风险相对较低；同时 23 号、24 号闸孔泄流无回拍闸门现象产生。

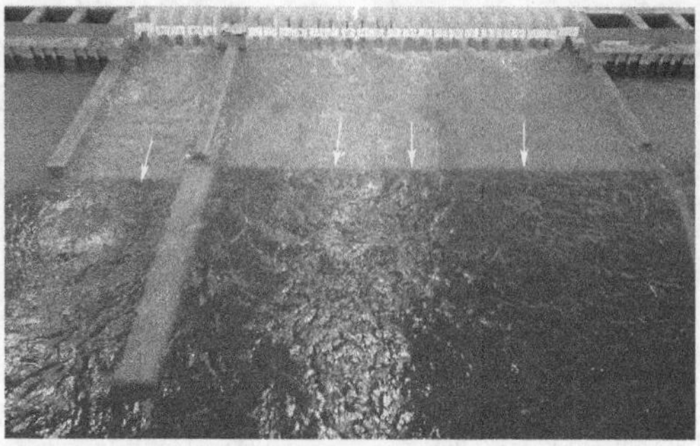

(a) 泄流流态
(22号、25号、10号、12号、14号、16号开度18m，其余为12.6m)

图 7.113（一）　优化方案二泄流流态（c 组，$Q=28000m^3/s$）

(b) 泄流流态(中区18号孔)

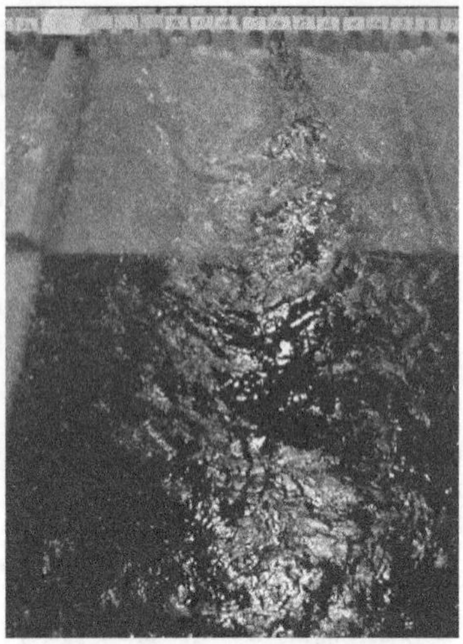

(c) 泄流流态(中区14号孔)

(d) 泄流流态(左区8号孔)

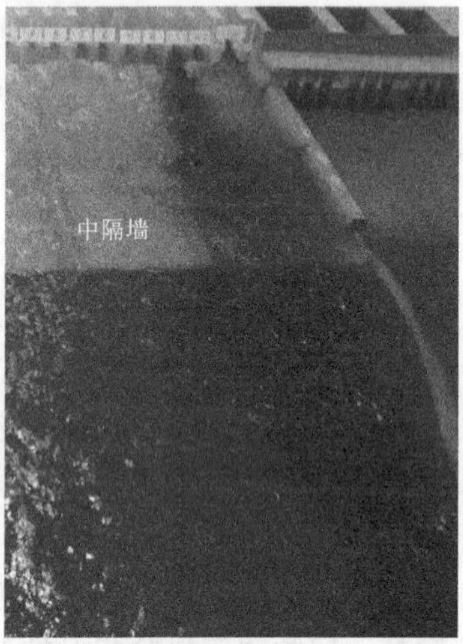


(e) 泄流流态(左区3号孔)

(f) 18号闸孔水流流态(22号、25号、10号、12号、14号、16号开度18m，其余为12.6m)

(g) 23号、24号闸孔水流流态(22号、25号、10号、12号、14号、16号开度18m，其余为12.6m)

图7.113(二)　优化方案二泄流流态(c组，$Q=28000m^3/s$)

（a）泄流流态
（22号、25号、10号、12号、14号、18号开度18m，其余为12.6m）

（b）泄流流态（中区18号孔）

（c）泄流流态（中区14号孔）

（d）泄流流态（左区8号孔）

（e）泄流流态（左区3号孔）

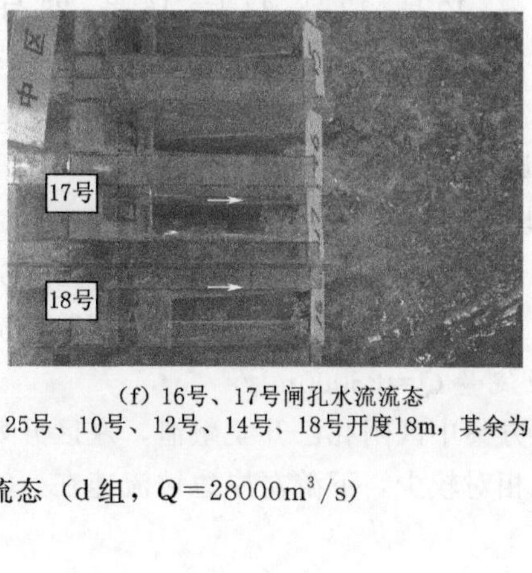


（f）16号、17号闸孔水流流态
（22号、25号、10号、12号、14号、18号开度18m，其余为12.6m）

图 7.114　优化方案二泄流流态（d组，$Q=28000\text{m}^3/\text{s}$）

(5) 小结。综上可见，组（2）、组（3）、组（4）均能改善18号闸孔泄流回拍闸门的问题。考虑泄流量26000～28000m$^3$/s过程中，先加开右区22号、25号闸孔至18m，已足够保证右区23号、24号闸孔出流顺畅，且有利于中区调度，右区开启2孔至18m。组（3）和组（5）调度对比看，组（3）便于调度，组（4）调度水流拍打闸门风险相对更低，建议组（4）作为推荐方案，即调度方案为22号、25号、18号、10号、12号、14号。

泄流量30600m$^3$/s，库水位44.0m，2+649水位39.57m，机组关闭，需14个低孔加开至18m，相比26000m$^3$/s增加8个。闸门调度方案：22～25号、18号-10号-14号-16号-18号-8号-6号-4号-2号-11号闸孔开度增加至18m（表7.30）。

**表7.30　　试 验 方 案**

| 序号 | 右区 | | | | | | 中区 | | | | | | | |
|---|---|---|---|---|---|---|---|---|---|---|---|---|---|---|
| | 右岸机组 | 26 | 25 | 24 | 23 | 22 | 21 | 20 | 19 | 18 | 17 | 16 | 15 | 14 |
| a | × | √ | 18m | 18m | 18m | 18m | | | | 18m | 12.6m | 18m | 12.6m | 18m |

| 序号 | 中区 | | | | 左区 | | | | | | | | | |
|---|---|---|---|---|---|---|---|---|---|---|---|---|---|---|
| | 13 | 12 | 11 | 10 | 9 | 8 | 7 | 6 | 5 | 4 | 3 | 2 | 1 | 左岸机组 |
| a | 12.6m | 18m | 18m | 18m | 12.6m | 18m | 12.6m | 18m | 12.6m | 18m | 12.6m | 18m | √ | × |

图7.115　泄流流态（3号、5号、7号、9号、13号、15号、17号开度12.6m，其余18.0m）

闸孔泄流流态如图7.115所示。

该方案整体流态较好，对消力池下游基岩无明显冲刷；泄水闸闸门处无泄流回拍闸门现象。

由此可知，本节通过个工况方案对比试验得出推荐开孔顺序如下：

(1) 非汛期泄流量20000m$^3$/s，闸门调度顺序（开启闸门）：22号～25号-10号-12号-14号-16号-18号-8号-6号-4号-2号闸门开度9m，高孔调水位。

(2) 主汛期泄流量20000m$^3$/s，闸门调度顺序（开启闸门）：22～25号、2～18号闸门开度9m，高孔调水位。

(3) 主汛期泄流量超过20000m$^3$/s后，闸门调度顺序（已开启闸门加大开度）：22号-25号-18号-10号-12号-14号-16号-23号-24号-8号-6号-4号-2号-11号-13号-15号-17号-9号-7号-5号-3号加大开度至12.6m；22号-25号-18号-10号-12号-14号-16号-23号-24号-8号-6号-4号-2号-11号加大开度至18m；随后加开剩余所有闸孔进入敞泄。

### 7.5.4 改善左岸岸边流速

取流量较大的$Q$=28000m$^3$/s和$Q$=30600m$^3$/s工况，开展初拟方案、优化方案一和优化方案二的下游左岸岸边流速对比试验，流速测点布置如图7.116所示。

1. 泄流量$Q$=28000m$^3$/s

初拟方案中区闸孔已开至敞泄，左区开始从右至左侧、间隔闸孔加大开度，此时左区闸孔泄流相对较少，下游左岸边坡流速在−0.81～3.22m/s，相对较小。

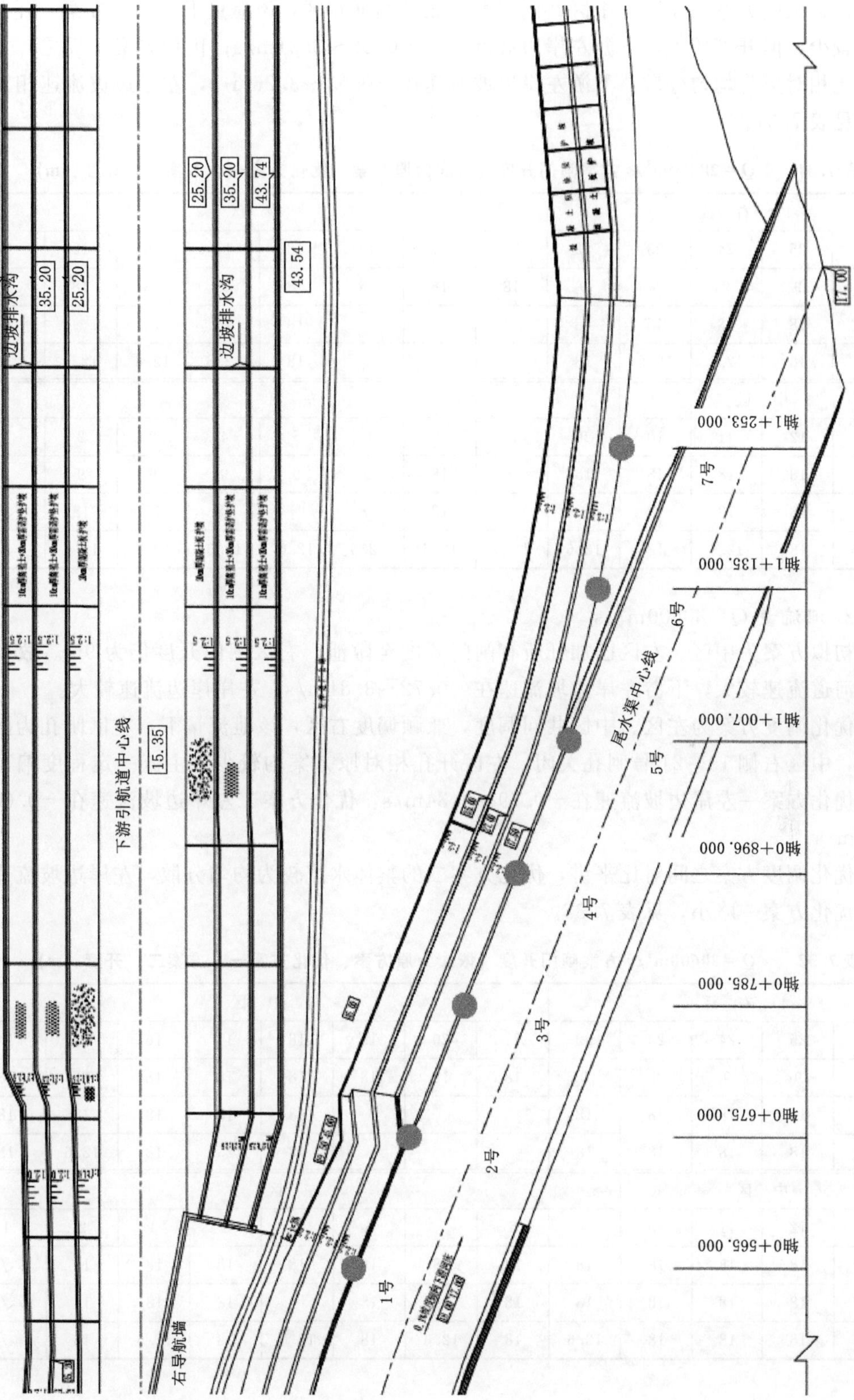


图 7.116 下游左岸岸边流速测点布置

优化调度方案为左区、中区共同调度，兼顾调度右区，该泄量下，优化方案一开孔数相对较少，但开度较大，下游左岸边坡流速在－0.58～3.31m/s；优化方案二反之，且整体水流相对更为均匀分散，下游左岸边坡流速在－0.53～3.26m/s，左岸边坡流速相对较小，见表7.31。

**表7.31　$Q=28000m^3/s$ 方案闸门开度（依次为原方案、优化方案一、方案二，开度：m）**

| 右　区 | | | | | 中　区 | | | | | | | |
|---|---|---|---|---|---|---|---|---|---|---|---|---|
| 26 | 25 | 24 | 23 | 22 | 21 | 20 | 19 | 18 | 17 | 16 | 15 | 14 |
| √ | 9 | 9 | 9 | 9 | 18 | 18 | 18 | 18 | 18 | 18 | 18 | 18 |
| √ | 18 | 18 | 18 | 18 | | | | 18 | 18 | 18 | | 18 |
| √ | 18 | 12.6 | 12.6 | 18 | | | | 18 | 12.6 | 12.6 | 12.6 | 18 |
| 中　区 | | | | 左　区 | | | | | | | | |
| 13 | 12 | 11 | 10 | 9 | 8 | 7 | 6 | 5 | 4 | 3 | 2 | 1 |
| 18 | 18 | 18 | 18 | 18 | 9 | 18 | 9 | 9 | 9 | 9 | 9 | √ |
| | 18 | 18 | 18 | 18 | 18 | 18 | 18 | | 18 | 18 | 18 | √ |
| 12.6 | 18 | 12.6 | 18 | 12.6 | 12.6 | 12.6 | 12.6 | 12.6 | 12.6 | 12.6 | 12.6 | √ |

2. 泄流量 $Q=30600m^3/s$

初拟方案为中区、左区已加开所有闸门开度至敞泄，右区闸门开度仍为9m。故左区下游河道流速较大，下游左岸边坡流速在－0.72～3.81m/s，左岸岸边流速较大。

优化调度方案为左区、中区共同调度，兼顾调度右区，该泄流量下，右区闸孔为敞泄状态，中区右侧19～21号闸孔关闭，左区开孔相对原方案均较少，主流一定程度偏至右侧，优化方案一左岸边坡流速在－0.79～3.34m/s，优化方案二左岸边坡流速在－0.68～3.26m/s。

优化调度方案之间对比来讲，优化方案二的整体水流较为均匀分散，左岸边坡流速也相对优化方案一略小，见表7.32。

**表7.32　$Q=30600m^3/s$ 方案闸门开度（依次为原方案、优化方案一、方案二，开度：m）**

| 右　区 | | | | | 中　区 | | | | | | | |
|---|---|---|---|---|---|---|---|---|---|---|---|---|
| 26 | 25 | 24 | 23 | 22 | 21 | 20 | 19 | 18 | 17 | 16 | 15 | 14 |
| √ | 9 | 9 | 9 | 9 | 18 | 18 | 18 | 18 | 18 | 18 | 18 | 18 |
| √ | 18 | 18 | 18 | 18 | | | | 18 | 18 | 18 | 18 | 18 |
| √ | 18 | 18 | 18 | 18 | | | | 18 | 12.6 | 18 | 12.6 | 18 |
| 中　区 | | | | 左　区 | | | | | | | | |
| 13 | 12 | 11 | 10 | 9 | 8 | 7 | 6 | 5 | 4 | 3 | 2 | 1 |
| 18 | 18 | 18 | 18 | 18 | 18 | 18 | 18 | 18 | 18 | 18 | 18 | √ |
| 18 | 18 | 18 | 18 | 18 | 18 | 18 | 18 | | 18 | 18 | 18 | √ |
| 12.6 | 18 | 18 | 18 | 12.6 | 18 | 12.6 | 18 | 12.6 | 18 | 12.6 | 18 | √ |

3. 方案对比

综上所述，优化调度方案下游左岸护坡坡脚流速明显相较原方案小，优化调度方案之间流速相差较小。在对下游左岸护坡的影响方面，优化调度方案均相较原方案更优，见表 7.33。

**表 7.33　　下游左岸护坡坡脚底部流速统计**

| 方　案 | 测点编号 | 测点位置 | 原方案 | 优化方案一 | 优化方案二 |
|---|---|---|---|---|---|
| $Q=28000m^3/s$ | 1 | 轴 0+565.0 | −0.40 | −0.38 | −0.29 |
| | 2 | 轴 0+675.0 | −0.81 | −0.58 | −0.53 |
| | 3 | 轴 0+785.0 | 1.06 | 1.93 | 1.22 |
| | 4 | 轴 0+896.0 | 1.67 | 2.38 | 2.21 |
| | 5 | 轴 1+007.0 | 2.33 | 2.71 | 2.65 |
| | 6 | 轴 1+135.0 | 2.72 | 3.00 | 2.94 |
| | 7 | 轴 1+253.0 | 3.22 | 3.31 | 3.26 |
| $Q=30600m^3/s$ | 1 | 轴 0+565.0 | −0.46 | −0.79 | −0.68 |
| | 2 | 轴 0+675.0 | −0.72 | −0.53 | −0.48 |
| | 3 | 轴 0+785.0 | 2.05 | 1.86 | 1.26 |
| | 4 | 轴 0+896.0 | 2.46 | 2.07 | 2.20 |
| | 5 | 轴 1+007.0 | 3.06 | 2.97 | 2.84 |
| | 6 | 轴 1+135.0 | 3.59 | 3.08 | 2.75 |
| | 7 | 轴 1+253.0 | 3.81 | 3.34 | 3.26 |

### 7.5.5　优化方案结果

根据该调度原则试验提出 2 种调度方案。开度选择：在非汛期与次汛期已开闸门 9m 基础上，汛期 $20000m^3/s$ 时，直接将闸门开至 18m；剩余未开启的闸孔则一次性开至 18m；高孔调节库水位。

由汛期 $20000m^3/s$ 开始对比出每个工况的推荐方案，最后衔接工况试验为确定非汛期试验工况的调整方案。

通过个工况方案对比试验得出推荐开孔顺序如下：

（1）非汛期泄流量 $20000m^3/s$，闸门调度顺序（开启闸门）：22 号～25 号－10 号－12 号－14 号－16 号－18 号－8 号－6 号－4 号－2 号闸门开度 9m，高孔调水位。

（2）主汛期泄流量 $20000m^3/s$，闸门调度顺序（开启闸门）：22 号～25 号、2～18 号闸门开度 9m，高孔调水位。

（3）主汛期泄流量超过 $20000m^3/s$ 后，闸门调度顺序（已开启闸门加大开度）：22 号－25 号－18 号－10 号－12 号－14 号－16 号－23 号－24 号－8 号－6 号－4 号－2 号－11 号－13 号－15 号－17 号－9 号－7 号－5 号－3 号加大开度至 12.6m；22 号－25 号－18 号－10 号－12 号－14 号－16 号－23 号－24 号－8 号－6 号－4 号－2 号－11 号加大开度至 18m；随后加开剩余所有闸孔进入敞泄。

两种优化调度方案见表 7.34、表 7.35。

表 7.34　　主汛期调度方案（优化调度方案一）

| 工况 | 流量/(m³/s) | 库水位/m | 右区 | | | | | | 中区 | | | | | | | | | | | | 左区 | | | | | | | | | |
|---|---|---|---|---|---|---|---|---|---|---|---|---|---|---|---|---|---|---|---|---|---|---|---|---|---|---|---|---|---|---|
| | | | 右岸机组 | 26 | 25 | 24 | 23 | 22 | 21 | 20 | 19 | 18 | 17 | 16 | 15 | 14 | 13 | 12 | 11 | 10 | 9 | 8 | 7 | 6 | 5 | 4 | 3 | 2 | 1 | 左岸机组 |
| 非汛期 | 20000 | 47.6 | √ | √ | 9m | 9m | 9m | 9m | | | | 9m | | 9m | | 9m | | 9m | | 9m | | 9m | | 9m | | 9m | | 9m | × | √ |
| 汛期 | 20000 | 44 | × | √ | 18m | 9m | 9m | 18m | | | | 18m | | 18m | | 18m | | 18m | 18m | 18m | | 18m | | 18m | | 18m | | 18m | √ | × |
| 2年一遇 | 23400 | | × | √ | 18m | 9m | 9m | 18m | | | | 18m | 18m | 18m | | 18m | | 18m | 18m | 18m | | 18m | 18m | 18m | | 18m | | 18m | √ | × |
| | 26000 | | × | √ | 18m | 18m | 18m | 18m | | | | 18m | 18m | 18m | | 18m | | 18m | 18m | 18m | 18m | 18m | 18m | 18m | | 18m | 18m | 18m | √ | × |
| | 28000 | | × | √ | 18m | 18m | 18m | 18m | | | | 18m | 18m | 18m | | 18m | | 18m | 18m | 18m | 18m | 18m | 18m | 18m | | 18m | 18m | 18m | √ | × |
| 5年一遇 | 30600 | | × | √ | 18m | 18m | 18m | 18m | | | | 18m | 18m | 18m | 18m | 18m | 18m | 18m | 18m | 18m | 18m | 18m | 18m | 18m | | 18m | 18m | 18m | √ | × |
| 20年一遇 | 39000 | 46.15 | × | √ | 18m | 18m | 18m | 18m | 18m | 18m | 18m | 18m | 18m | 18m | 18m | 18m | 18m | 18m | 18m | 18m | 18m | 18m | 18m | 18m | 18m | 18m | 18m | 18m | √ | × |

注：$Q_{三站} \leqslant 20000m^3/s$ 时，库水位调整至47.6m，调度参照非汛期试验成果。

表 7.35　　主汛期调度方案（优化调度方案二）

| 工况 | 流量/(m³/s) | 库水位/m | 右区 | | | | | | 中区 | | | | | | | | | | | | 左区 | | | | | | | | | |
|---|---|---|---|---|---|---|---|---|---|---|---|---|---|---|---|---|---|---|---|---|---|---|---|---|---|---|---|---|---|---|
| | | | 右岸机组 | 26 | 25 | 24 | 23 | 22 | 21 | 20 | 19 | 18 | 17 | 16 | 15 | 14 | 13 | 12 | 11 | 10 | 9 | 8 | 7 | 6 | 5 | 4 | 3 | 2 | 1 | 左岸机组 |
| 非汛期 | 20000 | 47.6 | √ | √ | 9m | 9m | 9m | 9m | | | | 9m | | 9m | | 9m | | 9m | | 9m | | 9m | | 9m | | 9m | | 9m | × | √ |
| 汛期 | 20000 | 44 | × | √ | 9m | 9m | 9m | 18m | | | | 9m | 9m | 9m | 9m | 9m | 9m | 9m | 9m | 9m | 9m | 9m | 9m | 9m | 9m | 9m | 9m | 9m | √ | × |
| 2年一遇 | 23400 | | × | √ | 12.6m | 12.6m | 12.6m | 12.6m | | | | 12.6m | 9m | 12.6m | 9m | 12.6m | 9m | 12.6m | 9m | 12.6m | 9m | 12.6m | 9m | 12.6m | 9m | 12.6m | 9m | 12.6m | √ | × |
| | 26000 | | × | √ | 12.6m | 12.6m | 12.6m | 12.6m | | | | 12.6m | 12.6m | 12.6m | 12.6m | 12.6m | 12.6m | 12.6m | 12.6m | 12.6m | 12.6m | 12.6m | 12.6m | 12.6m | 12.6m | 12.6m | 12.6m | 12.6m | √ | × |
| | 28000 | | × | √ | 18m | 12.6m | 12.6m | 18m | | | | 18m | 12.6m | 12.6m | 12.6m | 18m | 12.6m | 18m | 12.6m | 18m | 12.6m | 12.6m | 12.6m | 12.6m | 12.6m | 12.6m | 12.6m | 12.6m | √ | × |
| 5年一遇 | 30600 | | × | √ | 18m | 18m | 18m | 18m | | | | 18m | 12.6m | 18m | 12.6m | 18m | 12.6m | 18m | 18m | 18m | 12.6m | 18m | 12.6m | 18m | 12.6m | 18m | 12.6m | 18m | √ | × |
| 20年一遇 | 39000 | 46.15 | × | √ | 18m | 18m | 18m | 18m | 18m | 18m | 18m | 18m | 18m | 18m | 18m | 18m | 18m | 18m | 18m | 18m | 18m | 18m | 18m | 18m | 18m | 18m | 18m | 18m | √ | × |

注：$Q_{三站} \leqslant 20000m^3/s$ 时，库水位调整至47.6m，调度参照非汛期试验成果。

试验提出两种调度优化方案均能解决现有调度规则下拟定的调度方案中出现的问题。现对比两种优化方案的优缺点如下。

1. 优化调度方案一

调度思路：泄流量 20000m$^3$/s 以上时左区、中区加开闸门仅采用 18m 开度。为减少下游河床冲刷，尽可能晚开（避免）连续开左区、中区闸孔。

优点：

(1) 解决上游纵向围堰处绕流问题。

(2) 解决闸门处水流拍打闸门问题。

(3) 调度相对简单。

缺点：

(1) 相比先开完闸孔后加开度，回流较多。

(2) 与常规的“多孔小开度”调度方式有所偏差。

2. 优化调度方案二

调度思路：增加 12.6m 开度。为保证闸门处水流不拍打闸门，尽可能早开（多开）左区、中区闸孔。

优点：

(1) 解决上游纵向围堰处绕流问题。

(2) 解决闸门处水流拍打闸门问题。

(3) 保持”多孔小开度”原则，整体出流更好，回流相对较少，下游基岩冲刷更小。

缺点：调度略显复杂。

闸孔调度：“√”表示高孔/机组开启，“×”表示高孔/机组关闭，1～26 号孔为高孔，小幅度调节库水位。

## 7.6 本 章 小 结

本章采用物理模型试验的技术手段，对大藤峡水利枢纽闸门分区首启、闸门开度对比及典型洪水过程闸门调度开展对比优化试验研究，得出主要结论如下：

(1) 分区首启：在对比泄流条件下，首启右区时流态相对较差，可通过调整闸门开度或开启位置来减小对下游基岩的冲刷；首启中区时流态最佳且对下游基岩无明显冲刷；首启左区较难协调水流流态与下游冲坑的关系。

(2) 闸门开度对比：在对比泄流条件下，闸门开度 0.3 倍/0.5 倍/0.7 倍时，右区可调空间小，各开度消力池及下游河道流态相差不大；中区各开度相差不大，均以中区左侧向右开启为宜；左区以 0.3 倍为最佳，0.5 倍次之。

(3) 闸门开启顺序：右区闸门开启顺序宜中间向两侧；闸门开启间隔以 1 孔为宜，不宜超过 2 孔；中区闸门开启顺序宜自左向右；左区闸门开启顺序宜自右向左。

(4) 按照设计调度原则，试验初拟调度方案（9～18m 两种开度）情况下，在 26000～28000m$^3$/s 时，部分闸孔出现回流拍打闸门问题。

(5) 试验提出两种调度优化方案均能解决现有调度规则下拟定的调度方案中出现的问

题，且优化方案一调度流程相对简单。

根据试验情况，提出几点建议：

（1）为避免上游围堰扰流及下游消力池回流，建议 19～21 号闸孔在 20 年一遇流量后开启。

（2）调度过程中不要选择逐个分区调度，改为左区、中区共同调度，兼顾右区调度。

（3）本次试验基于机组额定流量（886$m^3/s$）开展了闸门调度优化研究，机组实际用水流量多在 700～800$m^3/s$，8 台机组同时运行下，至少需要增加 1 个闸孔参与泄流，建议后续按照机组实际用水量进一步细化闸门调度方案。

（4）基于研究目的和初设报告中的调度原则，本次试验仅对 5 年一遇以内的洪水过程开展了闸门调度优化，建议后续补充 5 年以上洪水过程的闸门调度试验研究。

（5）本次试验针对涨水过程开展了闸门调度优化，下游水位流量采用下包线；对于退水过程闸门调度，下游水位流量应为上包线，水位流量关系的不同将对闸孔泄流能力、消能形态等产生影响，从而改变闸门的调度方案，建议后续对洪水退水过程开展闸门调度试验研究。

（6）下游 3000t 航道整治、右岸滩地开挖、横向围堰拆除等工程实施将改变坝下水位流量关系，直接改变消力池消能水位和发电水头，建议开展洪枯期坝下水位流量观测，重新建立运行期的坝下水位流量关系，并指导枢纽运行管理及相关科研。

# 第8章 结　　语

大藤峡水利枢纽的成功建设离不开对施工期和建设期工程措施对通航水流影响的深入研究。在整个工程建设期间，秉承着发现问题、解决问题的优良作风，并采取了一系列措施来优化施工导流、船闸输水系统、枢纽上下游引航道的通航水流条件，以及消能防冲设施的布置和围堰拆除方案的比选，同时还进行了枢纽运行期工程调度研究。这些措施进一步简化了大藤峡水利枢纽的施工过程，节约了工程周期，提高了枢纽建设的安全可靠性，降低了工程建造的成本。

在研究施工导流优化方面，针对大藤峡水利枢纽的特殊地理条件，结合综合水情分析，制定了合理的导流方案。通过科学计算和模拟，优化了导流通道的设计，并采取了相应的水工结构措施来保证水流的平衡和稳定，有效地减少了对通航水流的干扰。

在船闸输水系统优化方面，对船闸进行了精确的测算和设计，以确保船舶的顺利通过。通过合理布置船闸、优化闸室结构和闸门控制系统，提高了船闸的通航效率，减少了因水流变化而导致的延误和事故风险。

针对枢纽上下游引航道的通航水流条件，进行了详尽的调研和优化。通过水流分析和模拟，确定了最佳的引航道设计方案，并采取了必要的工程措施来改善水流条件，确保船只的顺利行驶，有效避免了水流对通航安全的不利影响。

在消能防冲设施的布置和围堰拆除方案比选方面，经过仔细研究和实地勘察，选取了合适的消能措施，以减小水流冲击和波浪冲击对枢纽结构的影响。同时，在围堰拆除方面，通过科学的方案比选，确保了围堰拆除过程中航道安全、施工安全和工程预期进度的顺利进行。

在枢纽运行期工程调度研究方面，通过对枢纽运行规律的深入分析和模拟，制定了合理的工程调度方案。通过精确掌握水情状况和船舶通行需求，有效地优化了枢纽的运行效率，提高了通航的流畅度和安全性。

总的来讲，通过对大藤峡水利枢纽施工期和建设期工程措施对通航水流影响的全面研究和优化，从而进一步简化了施工过程，节约了工程周期。同时，通过科学的决策和实施，提高了枢纽建设的安全可靠性，降低了工程建造的成本。这一系列的努力，保障了大藤峡水利枢纽建设过程的科学决策和切实可行性。这些措施将为大藤峡水利枢纽的顺利建设和未来的运行提供坚实的基础。

# 参 考 文 献


[1] 朱卫国，何贞俊．大藤峡水利枢纽船闸上引航道口门区水流条件模型试验［J］．水运工程，2017（9）：137－143.

[2] 王丽，朱远生，杨晓灵，等．大藤峡水利枢纽工程设计中的水生态优化措施［J］．水资源保护，2016，32（3）：74－78，83.

[3] 王常义，黄俊，张殿双．大藤峡水利枢纽总体布置研究［J］．中国水利，2020，886（4）：7－10.

[4] 戴会超，胡昌顺，朱红兵．施工导截流理论与科技进展［J］．水力发电学报，2005（4）：78－83.

[5] 王家柱．导流与截流［M］．北京：水利电力出版社，1995.

[6] 林金波．水利枢纽分期导截流数值模拟方法及应用研究［D］．大连：大连理工大学，2020.

[7] 马育斌，王常红，李维，等．渠江风洞子航运工程施工导流优化方案设计［J］．水运工程，2023（S1）：75－79，84.

[8] 尹崇清，刘峰钻，张湛，等．岷江龙溪口航电枢纽施工期通航问题试验研究［J］．水运工程，2013（1）：114－120.

[9] 黄伦超，江诗群，刘诚．湘江株洲枢纽工程施工期通航水流条件试验研究［J］．水运工程，2001（11）：31－34.

[10] 黄伦超．湘江大源渡枢纽施工期通航水流条件分析［J］．长沙交通学院学报，1998（1）：67－71.

[11] 陈仁峰．金沙水电站导流明渠截流施工技术研究［J］．人民长江，2022，53（6）：159－162.

[12] 曾新民，马彩云，李勇，等．大藤峡水利枢纽工程布置和施工导流设计方案探讨［J］．人民珠江，2013，34（1）：46－49.

[13] 潘明鸿，陈辉，左永振，等．大藤峡水利枢纽二期围堰截流研究［J］．中国水利，2020（4）：48－50.

[14] 朱卫国，何贞俊．大藤峡水利枢纽船闸上引航道口门区水流条件模型试验［J］．水运工程，2017（9）：137－143.

[15] 王建平，杨聿，张金明，等．大藤峡水利枢纽船闸下游引航道口门区方案优化研究［J］．人民珠江，2016，37（4）：59－64.

[16] 胡亚安，张瑞凯．三峡船闸底扩与顶扩体型水力特性综合研究［J］．水科学进展，1998（2）：59－64.

[17] 陈明，宣国祥，陈明栋．船闸输水系统水动力学研究综述［J］．重庆交通大学学报（自然科学版），2013，32（1）：157－160，168.

[18] 陈稚聪，黑鹏飞，丁翔．丁坝回流区水流紊动强度试验［J］．清华大学学报（自然科学版），2008，48（12）：2053－2056.

[19] 芦绮玲，陈刚，黄君瑶．多孔淹没紊动射流三维流场模拟及消能分析［J］．西北农林科技大学学报（自然科学版），2007，199（5）：217－222.

[20] 戴会超，许唯临．高水头大流量泄洪建筑物的泄洪安全研究［J］．水力发电，2009，35（1）：14－17.

[21] 张琦，张新荣．大藤峡水利枢纽工程二期截流工程数值模拟分析［J］．东北水利水电，2022，40（5）：48－50.

[22] 黄光胆，黄鹭，谢燕平．浅谈大藤峡水利枢纽水库优化调度管理［J］．红水河，2020，39（6）：41－44，61.